深水钻井隔水管系统力学分析与工程设计

周建良　陈国明　许亮斌　刘秀全　畅元江　著

中国石化出版社

内 容 提 要

面向我国南海深水油气安全高效开采需要，本书总结了作者所在研究团队多年来在深水钻井隔水管技术领域所取得的部分重要研究成果，系统介绍了深水钻井隔水管系统力学分析模型、方法及工程应用，主要内容包括：深水钻井隔水管多种作业工况及其分析模型，深水海底井口-隔水管-平台耦合动力学模型，隔水管轴向动力学模型，隔水管涡激振动模型；浮体/系缆/隔水管耦合系统动力学特征，动力平台失位、锚泊平台走锚等特殊工况下的隔水管系统动力学行为，隔水管轴向动力学特性，平台升沉运动下隔水管柱参数激励稳定性，隔水管紧急脱离反冲动力学特性和涡激振动响应、涡激疲劳损伤及抑制等；极端工况下隔水管系统动力学表征及作业安全分析，隔水管系统安全作业预警界限，隔水管系统配置方法和深水钻井隔水管系统设计与作业管理系统等。

本书可供海洋油气工程与装备领域的科研及工程技术人员、高等院校相关专业的本科生、研究生参考。

图书在版编目(CIP)数据

深水钻井隔水管系统力学分析与工程设计/周建良等著.
—北京:中国石化出版社,2019. 12
ISBN 978-7-5114-5618-2

Ⅰ.深… Ⅱ.①周… Ⅲ.①深井钻井-隔水管-动力学-研究 Ⅳ.①TE935

中国版本图书馆 CIP 数据核字(2019)第 289956 号

中国石化出版社出版发行

地址:北京市东城区安定门外大街 58 号
邮编:100011 电话:(010)57512500
发行部电话:(010)57512575
http://www. sinopec-press. com
E-mail:press@ sinopec. com
北京科信印刷有限公司印刷
全国各地新华书店经销

*

787×1092 毫米 16 开本 10. 25 印张 253 千字
2020 年 4 月第 1 版 2020 年 4 月第 1 次印刷
定价:98. 00 元

前言

Preface

我国南海的油气资源极为丰富，经初步估计，整个南海盆地群石油地质资源量约在23~30Gt之间，天然气总地质资源量约为$16\times10^{12}m^3$，占我国油气总资源量的1/3，其中70%蕴藏于$153.7\times10^4km^2$的深水区域，有“第二个波斯湾”之称。2000年以来，我国加大对南海深水油气的勘探开发力度，先后发现了荔湾3-1气田、陵水17-2气田等，海洋石油工业的“深水战略”由此迈出了实质性的一步。随着南海深水油气勘探开发活动不断向深水和超深水推进，同时考虑到南海台风、内波等自然环境的特殊性，南海深水油气开采面临诸多问题与挑战，深水钻井隔水管系统安全高效作业即为主要挑战之一。

深水钻井隔水管系统是连接井口和钻井平台的重要装备，主要由伸缩节、隔水管单根、挠性接头、下部隔水管总成和防喷器组成，其主要功能是提供井口与钻井平台之间的泥浆往返通道，支持辅助管线，引导钻具，作为下放与撤回防喷器组的载体。深水钻井隔水管系统设备费用高，下放、回收、避台撤离等作业时间长，同时又极易受到海洋自然环境的影响，是整个钻井装备中关键而又薄弱的环节，其正确设计与使用直接关系到钻完井作业的顺利完成。目前，我国深水石油勘探开发尚处于起步阶段，缺乏深水作业经验，且我国南海自然环境恶劣，对深水钻井隔水管提出严峻挑战，南海深水钻井曾先后发生过多起隔水管事故。如2006年，南海LW3-1-1井钻井作业受到台风“珍珠”的影响，在避台撤离期间发生隔水管断裂事故，52根隔水管以及防喷器组落海，约1202m隔水管分散横卧海底，后期打捞花费了大量的人力与物力。2009年，南海LH34-2-1井钻井作业遭遇台风“巨爵”，国外作业者应对不当，平台失控时隔水管底部总成与1115m的海底发生碰撞，隔水管被平台沿海底拖行数公里，导致隔水管系统与平台张力器系统设备损坏，造成经济损失在5000万美元以上，平台停工近1个月。

为此，针对我国南海深水油气开采需要，在国家科技重大专项(批准号2016ZX05028-001-05、2011ZX05026-001-05、2008ZX05026-001-07)、国家重点基础研究发展计划(批准号2015CB251203)、国家自然科学基金(批准号

51809279）的资助下，结合中海油等多项生产课题，中海油研究总院有限责任公司和中国石油大学（华东）联合攻关，在中海石油（中国）有限公司和中海油服等大力支持下，对深水钻井隔水管应用基础与关键技术进行了较系统的探索与研究。经过数年的努力，在深水海底井口–隔水管–平台耦合动力学、深水隔水管柱轴向动力学、深水隔水管柱涡激响应分析及控制、极端环境下隔水管柱安全分析等方面取得重要的研究进展。在前人研究工作的基础上，分析复杂海洋环境载荷，建立海底井口–隔水管–平台耦合模型，深入研究耦合系统力学特性；进一步完善深水隔水管柱轴向动力学模型，研究隔水管轴向动力学特性以及隔水管柱参数激励稳定性；考虑流场与隔水管系统相互作用，探究隔水管涡激振动响应及疲劳损伤；考虑极端海况条件，研究隔水管柱安全作业技术，建立隔水管系统安全作业预警界限；开展隔水管钻前设计及安全作业预警界限分析，开发隔水管系统设计与作业管理软件。相关研究成果在 HYSY981、兴旺号和南海 8 号钻井平台承钻的 30 余口南海深水自营井钻前设计与作业管理中得到成功应用，最大应用水深达 2619m，有效指导了我国南海深水钻井作业，本书将对这些进展进行总结和回顾。

全书共分 6 章。第 1 章介绍深水钻井隔水管系统组成、作业工况、作业分析模型、环境载荷与静力学分析，为深水钻井隔水管柱力学分析与设计奠定基础；第 2 章围绕深水海底井口–隔水管–平台耦合动力学开展研究，主要包括浮体/系缆/隔水管耦合系统动力学分析、特殊工况下（动力平台失位、锚泊平台走锚）的隔水管系统动力学分析；第 3 章主要针对隔水管系统轴向动力响应进行分析，研究不同作业工况下隔水管系统轴向动力学特性；第 4 章论述复杂海洋环境下隔水管系统涡激响应以及涡激疲劳抑制技术；第 5 章从隔水管柱作业安全角度出发，进行台风工况下隔水管系统自存、悬挂避台撤离以及内波条件下隔水管安全作业研究；第 6 章从实际工程作业入手，介绍隔水管系统配置、张紧力确定、安全作业窗口以及作业管理，为隔水管系统安全作业提供保障。

本书编写过程中，以中海油研究总院有限责任公司和中国石油大学（华东）联合攻关科研成果为主体，同时参阅了同行专家相关科研成果，重点参考了中国石油大学（华东）海洋油气装备与安全技术研究中心畅元江、孙友义、鞠少栋、刘秀全、刘康的博士学位论文和盛磊祥、王荣耀、张磊等的硕士学位论文，此外，李家仪、张楠、王向磊等博士生在本书的文字整理中付出了辛勤劳动，在此一并向他们表示感谢。

由于作者水平有限，写作中不妥之处在所难免，请广大读者提出宝贵的意见。

目 录

Contents

第 1 章　深水钻井隔水管柱力学分析基础

深水钻井隔水管系统是连接海底井口和钻井平台的重要装备，作业模式多样，另外，深水隔水管系统作为柔性体，极易受到海流、波浪、内波等海洋环境载荷以及平台运动的影响，我国南海环境载荷复杂，为保证隔水管系统作业安全，有必要针对各种载荷条件，开展隔水管系统的力学分析。本章重点论述波浪、海流及内波等环境载荷对隔水管系统的影响，风、浪等载荷对平台运动的影响以及平台运动对隔水管系统力学行为的影响，并针对各个作业模式分析隔水管系统作业特点，建立连接和悬挂状态下的隔水管力学分析模型以及深水钻井隔水管系统疲劳分析模型，进行隔水管系统静态分析，作为隔水管系统动力学分析、涡激振动分析以及隔水管系统作业设计的基础。

1.1　深水钻井隔水管系统

1.1.1　隔水管系统组成

海洋钻井隔水管作为深水钻完井系统的关键设备，主要功能是连接水下井口与浮式钻井装置、隔离海水、引导钻具、循环钻井液、补偿浮式钻井装置的升沉运动等。典型的深水钻井隔水管系统如图 1.1 所示。隔水管系统主要由伸缩节与张紧器系统、挠性接头、隔水管单根、隔水管底部总成等组成。

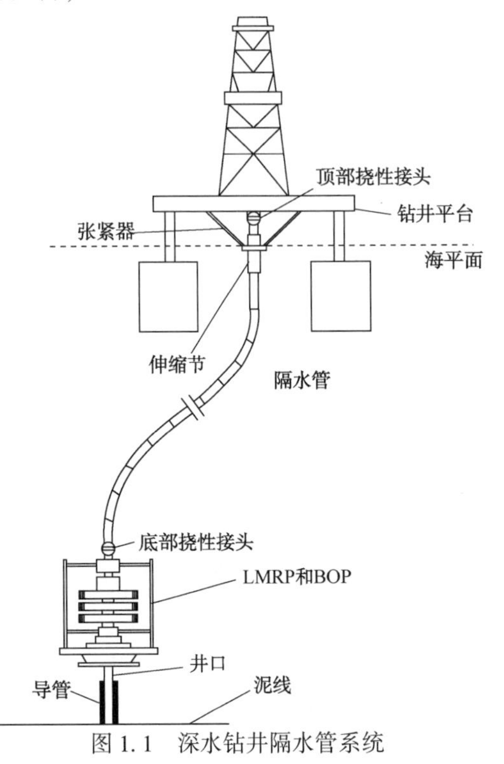

图 1.1　深水钻井隔水管系统

(1) 伸缩节

伸缩节是隔水管顶部能够补偿浮体升沉运动的装置，是隔水管辅助管线连接至平台的终端，同时为隔水管顶部传递张紧力。伸缩节由内筒、外筒和张力环组成，伸缩节内筒通过上挠性接头、分流器连接在浮式平台上，外筒与隔水管单根及张力环连接，内筒与外筒之间安装密封元件防止钻井液泄漏。张紧器提供的张紧力通过张力环、伸缩节外筒传递至隔水管单根。伸缩节内筒可以在外筒内上下滑动，内筒沿外筒上下运动的幅值即为伸缩节冲程。为防止隔水管内外筒发生碰撞，伸缩节冲程应始终大于 0。

(2) 张紧器系统

隔水管张紧器系统是隔水管系统的重要组成部分，其主要作用是为隔水管顶部提供轴向张力，控制隔水管柱的位移和应力，在浮式平台作垂直或水平运动的条件下，保证施加在隔水管柱上的张力基本恒定，此外，张紧器施加在隔水管上的张紧力对隔水管紧急脱离后的反冲响应有重要影响。隔水管张紧器主要分为钢丝绳式张紧系统和直接作用式张紧系统两种，相对于钢丝绳式张紧器来说，直接作用式张紧器的重心较低且质量较轻，仅需要很小的一块甲板面积。由于直接作用式张紧器的补偿行程基本等于液压缸活塞杆的冲程，导致液压缸的缸体尺寸及行程都较大，但同时其可以省去相对庞杂的导向附件，因此液压缸可直接悬挂于钻井平台底下的月池区内以减小占用空间。鉴于这些优点，以及大型液缸制造技术的不断进步，直接作用式张紧器的应用也变得越来越广泛。

(3) 挠性接头

隔水管挠性接头是隔水管系统中最重要的部件之一，允许相对角度的位移而不产生过多的弯曲应力。由于分布位置及功能的不同，隔水管挠性接头分为上、中、下三种挠性接头。隔水管上部挠性接头安装于隔水管系统的顶部，允许在平台横摇、纵摇和平移时调节隔水管的角度。隔水管上部挠性接头主要由弹性体、内体、外体等组成，其中主弹性体承受张力，第二弹性体承受压力。一般情况下，隔水管系统不设置中部挠性接头，当环境较为恶劣时，中部挠性接头安装在伸缩节以下隔水管柱的中部，用以减小隔水管的应力。下部挠性接头安装在隔水管底部，整套防喷器(BOP)组的最顶部，可以偏向360°的任何一个方向，传递隔水管轴向载荷，使隔水管和BOP组之间产生角位移，从而减小隔水管上的挠矩。隔水管下部挠性接头主要由弹性体、内体、外体、碎片保护板、耐磨衬套等组成，与上部和中部挠性接头相比，下部挠性接头仅含有一个弹性体，主要承受拉力与弯矩作用。

(4) 隔水管单根

隔水管单根主要由隔水管主管、隔水管接头及辅助管线组成，是深水钻井隔水管系统的主体结构，负责完成隔水管系统的主要功能。隔水管主管是直径较大、强度较高的无缝或电焊接钢管，隔水管接头通过焊接方式连接在隔水管主管两端，辅助管线则通过管线夹固定于隔水管主管周围，完成节流、压井及增压等不同功能。深水环境中，由于隔水管自身重量的作用，加上横向海洋环境载荷的影响，隔水管需要较大的张紧力来维持自身的稳定。为降低系统对张紧器的要求，需要为深水钻井隔水管系统安装浮力块，浮力块一般采用泡沫塑料制造，安装在隔水管单根外部。

(5) 隔水管底部总成(LMRP)

隔水管底部总成(LMRP)主要由一个隔水管适配器、一个柔性接头或者球铰、一个环形防喷器、一个液压接头、柔性节流与压井管线、节流与压井管线刺锥组成。LMRP是隔水管系统与BOP之间的连接装置，可实现LMRP与BOP脱离与回接。

1.1.2 隔水管作业工况

深水钻井隔水管系统的关键作业工况可划分为隔水管下放/回收作业、隔水管与井口连接钻井作业、隔水管悬挂作业、隔水管计划脱离与紧急脱离等工况。

(1) 隔水管下放/回收作业

隔水管下放/回收作业过程中卡盘或大钩需要承担所有隔水管单根、LMRP、BOP以及其他部件的重量，作业过程较危险，通常选择较平稳的海况条件进行，如图 1.2 所示。另外，将隔水管下入海底或从海底起出作业需要频繁操作隔水管单根和接头，对单根接头性能和连接系统可靠性提出了较高的要求。

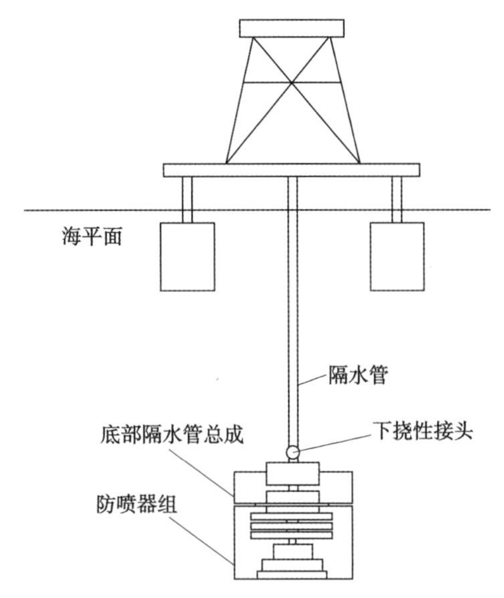

图 1.2　钻井隔水管系统下放作业示意图

(2) 隔水管与井口连接作业

在正常钻完井过程中隔水管需要与水下井口保持连接状态，钻井平台与海底井口之间由隔水管、LMRP 和 BOP 相连，如图 1.3 所示。钻井平台偏移、风浪流等环境载荷产生的

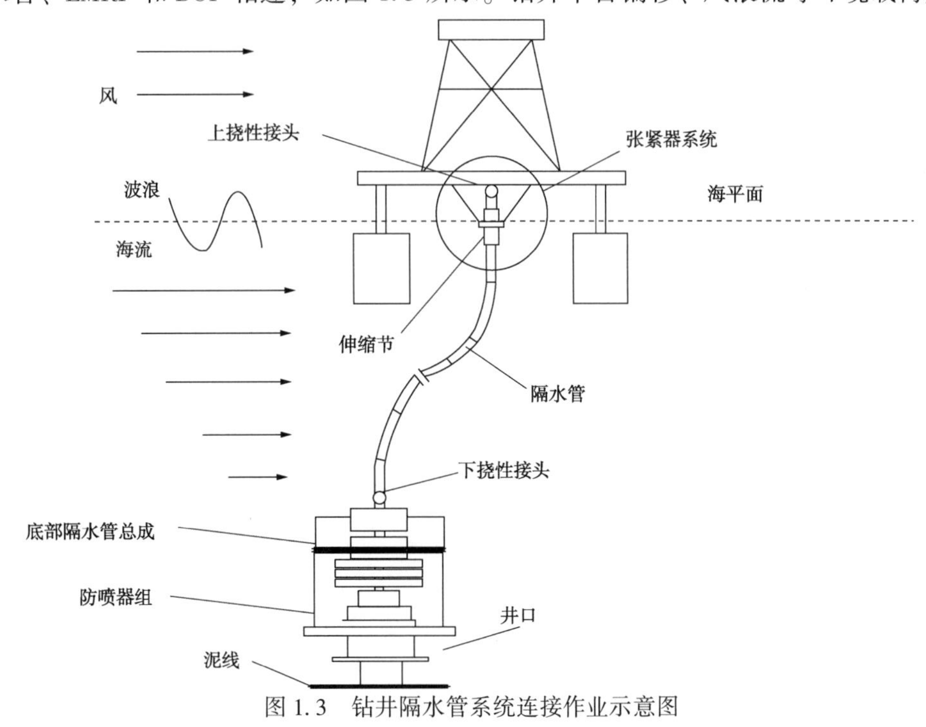

图 1.3　钻井隔水管系统连接作业示意图

影响都会通过隔水管传递到井口及其以下的导管，复杂条件下井口的受力可能比隔水管更恶劣，此时井口与导管相对于隔水管更容易发生破坏失效。

(3) 隔水管悬挂作业

如果在钻完井生产过程遇到恶劣的天气或钻井平台事故隔水管脱离后来不及回收，需要将隔水管悬挂在钻井平台底部进行避台撤离。依据悬挂隔水管柱上部边界条件的不同，可将隔水管悬挂模式分为硬悬挂与软悬挂两种模式。图 1.4 为两种悬挂模式的示意图。在实践中，通常压缩并锁定伸缩节，将隔水管悬挂于分流器外壳，并释放张紧器，隔水管顶部与卡盘刚性连接，这种悬挂模式称为硬悬挂。另一种选择方案是软悬挂模式。软悬挂模式下，隔水管在张紧器处进行悬挂，与连接模式相同，张紧器和伸缩节仍起作用，由张紧器支持从伸缩节外筒到 LMRP 的隔水管重量。悬挂作业对隔水管单根强度提出很高的要求，特别是最上部单根要承受所有隔水管系统的重量，很容易发生破坏。

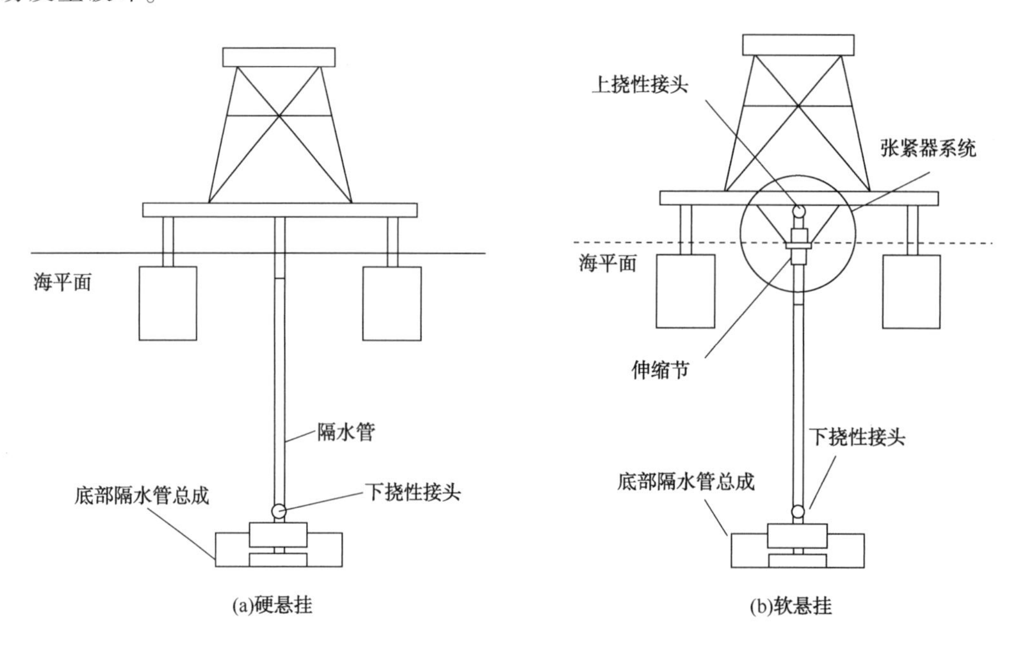

图 1.4　钻井隔水管不同悬挂模式

(4) 隔水管计划脱离与紧急脱离

隔水管计划脱离时，脱离前具有足够的时间循环出井筒内部的钻井液，然后调整张紧器张力，断开 LMRP 和 BOP，隔水管进入悬挂状态。

紧急脱离时，脱离前无法循环出钻井液并调整张紧器张力，导致隔水管顶部受到巨大的张力作用，隔水管和张紧器内储存了巨大的能量，当 LMRP 迅速与井口防喷器分离时，储存的能量被迅速释放，造成隔水管快速向上运动，具有破坏性的速度和位移，且产生很大的轴向破坏力，严重降低隔水管系统可靠性。紧急脱离隔水管反冲响应示意图如图 1.5 所示。

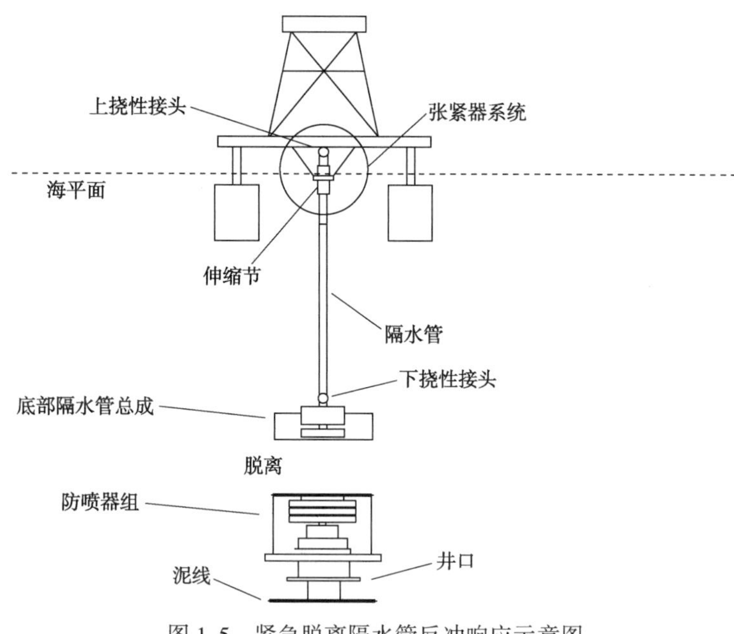

图 1.5 紧急脱离隔水管反冲响应示意图

1.2 隔水管系统环境载荷分析

海洋钻井隔水管作业环境复杂，作业环境中的风、波浪、海流、内波、温度等都会引起一定的载荷，这些载荷可根据结构物的设计环境条件进行计算。海洋钻井隔水管主要部分位于水下，风载荷的直接影响不大，设计时主要考虑的环境载荷为海流载荷、波浪载荷以及内波载荷。海流载荷直接作用于隔水管系统；波浪会引起钻井平台的运动，平台运动以动态边界的形式作用于隔水管，从而引起较大的动态应力；内波对隔水管系统冲击作用可分为两个方面，一方面直接作用于隔水管系统，引起隔水管变形和应力的增加，另一方面通过引起平台偏移，对隔水管和井口产生冲击载荷。

1.2.1 风

根据风对结构的作用机理以及统计分析大量风速实测资料，顺风向风速时程包含平均风和脉动风两种。平均风周期通常在 10min 以上，在给定的时间间隔内，风力大小不随时间变化，而脉动风周期则只有几秒，风力大小随时间变化。

(1) 平均风基本特性

平均风速沿高度变化规律，称为风剖面或平均风速梯度，平均风速梯度有对数风剖面和指数风剖面两种形式。Hellman 在 1916 年提出指数规律并由 Davenport 以指数函数的形式给出，如式(1.1)所示；另一种是按边界层理论得到的对数风剖面，如式(1.2)所示。

$$\frac{\bar{v}_Z}{\bar{v}_0}=\left(\frac{Z}{Z_0}\right)^{a} \tag{1.1}$$

$$\bar{v}_Z=\frac{1}{k}v^*\ln\left(\frac{z}{z_0}\right) \tag{1.2}$$

式中，Z_0 代表标准参考高度；$\bar{v}_0$ 代表标准参考高度处的平均风速，我国标准参考高度取为10m；α 为地面粗糙度指数，我国《建筑结构荷载规范》中的取值如表 1.1 所示；k 是卡曼常数；v^* 代表摩擦速度；Z 代表任一高度；$\bar{v}_Z$ 代表任一高度处的平均风速。

表 1.1　我国地面粗糙度等级

地面粗糙度类别	描　　述	梯度风高度/m	α
A	指近海海面、海岛、湖岸及沙漠地区	300	0.12
B	指田野、乡村、丛林、丘陵及房屋较稀疏的乡镇	350	0.15
C	指有密集建筑群的城市市区	450	0.22
D	指有密集建筑群且房屋较高的城市市区	550	0.30

（2）脉动风基本特性

脉动风是三维的紊流风，通常忽略对结构影响较小的垂直向和横风向紊流，只考虑顺风向脉动风速。根据大量实测风速时程样本可知，去除平均风后，顺风向脉动风可近似看作均值为零的平稳高斯随机过程，并且具有各态历经性。功率谱密度函数是描述脉动风最主要的参数之一，它能够反映紊流能量在各频率域内的分布状况。石沅等学者给出的台风水平风速谱经验公式以及近地层台风湍流强度计算公式

$$s_v(n)=5.46k_c\bar{v}_{10}^2\frac{x^{2.4}}{n(1+1.5x^2)^{1.4}} \tag{1.3}$$

$$I(Z,\ \alpha)=1.11\times35^{1.8(\alpha-0.16)}(Z/10)^{-\alpha}/2g_f \tag{1.4}$$

式中，$s_v(n)$代表 10m 高度处的脉动风速功率谱；$x=1200n/\bar{v}_{10}$；$\bar{v}_{10}$为离当地地面 10m 高度处的平均风速；n 代表脉动风速的频率；k_c 为与当地地面粗糙度相关的系数；g_f 为峰值系数，我国规范取 $g_f=2.2$。

1.2.2　波浪

（1）波浪谱

海面上经常出现的波浪是由风产生的风浪，属于不规则的随机波，也就是说，在一定时间及地点，波浪的出现及其大小，完全是任意的，不可能预先确定。经过人们长期的统计观察，发现可以采用概率统计的方法，将不规则波分解为有限个不同波高、周期和相位角的正弦波的线性迭加，通过波浪谱的方法进行描述。目前国内外提出了多种波浪谱，JONSWAP 谱和 P-M 谱是其中比较常见的两种。

以 JONSWAP 谱表示的随机波浪海况表达式为

$$S_\zeta^+(\omega)=\frac{\alpha g^2}{\omega^5}\exp\left[-\beta\left(\frac{\omega_p}{\omega}\right)^4\right]\gamma^{\exp\left[-\frac{(\omega/\omega_p-1)^2}{2\sigma^2}\right]} \tag{1.5}$$

$$\alpha=5.061(1-0.287\ln\gamma)H_s^2\omega_p^4 \tag{1.6}$$

式中，ω_p 为谱峰频率；H_s 为有效波高；σ 为形状参数（当 $\omega\leqslant\omega_p$ 时，$\sigma=0.07$；当 $\omega>\omega_p$

时，$\sigma=0.09$）；γ 为谱峰参数，且

$$\gamma=\begin{cases}1.0; & T_p \geqslant 5\sqrt{H_s} \\ \exp(5.75-1.15T_p/\sqrt{H_s}) \\ 5.0; & T_p<3.6\sqrt{H_s}\end{cases} \tag{1.7}$$

P-M 谱是国际船模试验池会议 ITTC 确定的标准波浪谱，其表达式为

$$S_\eta(\omega)=\frac{0.78}{\omega^5}\exp\left(-\frac{3.11}{\omega^4 H_{1/3}^2}\right) \tag{1.8}$$

式中，$S_\eta(\omega)$ 为 P-M 单边谱密度；ω 为圆频率；$H_{1/3}$ 为有效波高。

（2）波浪理论

水质点瞬时速度和加速度必须根据某种波浪理论求出，波浪理论包括线性波浪理论和非线性波浪理论。线性波理论最早由 Airy 提出，故称为 Airy 波。线性波浪理论的波动面呈简谐形式的起伏运动。假定波幅或波高相对波长是无限小，忽略波动自由表面引起的非线性影响，自由表面边界条件线性化后，得出有限水深线性波速度势 ϕ 为

$$\phi=\frac{gH}{2\omega}\frac{chk(z+d)}{chkd}\sin(kx-\omega t) \tag{1.9}$$

式中，ω 为波浪圆频率；d 为水深；H 为波高；k 为波数。

对于深水来说，海底处的速度势 ϕ 趋近于零，此时速度势的表达式为

$$\phi=\frac{gH}{2\omega}e^{kz}\sin(kx-\omega t) \tag{1.10}$$

线性波浪理论形式简单，使用方便，是波幅足够小条件下的非线性波浪运动边值问题的近似解。非线性波浪理论主要有斯托克斯(Stokes)波浪理论、椭圆余弦(Conidial)波理论、驻波(Solitary)理论和摆线波理论等。英国 Stokes 于 1847 年证明波面不再是简单的余弦形式，而是波峰较窄而波谷较宽的接近摆线的形状，与实际余弦的波面相近。Stokes 推导的偏微分方程组为

$$\begin{cases}\dfrac{\partial\varphi_n}{\partial n}-\dfrac{\partial\eta_n}{\partial t}+f_{n-1}^1(\varphi_{n-1},\ \eta_{n-1})=0 \\ \dfrac{\partial\varphi_n}{\partial t}+g\eta_n+f_{n-1}^2(\varphi_{n-1},\ \eta_{n-1})=0\end{cases} \tag{1.11}$$

在求得一阶时的 φ_1 和 η_1 后，便可得到同时满足拉普拉斯方程和边界条件的 φ_2 和 η_2。以此类推，由低阶到高阶逐步解出偏微分方程，得到各阶的近似解，通常将解至 n 阶的结果，称之为 Stokes n 阶波的计算公式。

（3）波浪力

1950 年由 Morison 等提出的 Morison 方程，假定小尺度构件在计算时构件并不影响波动场，作用在柱体任意高度的波浪力包括波浪水质点运动水平速度引起的柱体水平拖曳力和水质点运动水平加速度引起的柱体水平惯性力两个分量。浸没于水中的竖直圆柱体如图 1.6 所示，采用 Morison 方程计算的波浪载荷为

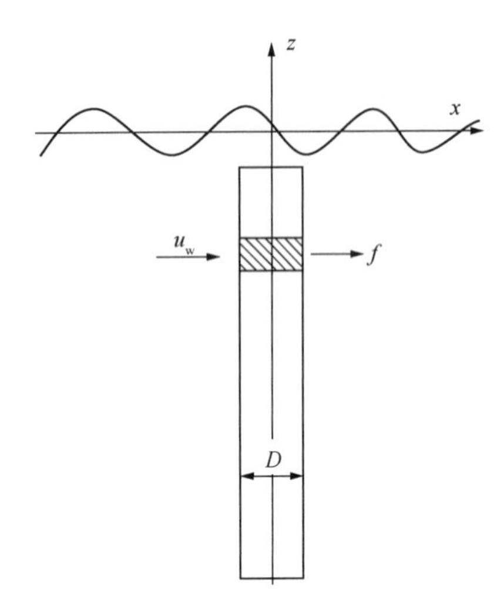

图 1.6　浸没于水中的竖直圆柱体所受波浪力

$$f(z)=\frac{1}{2}C_d\rho D|u_w|u_w+\frac{\pi}{4}C_m\rho\dot{u}_wD^2 \tag{1.12}$$

式中，C_d 为拖曳力系数；ρ 为海水密度；D 为隔水管的水力学直径；u_w 为波浪引起的水质点速度；C_m 为惯性力系数；$\dot{u}_w$ 为波浪引起的水质点加速度。

隔水管水力学直径 D 大于其实际的主管直径，可用等效体积法计算。等效体积法是将隔水管和附属管线外体积相加后，采用一个虚拟的与隔水管和附属管线外体积相等的圆柱体直径作为隔水管水力学直径。设隔水管全部浸没在海水中部分的外体积为 V，浸没在海水中的隔水管长度为 L_w，采用等效体积法计算水的力学直径 $\overline{D}_H$ 为

$$\overline{D}_H=\sqrt{\frac{4\cdot V}{\pi L_w}} \tag{1.13}$$

拖曳力系数 C_d 和惯性力系数 C_m 必须根据已有的经验或者试验确定，通常可做模型试验或实体试验得到。拖曳力的产生和变化的原因与边界层在物体表面的形成、发展和分离密切相关。拖曳力系数 C_d 取决于两个因素：雷诺数和相对粗糙度，雷诺数 Re 的表达式为

$$Re=\frac{uD}{\upsilon} \tag{1.14}$$

式中，u 为水质点运动速度；υ 为海水的运动黏度，一般取 $1\times10^{-6}\mathrm{m^2/s}$；$D$ 为隔水管的水力学直径。根据以上公式，当水质点运动速度不同时计算出的雷诺数也不同，所对应的曳力系数也不同。

相对粗糙度是指桩柱上不规则粗糙面沿径向的厚度与桩柱直径的比值。一般海上结构的相对粗糙度在 0.001~0.1 范围内。

美国石油学会规范 API RP 16Q 给出了隔水管的拖曳力系数 C_d 和惯性力系数 C_m 的推荐值，见表 1.2。

表 1.2　隔水管水力系数的选取

雷诺数	装有浮力块的隔水管		未装浮力块的隔水管	
	C_d	C_m	C_d	C_m
$Re<10^5$	1.2	1.5~2.0	1.2~2.0	1.5~2.0
$10^5<Re<10^6$	1.2~0.6	1.5~2.0	2.0~1.0	1.5~2.0
$Re>10^6$	0.6~0.8	1.5~2.0	1.0~1.5	1.5~2.0

1.2.3　海流

海流是海水在水平及垂直方向大规模的、具有相对稳定速度的非周期性运动。海流的种类大概有风海流、梯度流、波浪流和潮流等。

因海流近似看作一种稳定的平面运动，故认为海流对隔水管作用力仅为拖曳力，作用在隔水管柱上的海流力可由 Morison 方程得到。设隔水管水力学直径(有效直径)为 D，拖曳力系数为 C_d，则隔水管单位长度上的海流力

$$f_c = \frac{1}{2} C_d \rho D u_c^2 \tag{1.15}$$

式中，u_c 为海流流速；ρ 为海水密度。

1.2.4 内波

内波是在海洋介质内部波动的一种自然波，通常在海洋中流体密度稳定分层且存在扰动源的情况下产生。流体密度稳定分层与温度有关，在强烈的风、潮汐、海流以及太阳辐射等驱动之下，都将导致海水温度突变，密度发生变化，从而导致流体分层；而引力潮或强海流与起伏的海底地形相互作用、海底地震等则都可能成为内波生产的扰动源。由于海洋内波的波动频率介于惯性频率和负性频率之间，约化重力和科氏力是其主要的恢复力，且海洋中垂向密度差异很小，导致海洋内波的恢复力比表面波小很多，则任何微小的初始扰动都有可能在海洋内部引起振幅可达到几十米甚至上百米且波长可达到几百米甚至万米以上的波浪，而且这种扰动是普遍存在的，因此海洋内波是一种较为普遍且遍布海洋圈深度的波动现象。

若海洋内波的最大振幅发生在密度稳定分层的海洋内部，则该内波称为内孤立波，内孤立波是发生在层化海洋内部的一种非线性波动，常出现在斜压内潮较强的近海大陆架、大陆坡海区，南中国海即是内孤立波的活跃区。内孤立波在传播过程中可以保持波形和传播速度不变并携带巨大能量，可导致海水强烈的聚辐散和突发性的强流，对深水钻井平台以及隔水管系统产生强烈的冲击载荷，严重威胁深水隔水管系统钻井作业安全。

Kdv 方程是描述海洋中内孤立波最常用的模型，假设内孤立波为两层模型并沿着 x 轴正方向传播，其控制方程可以表示为

$$\frac{\partial \eta}{\partial t} + c_0 \frac{\partial \eta}{\partial x} + \alpha \eta \frac{\partial \eta}{\partial x} + \gamma \frac{\partial^3 \eta}{\partial x^3} = 0 \tag{1.16}$$

式(1.16)中各项系数可进一步表示为

$$c_0 = \left[\frac{g(\rho_2 - \rho_1) h_1 h_2}{\rho_2 (h_1 + h_2)} \right]^{1/2} \tag{1.17}$$

$$\alpha = \frac{3c_0 (h_1 - h_2)}{2h_1 h_2} \tag{1.18}$$

$$\gamma = \frac{c_0 h_1 h_2}{6} \tag{1.19}$$

内孤立波 Kdv 方程的解可表示为

$$\eta(x, t) = \eta_0 \mathrm{sech}^2 \left(\frac{x - ct}{L} \right) \tag{1.20}$$

式(1.20)中的 c 和 L 可进一步表示为

$$c = c_0 + \frac{\alpha \eta_0}{3} \tag{1.21}$$

$$L=\left(\frac{12\gamma}{\alpha\eta_0}\right)^{1/2} \tag{1.22}$$

则内孤立波上下层的海水水平流速分别为

$$u_1(x,\ t)=\frac{c_0\eta_0}{h_1}\mathrm{sech}^2\frac{x-ct}{L} \tag{1.23}$$

$$u_2(x,\ t)=-\frac{c_0\eta_0}{h_2}\mathrm{sech}^2\frac{x-ct}{L} \tag{1.24}$$

内孤立波上下层的海水水平加速度分别为

$$a_1(x,\ t)=\frac{2c_0c\eta_0}{h_1L}\mathrm{sech}^2\frac{x-ct}{L}\tanh\frac{x-ct}{L} \tag{1.25}$$

$$a_2(x,\ t)=-\frac{2c_0c\eta_0}{h_2L}\mathrm{sech}^2\frac{x-ct}{L}\tanh\frac{x-ct}{L} \tag{1.26}$$

内孤立波既作用于平台又直接作用于隔水管系统。对平台作用方面，相对于内孤立波特征波长，海洋平台可视为小尺度物体，一般采用 Morison 经验公式计算内孤立波下的平台载荷，采用动压强积分法计算内孤立波对平台的垂向作用力，则内孤立波下平台的水平载荷、垂直载荷以及力矩可表示为

$$\boldsymbol{F}_{\mathrm{in}}=\begin{cases}\rho C_{\mathrm{m}}\dfrac{\pi D_{\mathrm{p}}^2}{4}\dfrac{\partial u_{\mathrm{in}}}{\partial t}l+\dfrac{1}{2}\rho C_{\mathrm{d}}D_{\mathrm{p}}u_{\mathrm{in}}\mid u_{\mathrm{in}}\mid l\\ \displaystyle\iint_S p\,\vec{n}\,\mathrm{d}S\\ \rho\left(C_{\mathrm{m}}\dfrac{\pi D_{\mathrm{p}}^2}{4}\dfrac{\partial u_{\mathrm{in}}}{\partial t}+\dfrac{1}{2}C_{\mathrm{d}}D_{\mathrm{p}}u_{\mathrm{in}}\mid u_{\mathrm{in}}\mid\right)\mid z_l\mid l\end{cases} \tag{1.27}$$

式中，ρ 为海水密度；C_{m} 和 C_{d} 分别为惯性力系数和拖曳力系数；u_{in}为内孤立波导致的水平流速分量；D_{p} 为平台的等效圆柱形结构物的直径；p 为波致流引起的动压强；S 为浮筒上下表面湿表面积；z_l 为力臂；l 为平台等效长度。

对隔水管系统作用方面，由于隔水管系统属于细长结构，内孤立波下隔水管系统环境作用载荷包括拖曳力和惯性力，采用修正形式的 Morison 方程计算作用于隔水管系统的波流联合作用力，可表示为

$$f_{\mathrm{e}}=\frac{\pi}{4}\rho C_{\mathrm{m}}D^2(a_{\mathrm{w}}+a_{\mathrm{in}})-\frac{\pi}{4}\rho(C_{\mathrm{m}}-1)D^2a+\frac{1}{2}\rho C_{\mathrm{D}}D(u_{\mathrm{w}}+u_{\mathrm{c}}+u_{\mathrm{in}}-u)\mid u_{\mathrm{w}}+u_{\mathrm{c}}+u_{\mathrm{in}}-u\mid \tag{1.28}$$

式中，D 为细长结构水动力外径；a_{w} 为波浪引起的水质点加速度；a_{in}为内孤立波引起的水质点加速度；a 为细长结构加速度；u_{w} 为波浪引起的水质点速度；u_{in}为内孤立波引起的水质点速度；u_{c} 为海流引起的水质点速度；u 为细长结构速度。

1.2.5 平台的运动

美国工程与科学公司(NESCO)研究认为，影响隔水管动态特性最重要的因素不是波浪载荷，而是平台的运动。平台的运动包括波频运动和低频运动，波频运动有 6 个自由度：纵荡、

横荡、升沉、纵摇、横摇和艏摇，如图 1.7 所示。

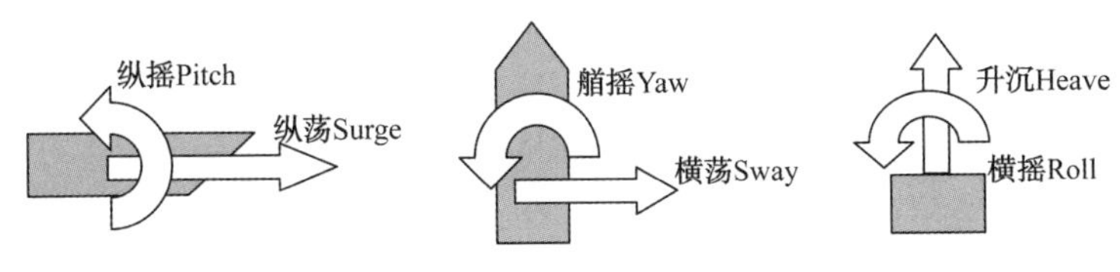

图 1.7　平台运动

平台的低频率运动是二阶波浪力的低频分量引起低频运动，一般比一阶力小。垂直平面存在较大的静水复原力，因此低频力在垂直平面运动(横摇、纵摇和升沉运动)中不起决定性作用。但在水平平面运动(即纵荡、横荡和艏摇运动)中，由低频力产生的运动是相当大的，尤其是在频率接近系统的固有频率时。

平台运动对于隔水管动态性能非常重要，一般通过平台的幅值响应算子(RAO)计算平台运动，RAO 定义了平台运动与某个频率波浪之间的幅值与相位关系。目前主要有两种平台纵荡运动的观点，两种观点差别在于是否考虑平台的慢漂运动。若考虑平台慢漂运动，平台运动模型包括平均平台偏移，长期慢漂运动，以及平台对不规则波浪的瞬时响应。

$$S(t) = S_0 + S_{\mathrm{L}}\sin\left(\frac{2\pi t}{T_{\mathrm{L}}} - \alpha_{\mathrm{L}}\right) + \sum_{n=1}^{N} S_n\cos(k_n x - \omega_n t + \phi_n + \alpha_n) \tag{1.29}$$

式中，$S(t)$ 为平台运动响应；S_0 为平台平均偏移；S_{L} 为平台慢漂的单边幅值；T_{L} 为平台慢漂运动的周期；α_{L} 为慢漂运动与波浪之间的相位差(其值常取为 0)；S_n 为第 n 个组成波的波幅；k_n、ω_n、ϕ_n 和 α_n 分别为第 n 个组成波的波数、圆频率、相位以及波频运动与波浪之间的相位差；x 为 t 时刻平台的位置。

1.3　深水钻井隔水管系统力学模型

确定深水钻井隔水管系统力学模型是进行整个系统钻前设计与作业分析的前提，本节主要建立连接作业、悬挂作业状态下深水钻井隔水管系统力学模型，以及深水钻井隔水管系统疲劳分析模型，作为深水钻井隔水管柱力学分析与作业分析的理论基础。

1.3.1　连接作业状态下深水钻井隔水管力学模型

进行波流联合作用下的隔水管静态分析时，需要忽略波浪的动力效应，按准静力方法处理波浪载荷的作用。钻井隔水管静态分析如图 1.8 所示，隔水管的力学模型是位于垂直平面内的隔水管在横向载荷作用下变形的常微分方程：

$$EI\frac{\mathrm{d}^4 y}{\mathrm{d}z^4} - \frac{\mathrm{d}}{\mathrm{d}z}\left[T(z)\frac{\mathrm{d}y}{\mathrm{d}z}\right] = F(z) \tag{1.30}$$

式中，z 为隔水管任一点的垂直高度；E 为材料弹性模量；I 为隔水管截面惯性矩；y 为隔水管水平位移；T 为隔水管轴向力；F 为沿水平方向作用于隔水管单位长度上的波流联合作用力。

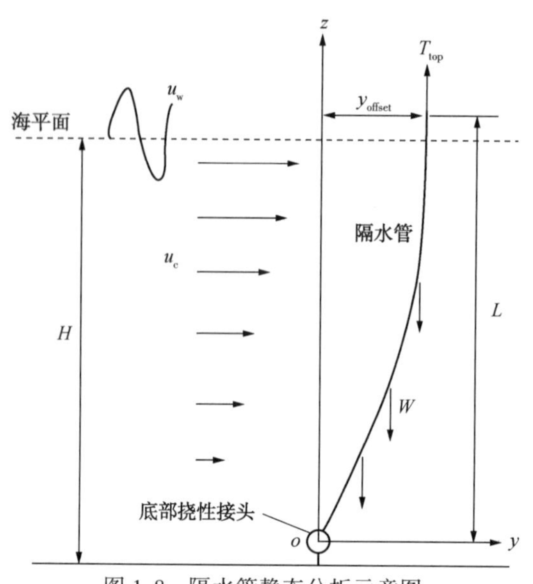

图 1.8　隔水管静态分析示意图

正常连接模式下，隔水管顶部通过张紧器悬挂于钻井平台上，并在竖直方向受到张紧力作用，隔水管底部与 LMRP、BOP、井口、导管等相连，如图 1.9 所示。在波浪、海流、张紧力、隔水管自身重力、钻井平台偏移等载荷作用下隔水管发生一定的横向变形，隔水管横向变形幅值与隔水管系统长度相比较小，隔水管系统变形后还基本保持竖直状态，属于小角度变形分析理论范畴，则隔水管力学分析模型如图 1.10 所示。

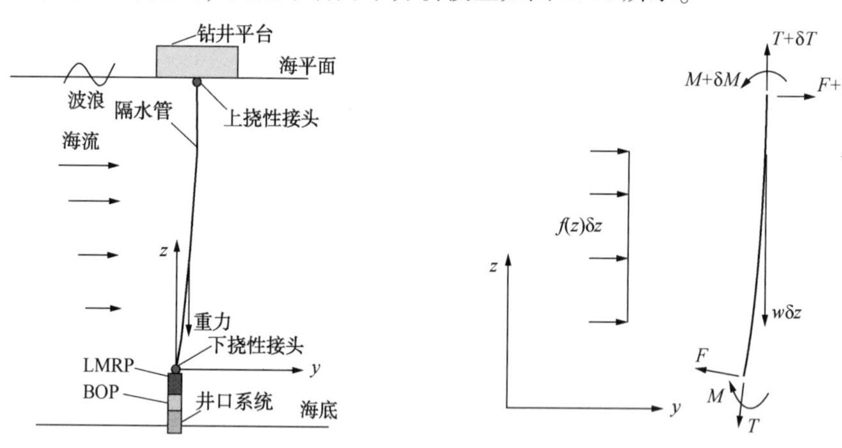

图 1.9　深水钻井隔水管连接模式示意图　　　图 1.10　深水钻井隔水管力学分析模型

根据图 1.10 建立隔水管横向力学平衡方程，可得深水钻井隔水管系统在张紧力、海流载荷、波浪载荷等载荷作用下的振动方程为

$$m\frac{\partial^2 y}{\partial t^2}+EI\frac{\partial^4 y}{\partial z^4}-\frac{\partial}{\partial z}\left[T(z)\frac{\partial y}{\partial z}\right]=F(z,\ t) \tag{1.31}$$

式中，E 为弹性模量；I 为截面惯性矩；$T(z)$ 为隔水管轴向力；m 为隔水管单位长度质量；$F(z,\ t)$ 为作用于隔水管系统单位长度的海洋环境载荷。

1.3.2 悬挂作业状态下深水钻井隔水管力学模型

脱离后隔水管系统具有两种悬挂模式，分别为硬悬挂与软悬挂模式，如图 1.4 所示。隔水管下放/回收作业与隔水管硬悬挂模式类似，只是下部增加了 BOP 的重量。硬悬挂模式下，隔水管顶部与平台刚性连接，平台运动直接传递到隔水管顶部，剧烈的平台升沉运动会导致隔水管动态压缩或悬挂装置过载，在极端海流作用下，隔水管顶部可能出现极大应力，导致隔水管屈服破坏，隔水管硬悬挂主要受动态张力的限制，顶部大应力亦是制约硬悬挂操作的因素。软悬挂模式下，隔水管用张紧器进行悬挂作业，由张紧器支撑从伸缩节外筒到 LMRP 的系统重量，平台升沉运动通过张紧器传递给伸缩节外筒，有效降低了隔水管的轴向振动，从而不易导致隔水管出现动态压缩或顶部极端张力。极端环境载荷下，平台升沉运动是制约软悬挂操作的主要因素，软悬挂作业主要受伸缩节冲程限制。

悬挂隔水管与连接状态隔水管的力学模型相近，可以采用与连接隔水管轴向振动响应方程类似的方法推导悬挂隔水管的轴向振动响应方程。为了简化隔水管轴向动力学理论模型的求解，忽略隔水管轴向重力，在不考虑阻尼的情况下，隔水管轴向波传递的波动方程为

$$\frac{\partial^2 u}{\partial t^2}=v^2\frac{\partial^2 u}{\partial z^2} \tag{1.32}$$

式中，u 为时间 t 时隔水管 z 位置处的轴向位移；v 为轴向应力波在隔水管内部的传递速度。其中，v 为

$$v=\sqrt{\frac{EA_r}{m}} \tag{1.33}$$

式中，A_r 为隔水管的横截面积；m 为隔水管单根单位长度质量。

将钻井平台升沉运动视为简谐运动施加于隔水管顶部，隔水管随平台运动产生的轴向位移和动态张力随时间变化也是简谐的。钻井平台升沉运动形式设为

$$u_p=u_o\sin\omega t \tag{1.34}$$

式中，u_p 为时间 t 时钻井平台的升沉位移；u_o 为平台升沉运动幅度；ω 为平台升沉运动频率。

钻井平台作升沉运动时隔水管轴向位移为

$$u=u_o\left(J_o\sin\frac{\omega z}{v}+\cos\frac{\omega z}{v}\right)\sin\omega t \tag{1.35}$$

式中，J_o 为待定系数。

没有阻尼只是一种理想的状态，在激振频率与固有频率相差较远时可以简单地忽略阻尼，一般情况下，需要考虑阻尼的影响。考虑受线性均布阻尼 λ_D 的隔水管波动方程为

$$m\frac{\partial^2 u}{\partial t^2}=mv^2\frac{\partial^2 u}{\partial z^2}-\lambda_D\frac{\partial u}{\partial t} \tag{1.36}$$

1.3.3 深水钻井隔水管系统疲劳分析模型

深水钻井隔水管系统波激疲劳分析方法分为时域法和频域法，时域法直接在隔水管系

统上施加随时间历程变化的波激动态载荷进行动态响应分析，确定隔水管系统动态响应并进行疲劳损伤计算。频域法在时域法的基础上将隔水管时域动态分析方程转化成频域动态分析方程，在频域内进行隔水管动态响应分析及疲劳损伤计算。

（1）波激疲劳分析模型

基于时域法的深水钻井隔水管波激疲劳计算：

隔水管动态响应分析后，需要选取合适的计数方法统计隔水管疲劳应力并计算波激疲劳寿命。目前，疲劳计数方法较多，例如峰值计数法、量程计数法、穿级计数法和雨流计数法等。由于雨流计数法的原理与材料疲劳损伤机理一致，计算结果比较符合实际，故在国内外被普遍采用。雨流计数后即可根据 S–N 曲线计算隔水管系统的疲劳损伤，具体表达式为

$$D = 3.1536 \times 10^7 \frac{f}{n_c} \sum_{k=1}^{n_c} \frac{S_k^{m_f}}{C_f} \tag{1.37}$$

式中，D 为年度疲劳损伤；n_c 为循环次数；f 为平均频率；S_k 为第 k 次的循环应力幅值；m_f 和 C_f 为 S–N 曲线中的疲劳参数。

完成各个短期海况下的波激疲劳损伤计算后，基于线性疲劳损伤累积准则进行长期波激疲劳损伤计算，可表示为

$$D_L = \sum_{i=1}^{N_f} P_i D_i \tag{1.38}$$

式中，D_L 为长期波激疲劳损伤；N_f 为疲劳分析海况总数；D_i 为第 i 个海况的波激疲劳损伤；P_i 为第 i 个海况的发生概率。

基于频域法的深水钻井隔水管波激疲劳分析：

深水钻井隔水管频域动态响应分析后，一般采用分段连续型模型计算隔水管波激疲劳损伤，在某一海况中交变应力为一均值等于零的窄带平稳正态随机过程，根据随机过程理论可知，应力范围 S 和应力峰值 S_a 之间的关系为 $S=2S_a$，应力峰值服从 Rayleigh 分布，应力峰值的概率密度函数为

$$f(S_a)=\frac{S_a}{\sigma_S^2}\exp\left(-\frac{S_a^2}{2\sigma_S^2}\right) \quad (0\leqslant S_a<+\infty) \tag{1.39}$$

式中，S_a 表示应力峰值；σ_S 为交变应力的标准差，可以通过功率谱密度函数的矩得出

$$\sigma_S = \sqrt{J_0} \tag{1.40}$$

式中，J_0 为随机交变应力过程的功率谱密度函数的 0 次矩，功率谱密度的任意 n 次矩为

$$J_n = \int_0^{+\infty} \omega^n S_{\sigma\sigma}(\omega)\mathrm{d}\omega \quad (n = 0,\ 1,\ 2\cdots) \tag{1.41}$$

式中，$S_{\sigma\sigma}$为应力峰值的功率谱密度函数。

确定应力峰值概率密度后，基于 Miner 线性疲劳损伤累积准则可得出隔水管长期疲劳损伤，则 N_f 个短期海况下的疲劳损伤为

$$D = \frac{(2\sqrt{2})^{m_f}}{C_f}\Gamma\left(\frac{m_f}{2}+1\right)\sum_{i=1}^{N_f} P_i f_{0i}\sigma_{Si}^{m_f} \tag{1.42}$$

式中，f_{0i}为第 i 个海况的平均跨零频率；Γ 为伽马函数，其表达式为

$$\Gamma(\varphi)=\int_0^{\infty}\mathrm{e}^{-t}t^{\varphi-1}\mathrm{d}t \tag{1.43}$$

实际中，隔水管的交变应力过程往往是宽带过程，计算疲劳损伤时需要对窄带过程进行雨流修正，即

$$D_{\mathrm{k}}=\frac{(2\sqrt{2})^{m_{\mathrm{f}}}}{C_{\mathrm{f}}}\Gamma\left(\frac{m_{\mathrm{f}}}{2}+1\right)\sum_{i=1}^{N_{\mathrm{f}}}k_iP_i\,f_{0i}\sigma_{\mathrm{S}i}^{m_{\mathrm{f}}} \tag{1.44}$$

式中，k_i 为第 i 个短期海况的雨流修正系数，可表示为

$$k_i=a_{\mathrm{f}}+(1-a_{\mathrm{f}})(1-\varepsilon_i)^{b_{\mathrm{f}}} \tag{1.45}$$

式中，$a_{\mathrm{f}}=0.926-0.033m_{\mathrm{f}}$，$b_{\mathrm{f}}=1.587m_{\mathrm{f}}-2.323$，$\varepsilon_i=\sqrt{1-\frac{J_{2i}^2}{J_{0i}J_{4i}}}$。

（2）涡激疲劳分析模型

隔水管-井口系统 VIV 疲劳分析流程为：①建立隔水管-井口系统整体有限元分析模型；②进行模态分析，提取系统各阶固有模态振型，利用有限差分法计算模态斜率与模态曲率；③将模态频率、振型、斜率与曲率提供给涡激疲劳分析程序，进行系统的 VIV 分析；④识别井口系统关键疲劳部位，计算隔水管-井口系统疲劳寿命；⑤研究不同因素对隔水管-井口系统疲劳特性的影响规律，提出改善隔水管-井口系统疲劳特性的措施。

首先进行隔水管系统模态分析，确定模态频率、模态振型、模态斜率和模态曲率，相关分析结果作为后续涡激疲劳损伤的基础数据。根据隔水管系统力学分析方程并忽略外部海洋环境载荷作用建立悬挂模式下的隔水管系统模态分析方程为

$$[M]\{\ddot{u}\}+[C]\{\dot{u}\}+[K]\{u\}=0 \tag{1.46}$$

然后根据模态分析结果进行隔水管系统涡激振动分析，基于漩涡脱落频率和能量输入输出准则识别隔水管涡激共振响应模态，假设隔水管第 n 阶模态发生共振，则隔水管均方根疲劳应力为

$$S_{\mathrm{rms}}(x)=\frac{EAY_n''(x)D_{\mathrm{S}}}{2\sqrt{2}} \tag{1.47}$$

式中，$Y_n''(x)$为模态振型的两阶导数，即为隔水管系统模态曲率；D_{S} 为隔水管强度外径。

最后根据 S-N 疲劳损伤计算法即可得出隔水管系统涡激疲劳损伤为

$$D_n(x)=\frac{\omega_nT_{\mathrm{VIV}}}{2\pi C_{\mathrm{f}}}[2\sqrt{2}S_{\mathrm{rms}}(x)]^{m_{\mathrm{f}}}\Gamma\left(\frac{m_{\mathrm{f}}+2}{2}\right) \tag{1.48}$$

式中，T_{VIV}为涡激振动时间。

基于线性疲劳累积理论，隔水管-井口系统的长期涡激疲劳损伤为所有流剖面的加权疲劳损伤累积，可表示为

$$D_{\mathrm{L}}=\sum_{j=1}^{N}D_jP_j \tag{1.49}$$

式中，D_{L} 为对应于整体海流环境的隔水管-井口系统长期疲劳损伤；N 为流剖面的数目；P_j 为不同海流剖面发生的概率；D_j 为对应于单一流剖面的短期疲劳损伤。

1.4 隔水管系统的静态力学分析

钻井隔水管的整体性能分析主要包括静态、动态、疲劳等方面。隔水管静态力学分析通常为隔水管整体性能分析的第一步，也是后续特征值(模态分析)和动态分析的起点。

深水钻井隔水管系统静态平衡方程为

$$\boldsymbol{K\delta}=\boldsymbol{F} \tag{1.50}$$

式中，$\boldsymbol{K}$ 为隔水管系统的整体刚度矩阵；$\boldsymbol{\delta}$ 为隔水管系统的整体位移矩阵(向量)；$\boldsymbol{F}$ 为隔水管系统的整体载荷矩阵(向量)。

隔水管属于细长结构，承受较大的轴向载荷，需要进行几何非线性计算。求解平面梁单元的几何非线性问题需要用到切线刚度矩阵，平面梁单元的切线刚度矩阵为

$$\boldsymbol{K}_{\mathrm{T}}=\boldsymbol{K}_{\mathrm{E}}+\boldsymbol{K}_{\mathrm{G}} \tag{1.51}$$

式中，$\boldsymbol{K}_{\mathrm{E}}$为单元线性刚度矩阵；$\boldsymbol{K}_{\mathrm{G}}$ 为单元几何刚度矩阵。

$$\boldsymbol{K}_{\mathrm{E}}=\begin{bmatrix} \frac{EA}{L} & 0 & 0 & -\frac{EA}{L} & 0 & 0 \\ & \frac{12EI}{L^3} & \frac{6EI}{L^2} & 0 & -\frac{12EI}{L^3} & \frac{6EI}{L^2} \\ & & \frac{4EI}{L} & 0 & -\frac{6EI}{L^2} & \frac{2EI}{L} \\ & 对 & & \frac{EA}{L} & 0 & 0 \\ & & 称 & & \frac{12EI}{L^3} & -\frac{6EI}{L^2} \\ & & & & & \frac{4EI}{L} \end{bmatrix} \tag{1.52}$$

挠性接头单元是由旋转刚度来定义的，假设挠性接头的转动刚度为 α，则其整体坐标系下的单元刚度矩阵为

$$\boldsymbol{K}_{\mathrm{E}}=\begin{bmatrix} 0 & 0 & 0 & 0 & 0 & 0 \\ & \frac{EA}{L} & 0 & 0 & -\frac{EA}{L} & 0 \\ & & \alpha & 0 & 0 & -\alpha \\ & 对 & & 0 & 0 & 0 \\ & & 称 & & \frac{EA}{L} & 0 \\ & & & & & \alpha \end{bmatrix} \tag{1.53}$$

单元几何刚度矩阵由隔水管的局部有效张力来决定。整体坐标系下的二维梁单元的几何刚度矩阵为

$$\boldsymbol{K}_{\mathrm{G}}=\frac{T}{L}\begin{bmatrix}0 & 0 & 0 & 0 & 0 & 0\\ & \frac{6}{5} & \frac{L}{10} & 0 & -\frac{6}{5} & \frac{L}{10}\\ & & \frac{2L^2}{15} & 0 & -\frac{L}{10} & -\frac{L^2}{30}\\ & 对 & & 0 & 0 & 0\\ & & 称 & & \frac{6}{5} & -\frac{L}{10}\\ & & & & & \frac{2L^2}{15}\end{bmatrix} \tag{1.54}$$

式中，A 为单元的横截面面积；E 为单元材料的弹性模量；I 为单元的惯性矩；L 为单元长度；T 为单元张力。

单元刚度矩阵在局部坐标系中得到，它的坐标方向由单元方向确定。有限元方程的求解在整体坐标系下进行，因此要将不同局部坐标系下的单元刚度矩阵转换成具有统一形式的整体刚度矩阵。整体刚度矩阵可以通过对局部坐标系下的刚度矩阵中相同的整体自由度的部分相加得到。

由于存在偏移和变形，各矩阵建立以后需要进行坐标变换。将单元上的节点载荷、位移和刚度矩阵换算到整体坐标系，然后按迭加规则直接相加组成整体载荷矩阵、位移矩阵和刚度矩阵。局部坐标系转换到整体坐标系需要用到转换矩阵，平面梁单元的转换矩阵为

$$\boldsymbol{t}=\begin{bmatrix}\cos\alpha & -\sin\alpha & 0 & 0 & 0 & 0\\ \sin\alpha & \cos\alpha & 0 & 0 & 0 & 0\\ 0 & 0 & 1 & 0 & 0 & 0\\ 0 & 0 & 0 & \cos\alpha & -\sin\alpha & 0\\ 0 & 0 & 0 & \sin\alpha & \cos\alpha & 0\\ 0 & 0 & 0 & 0 & 0 & 1\end{bmatrix} \tag{1.55}$$

隔水管上所受的载荷包括环境载荷(如海流和波浪力)及隔水管自身的重量。横向的海流及波浪力沿着隔水管长度分布，根据功等效原则，可以用等效的集中节点载荷和弯矩来取代分布载荷，静态分析的单元载荷矩阵可写为

$$\boldsymbol{F}=\begin{Bmatrix}F_{xi}\\ F_{yi}\\ M_i\\ F_{xj}\\ F_{yj}\\ M_j\end{Bmatrix}=\begin{Bmatrix}\frac{W_{\mathrm{c}}L}{2}\\ -\frac{mg}{2}\\ -\frac{W_{\mathrm{c}}L^2}{12}\\ \frac{W_{\mathrm{c}}L}{2}\\ -\frac{mg}{2}\\ \frac{W_{\mathrm{c}}L^2}{12}\end{Bmatrix} \tag{1.56}$$

静态平衡方程在求解之前需要先应用边界条件，将隔水管系统的实际边界条件反映到位移矩阵、刚度矩阵和载荷矩阵三个矩阵中去。位移边界上的节点规定了节点位移的数值，比如隔水管顶部的水平位移取决于平台的偏移，隔水管的底部如果简化成铰支，那么它在两个方向上的平动位移都将被约束为零。位移边界条件可以通过置大数法和划零置一法来处理。置大数法是近似的方法，此方法的处理只需要修改两个数值即可，简单方便。划零置一法是精确的方法，处理上比置大数法要麻烦不少，但求得的是精确解，本节采用的就是划零置一法。

假设隔水管系统 ν 自由度的位移已知为 A(A 可以为 0 或者其他任意值)，两种方法的边界处理流程如图 1.11 所示。

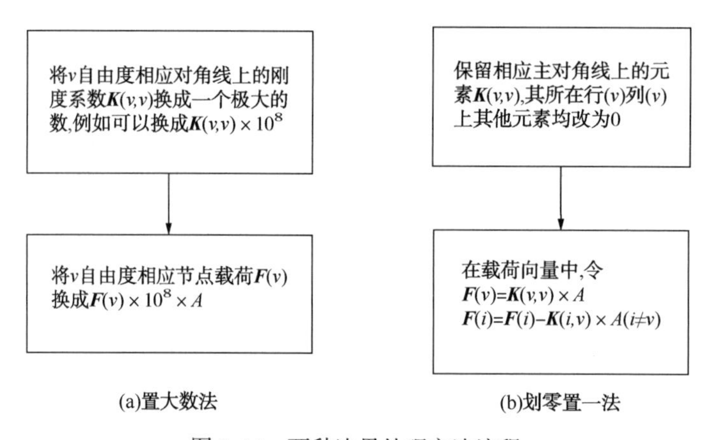

图 1.11　两种边界处理方法流程

几何非线性问题的有限元问题可以采用牛顿法进行求解，牛顿法又称牛顿-拉斐逊(Newton-Raphson)法，力学上称之为切线刚度法。牛顿法求解流程如图 1.12 所示。

牛顿法求解时先设定节点自由度的初始值 δ_0，由 δ_0 求得初始切线刚度矩阵 $\boldsymbol{K}_{\mathrm{T1}}$，然后计算不平衡量 ψ_1，进一步得到节点自由度的修正量 $\Delta\delta_1$，最后将初始节点自由度和其修正量相加得到第一次迭代后的节点自由度 δ_1，至此第一次迭代结束，可根据收敛准则判断是否需要进行下一步的迭代。牛顿法的迭代和逼近过程如图 1.13 所示，随着迭代的进行，不平衡量 ψ_1 逐渐趋向于 0，迭代值 δ_n 逐步向真实值 δ 逼近。

迭代的结束需要根据相应的收敛准则来判断。常见的收敛准则有位移收敛准则和平衡收敛准则。

位移收敛准则采用相邻两次循环迭代所得位移差的均方根值与前一次循环迭代的位移的均方根值的比值来判断收敛程度，其表达式为

$$\boldsymbol{C}_1 = \sqrt{\frac{\sum_{n=1}^{N}(\delta_{n+1}-\delta_n)^2}{N}} \Bigg/ \sqrt{\frac{\sum_{n=1}^{N}\delta_{n+1}^2}{N}} = \sqrt{\frac{\sum_{n=1}^{N}(\delta_{n+1}-\delta_n)^2}{\sum_{n=1}^{N}\delta_{n+1}^2}} \tag{1.57}$$

式中，δ_n 是指第 n 次迭代得到的位移。

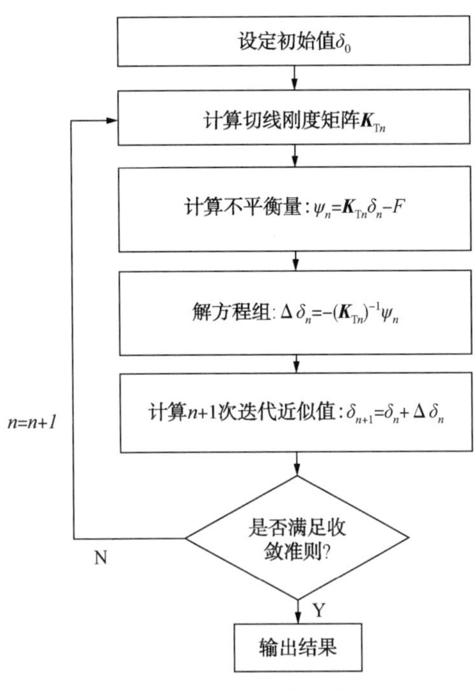

图 1.12　牛顿法求解流程

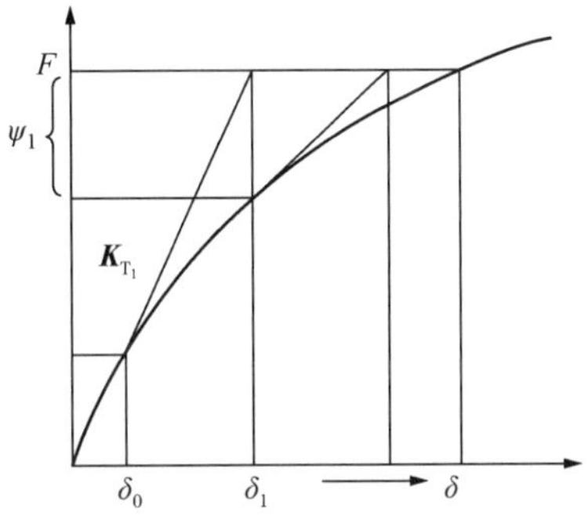

图 1.13　牛顿法迭代收敛过程

平衡收敛准则采用单次迭代所得不平衡力的均方根值与外载荷的均方根值的比值来判断收敛程度，其表达式为

$$\boldsymbol{C}_2=\frac{\sqrt{\sum_{n=1}^{N}(\boldsymbol{K}\delta_n-\boldsymbol{F}_n)^2}}{N}\Bigg/\frac{\sqrt{\sum_{n=1}^{N}\boldsymbol{F}_n^2}}{N}=\sqrt{\frac{\sum_{n=1}^{N}(\boldsymbol{K}\delta_n-\boldsymbol{F}_n)^2}{\sum_{n=1}^{N}\boldsymbol{F}_n^2}} \tag{1.58}$$

式中，δ_n 是指第 n 次迭代得到的位移；$\boldsymbol{K}$ 是整体刚度矩阵；$\boldsymbol{F}_n$ 是第 n 次迭代使用的载荷矩阵；$\boldsymbol{K}\delta_n-\boldsymbol{F}_n$ 是第 n 次迭代的不平衡力。

第2章　深水海底井口-隔水管-平台耦合动力学

深水钻井隔水管系统作为深水钻井重要而又薄弱的环节，极易受到复杂的海洋环境载荷、平台运动、作业载荷的影响，从而使隔水管处于复杂高载荷工况条件下，隔水管系统自身、隔水管与平台之间均存在复杂的耦合动力学问题，若得不到有效控制，易发生隔水管断裂、损坏等事故，造成人员伤亡、生产停止等重大损失。本章将采用耦合系统分析方法对浮体运动及隔水管响应进行分析，研究浮体与细长结构(系缆、隔水管)之间耦合效应对浮体运动及隔水管响应的影响。开展深水动力定位平台-隔水管耦合系统动力学分析，研究深水钻井平台驱离和漂移两种失效模式下的隔水管系统动力学特性及失效风险，建立动力定位平台驱离和漂移模式下隔水管系统预警界限，为平台驱离和漂移下的隔水管系统安全作业提供支撑。开展深水锚泊平台-隔水管耦合系统安全分析与控制研究，建立深水锚泊平台-隔水管耦合系统动力学模型及分析方法，识别深水锚泊平台与隔水管系统耦合作用规律，为深水锚泊平台-隔水管耦合系统安全作业提供支撑。

2.1　浮体/系缆/隔水管耦合系统分析基础

浮体运动一般可划分为三种形式：由稳态风与海流载荷导致的平均浮体偏移；由一阶波浪载荷导致的波频浮体运动；由阵风与二阶波浪载荷导致的低频浮体运动。

当前通常基于一个两步程序计算浮体运动对隔水管产生的载荷效应：①基于三维衍射/辐射理论计算浮体运动，细长结构(系缆、隔水管)的恢复力作为非线性弹簧力进行考虑；②将前步计算得到的浮体运动作为隔水管顶部激励以计算其载荷效应。传统方法多采用以下处理方式：将波频浮体运动(通常表示为浮体波频响应 RAO 形式)作为动态激励，通过一个额外的偏移量来考虑低频浮体运动，假设隔水管对低频浮体运动作出准静态响应。

实际上，浮体与细长结构是作为一个集成动态系统对风、波浪与海流引起的环境载荷作出响应，以常规方法计算浮体运动时忽略了浮体与细长结构之间的动态耦合作用，使得作用在细长结构上的海流力被忽略或作为附加力施加于浮体，以及细长结构阻尼被忽略或作为线性阻尼力进行考虑。

浮体与细长结构间的耦合效应在评价采油立管动态响应时已得到重视，但在评价钻井隔水管动态响应时却一直未得到重视。一个重要原因是，2000 年以前在超深水海域通常采用动力定位钻井装置进行作业。近几年，随着新型复合材料缆的发展，以及从本质上避免动力定位钻井装置出现偏航、漂移或紧急脱离等风险，工业上越来越多地采用系泊钻井装置进行超深水钻井作业。例如，自 2001 年升级预安装锚泊系统(采用复合材料缆取代钢丝缆)后，壳牌公司的 Transocean DW Nautilus 号钻井船已在水深超过 2743m(9000ft)的海域成功完成了数口井的钻井作业。

对于采用系泊定位的超深水钻井系统，将浮体与细长结构之间的耦合效应进行一致处理是充分预测浮体运动及隔水管响应的决定性因素。本节采用耦合系统分析方法对浮体运动及隔水管响应进行分析。

2.1.1 耦合系统分析方法及原理

耦合系统分析由两步组成：①对浮体进行传统的频域衍射/辐射分析，以便计算浮体的各种水动力系数；②对耦合系统分析模型进行时域随机振动分析，基于作用在浮体上的环境力与每个时刻的细长结构响应之间的动态平衡确定浮体运动与细长结构响应。

应用 Wadam 程序进行浮体的衍射/辐射分析。浮体水动力模型采用复合模型进行描述，Panel 模型用于计算作用在浮体上的衍射力与辐射力；Morison 模型用于计算流体的黏滞阻尼效应。波频波浪力与低频波浪力可分别通过线性衍射分析与二阶衍射分析计算得到；附加质量与辐射阻尼通过辐射分析计算得到。

以 DeepC 程序为平台进行耦合系统的时域随机振动分析。将浮体六自由度刚体运动模型引入细长结构有限元模型之中，得到完整的耦合系统分析模型。耦合系统的运动方程可表示为

$$\boldsymbol{M}\ddot{\boldsymbol{x}}(t)+\hat{\boldsymbol{B}}\dot{\boldsymbol{x}}(t)+\hat{\boldsymbol{K}}\boldsymbol{x}(t)=\boldsymbol{F}(t) \tag{2.1}$$

式中，$\boldsymbol{M}$、$\hat{\boldsymbol{B}}$、$\hat{\boldsymbol{K}}$ 分别为耦合系统的质量、阻尼与刚度矩阵；$\boldsymbol{x}$ 为位移向量；$\boldsymbol{F}$ 为外部力向量。符号^指示阻尼与刚度矩阵中不包含细长结构的贡献(该部分效应包含在外部作用力中)。将系统矩阵分成浮体与细长结构两部分进行描述，则耦合系统运动方程可改写为

$$\begin{bmatrix}\boldsymbol{M}_{\mathrm{F}} & 0\\ 0 & \boldsymbol{M}_{\mathrm{L}}\end{bmatrix}\begin{bmatrix}\boldsymbol{x}_{\mathrm{F}}\\ \boldsymbol{x}_{\mathrm{L}}\end{bmatrix}+\begin{bmatrix}\boldsymbol{B}_{\mathrm{F}} & 0\\ 0 & 0\end{bmatrix}\begin{bmatrix}\dot{\boldsymbol{x}}_{\mathrm{F}}\\ \dot{\boldsymbol{x}}_{\mathrm{L}}\end{bmatrix}+\begin{bmatrix}\boldsymbol{K}_{\mathrm{F}} & 0\\ 0 & 0\end{bmatrix}\begin{bmatrix}\ddot{\boldsymbol{x}}_{\mathrm{F}}\\ \ddot{\boldsymbol{x}}_{\mathrm{L}}\end{bmatrix}=\begin{bmatrix}\boldsymbol{F}_{\mathrm{F}}\\ \boldsymbol{F}_{\mathrm{L}}\end{bmatrix} \tag{2.2}$$

式中，下标 F、L 分别表示浮体与细长结构。浮体质量矩阵 $\boldsymbol{M}_{\mathrm{F}}$ 包含结构与附加质量。细长结构质量矩阵 $\boldsymbol{M}_{\mathrm{L}}$ 包含结构质量、附加质量与管内流体质量。浮体阻尼矩阵 $\boldsymbol{B}_{\mathrm{F}}$ 包含流体黏滞阻尼、辐射阻尼与波浪慢漂阻尼。浮体刚度矩阵 $\boldsymbol{K}_{\mathrm{F}}$ 仅包含静水刚度。浮体外部力向量 $\boldsymbol{F}_{\mathrm{F}}$ 可表示为

$$\boldsymbol{F}_{\mathrm{F}}=\boldsymbol{F}_{\mathrm{wf}}+\boldsymbol{F}_{\mathrm{lf}}+\boldsymbol{F}_{\mathrm{w}}+\boldsymbol{F}_{\mathrm{c}}+\boldsymbol{F}_{\mathrm{lr}} \tag{2.3}$$

式中，$\boldsymbol{F}_{\mathrm{wf}}$、$\boldsymbol{F}_{\mathrm{lf}}$、$\boldsymbol{F}_{\mathrm{w}}$、$\boldsymbol{F}_{\mathrm{c}}$、$\boldsymbol{F}_{\mathrm{lr}}$分别为波频波浪力、低频波浪力、风力、海流力与细长结构恢复力向量。$\boldsymbol{F}_{\mathrm{lr}}$包含作用在细长结构上的所有载荷，如惯性力、Morison 形式的波浪力、海流曳力、系缆与隔水管瞬时张紧状态导致的恢复力、隔水管弯曲与扭转刚度导致的恢复力等。细长结构外部力向量 $\boldsymbol{F}_{\mathrm{L}}$ 可表示为

$$\boldsymbol{F}_{\mathrm{L}}=-\boldsymbol{T}-\boldsymbol{Q}+\boldsymbol{W}+\boldsymbol{F}_{\mathrm{mw}}+\boldsymbol{F}_{\mathrm{cd}}+\boldsymbol{F}_{\mathrm{fs}} \tag{2.4}$$

式中，$\boldsymbol{T}$、$\boldsymbol{Q}$ 分别为轴向与转动恢复力向量；$\boldsymbol{W}$ 为有效重力向量；$\boldsymbol{F}_{\mathrm{mw}}$为 Morison 形式的波浪力向量；$\boldsymbol{F}_{\mathrm{cd}}$为海流曳力向量；$\boldsymbol{F}_{\mathrm{fs}}$为浮体连接处的弹簧力向量。第 1 章已介绍隔水管系统动力学模型，下面重点介绍浮体运动及其载荷模型。

2.1.2 一阶浮体运动与二阶波浪力

对一阶运动与二阶力/力矩的计算往往是确定浮体运动性能的起点。一阶或线性运动传

递函数 $x_{\mathrm{WA}}^{(1)}(\omega)$，通常称为响应幅值算子(RAO)，给出的是浮体在单位波幅规则波作用下的响应。$x_{\mathrm{WA}}^{(1)}(\omega)$由下式确定。

$$x_{\mathrm{WA}}^{(1)}(\omega)=H^{(1)}(\omega)L^{-1}(\omega) \tag{2.5}$$

$$L(\omega)=-\omega^2[M+A(\omega)]+i\omega B(\omega)+K \tag{2.6}$$

式中，$H^{(1)}(\omega)$为线性力传递函数(LTF)；M 为结构质量；A 为附加质量；B 为波浪阻尼；K 为刚度，包括静水刚度与结构刚度；ω 为波浪圆频率。刚体六自由度运动方程包含3个平动自由度[纵荡、横荡、升沉(垂荡)]与3个转动自由度(横摇、纵摇、艏摇)。

浮体在随机波浪环境下的响应谱 $S_{\mathrm{R}}(\omega)$ 可直接通过传递函数 $x_{\mathrm{WA}}^{(1)}(\omega)$ 与波浪谱 $S_{\eta}(\omega)$ 计算得到，基于响应谱可获得浮体运动短期预报的各种统计值。

$$S_{\mathrm{R}}(\omega)=|x_{\mathrm{WA}}^{1}(\omega)|^2 S_{\eta}(\omega) \tag{2.7}$$

系泊浮式结构的低频运动由缓慢变化的波浪漂流力(慢漂波浪力)导致。这是一种二阶波浪力，正比于波幅的平方。在一个由 N 个规则波组成的随机波浪海况下，慢漂波浪力 $q_{\mathrm{WA}}^{(2-)}(t)$ 在差频 $\omega_i-\omega_j$ 上振动，$q_{\mathrm{WA}}^{(2-)}(t)$ 由下式计算。

$$q_{\mathrm{WA}}^{(2-)}(t)=Re\sum_{i,\ j}^{N}a_i a_j H^{(2-)}(\omega_i,\ \omega_j)\mathrm{e}^{i(\omega_i-\omega_j)t} \tag{2.8}$$

式中，α_i、α_j 为单个波幅；$H^{(2-)}$ 为差频载荷的二阶传递函数(QTF)。QTF是一个复数，包含幅值 $|H^{(2+)}|$ 和相位 $a^{(2+)}$，Re 表示实部。QTF由一阶运动传递函数 $x_{\mathrm{WA}}^{(1)}(\omega)$ 和波浪组分的传播方向 β_i 决定。

在以上求和项中如仅考虑对角项，则可得到平均慢漂波浪力。并且双向平均慢漂力 $F_{\mathrm{d}}(\omega;\ \beta_i;\ \beta_j)$ 也可通过一阶速度势进行计算，单频慢漂力

$$F_{\mathrm{d}}(\omega_i)=\frac{1}{2}a_i^2 Re[H^{(2-)}(\omega_i,\ \omega_i)] \tag{2.9}$$

在传统隔水管响应分析方法中，$x_{\mathrm{WA}}^{(1)}(\omega)$ 用于描述浮体的波频运动；$F_{\mathrm{d}}(\omega_i)$ 用于计算低频浮体偏移。

2.2 超深水系泊钻井系统耦合系统分析

以水深6000ft(1828.8m)的超深水系泊定位钻井系统为例进行分析。半潜式钻井平台为四立柱、环形沉垫结构，结构总体长度与总体宽度均为80.5m，工作状态下的吃水深度为31.4m，排水量为52900t。

2.2.1 系统分析模型

系泊系统由12根锚链-缆绳-锚链形式的悬链线系缆组成，每3根一组共分为4组。顶部锚链长度为91m，复合材料缆长度为2438m，底部锚链长度为122m。锚链外径为95.3mm，湿重为164.8kg/m，轴向刚度为912MN。复合材料缆外径为160mm，湿重为4.5kg/m，轴向刚度为187MN。

隔水管系统由75根单根组成，顶部有8根裸单根，中部有55根不同等级的浮力单根，底部有12根裸单根，单根长度为24.384m。隔水管系统的主要结构参数见表2.1。分析采

用的系缆与隔水管水动力系数见表2.2。

表2.1 超深水钻井隔水管系统结构描述

管段编号	单根数量	主管外径/m	主管壁厚/m	浮力块外径/m	单根干重/kg	单根湿重/kg
1	8	0.5334	0.0191	—	12671	11465
2	18	0.5334	0.0175	1.2446	17416	-1764
3	12	0.5334	0.0175	1.2446	17967	-1213
4	13	0.5334	0.0175	1.2446	18517	-662.8
5	12	0.5334	0.0175	1.2446	19123	-56.75
6	12	0.5334	0.0191	—	12671	11465

表2.2 系缆与隔水管水动力系数

水动力系数	锚链	复合缆	隔水管
法向拖曳力系数	2.45	1.2	1.2
切向拖曳力系数	0.65	0.3	0
法向惯性力系数	2.0	1.15	1
切向惯性力系数	0.5	0.2	0

2.2.2 环境载荷模型

以海浪谱描述随机波浪海况。JONSWAP 谱和 P-M 谱是工程上最常用的两个海浪谱。南海海域的海浪谱从峰值大小和谱形上均与 JONSWAP 谱较接近，因此以 JONSWAP 谱表示随机波浪海况。

以 NPD 风谱与风剖面描述海风环境。NPD 风谱用于计算作用在浮体上的动风载，浮体的表面摩擦系数取0.002。NPD 风谱由下式描述

$$u(z,\ t)=U(z)\left[1-0.41\cdot I_{u}(z)\cdot\ln\left(\frac{t}{t_0}\right)\right] \tag{2.10}$$

海面以上高度 z 处的1h 内平均风速

$$U(z)=U_0\left[1+C\cdot\ln\left(\frac{z}{10}\right)\right] \tag{2.11}$$

$$C=5.73\cdot10^{-2}(1+0.15\cdot U_0)^{\frac{1}{2}} \tag{2.12}$$

湍流强度因子

$$I_{u}(z)=0.06(1+0.043\cdot U_0)\left(\frac{z}{10}\right)^{-0.22} \tag{2.13}$$

式中，U_0 为海平面以上10m 处1h 内的平均风速。

风剖面用于计算作用在浮体上的静风载，风剖面由下式描述

$$\bar{u}(z)=\bar{u}_{r}\left(\frac{z}{z_{r}}\right)^{\alpha} \tag{2.14}$$

式中，z_r 为参照高度；$\bar{u}_r$ 为参照高度 z_r 处的平均风速；α 为高度系数。对于 NPD 风谱，z_r=

10，$\alpha=0.11$。

以流剖面描述海流环境，需给出不同深度处的海流速度。

分析所采用的环境条件为：波浪有效波高为5.6m，谱峰周期为12.4s，JONSWAP谱，$\gamma=2.5$；海面以上10m处1h内的平均风速为20.6m/s，NPD风谱；流剖面表面流速为0.86m/s。

2.2.3 浮体运动特性分析

在耦合系统分析中，风、波浪引起的动态载荷作为稳态随机过程进行描述。为使预测极端响应具有足够的置信度，模拟执行时间取3h(10800s)。

以耦合系统分析计算得到的浮体运动时间历程见图2.1。通过低通滤波可得到浮体运动的低频分量与波频分量，分别见图2.2与图2.3。对比三图可以看出，浮体运动中的低频特性非常显著，低频浮体运动的范围要远大于波频浮体运动的范围。对于极端浮体偏移而言，平均浮体偏移与低频浮体运动所作贡献远高于波频浮体运动，波频浮体运动所作贡献不足6%。

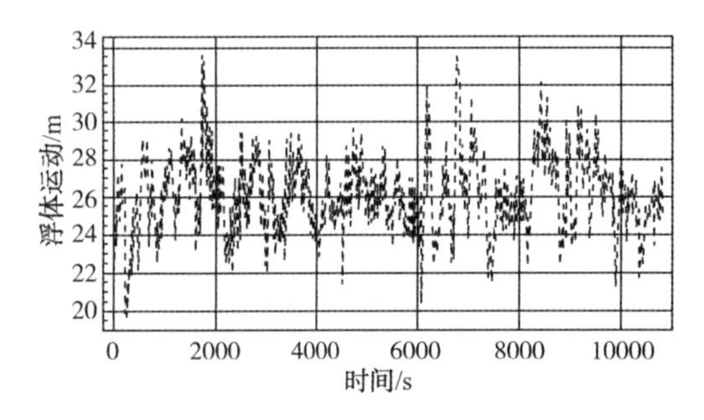

图2.1 浮体运动响应

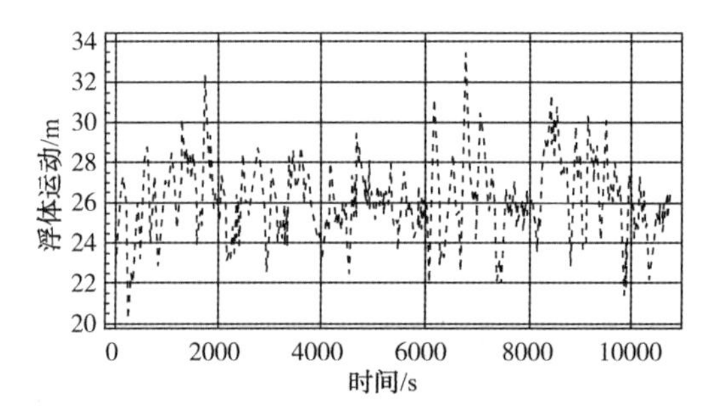

图2.2 低频浮体运动响应

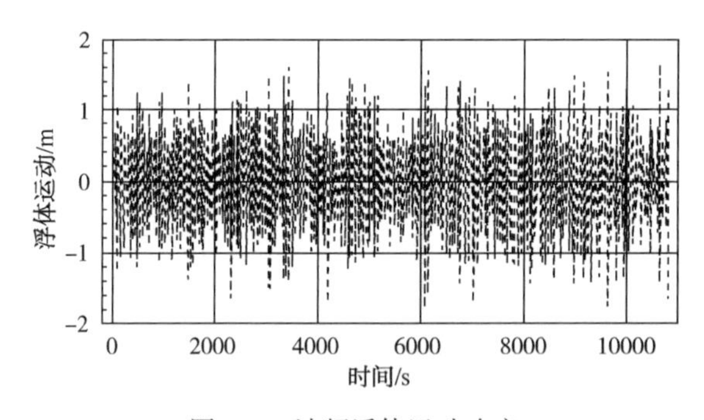

图2.3 波频浮体运动响应

2.2.4 隔水管响应特性分析

隔水管在平均浮体偏移与低频、波频浮体运动及波、流载荷作用下的响应包络线见图2.4；隔水管在低频与波频浮体运动及波、流载荷作用下的响应包络线见图2.5；隔水管在波频浮体运动及波、流载荷作用下的响应包络线见图2.6。隔水管在浮体运动及波浪载荷激励下发生振动，波浪载荷激励主要对飞溅区内部位产生作用，而浮体运动激励可自隔水管顶部一直传递至底部。隔水管的极端响应由浮体运动控制。平均浮体偏移与海流载荷确定了隔水管局部的静平衡位置；低频与波频浮体运动决定了隔水管局部的响应范围，而低频浮体运动的贡献显著大于波频浮体运动。

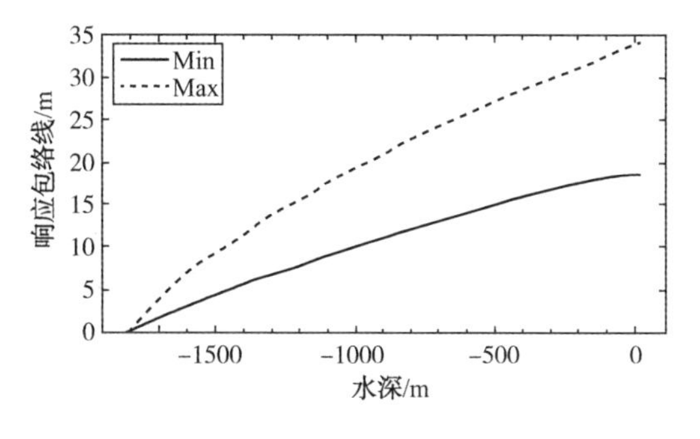

图 2.4　隔水管总体响应包络线

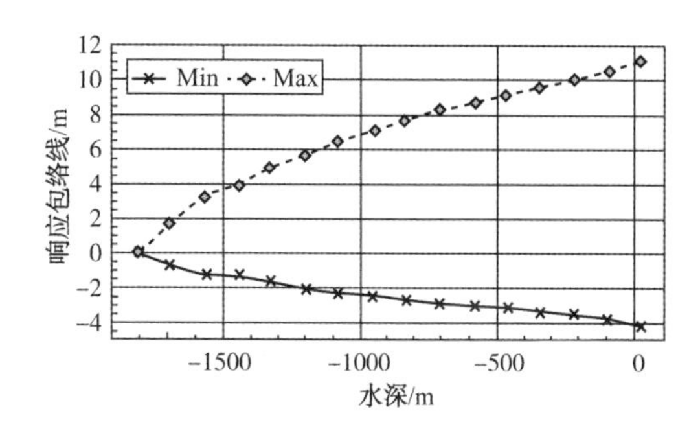

图 2.5　隔水管低频与波频响应包络线

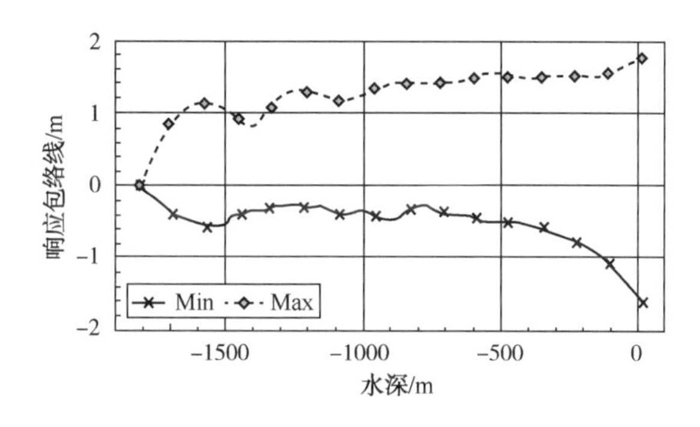

图 2.6　隔水管波频响应包络线

隔水管底部的下球铰转角响应见图 2.7。通过低通滤波得到转角响应的低频分量与波频分量，分别如图 2.8、图 2.9 所示。从图中可以看出，在下球铰转角响应中依然存在明显的低频特性，低频响应幅度与波频响应幅度相当。对于下球铰转角极端响应而言，平均浮体偏移与低频浮体运动仍起决定作用，但相对于隔水管顶部响应，波频浮体运动所作贡献有了大幅提高。

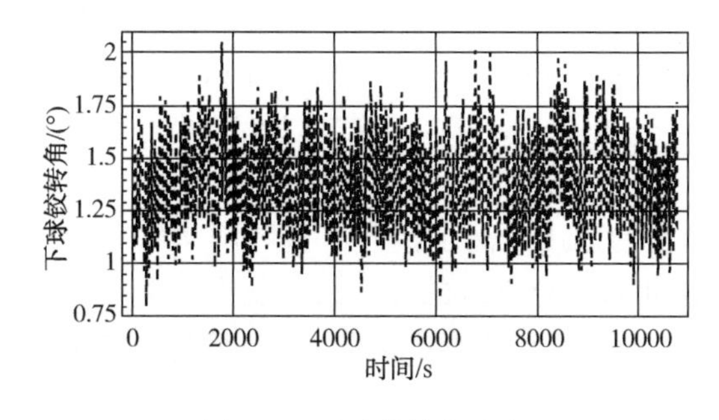

图 2.7　下球铰转角响应

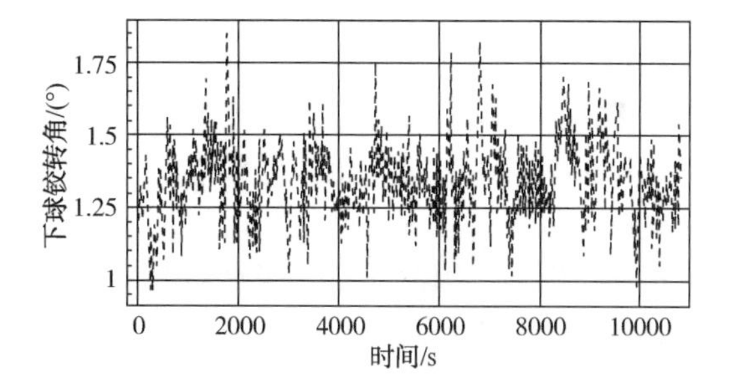

图 2.8　低频下球铰转角响应

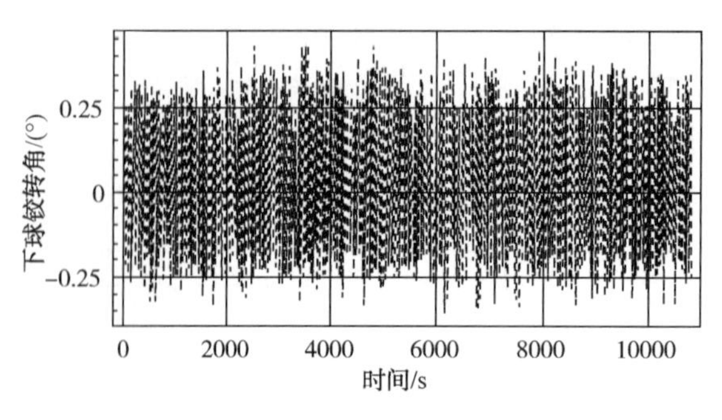

图 2.9　波频下球铰转角响应

分析表明，浮体极端偏移与隔水管极端响应均主要由平均浮体偏移和低频浮体运动控制。对于超深水系泊钻井系统而言，以耦合系统分析方法预测浮体运动及隔水管响应更为合理。

2.3　深水动力定位平台-隔水管耦合系统动力学分析与预警

动力定位是深水钻井平台主要定位方式之一，动力定位系统具有定位能力强、移动灵活等优点，在深水和超深水钻井平台作业中得到广泛应用。正常钻井作业过程中，深水半潜平台在动力定位系统的作用下保持在海底井口顶部的海面附近，以确保隔水管系统的结构完整性以及钻井作业的顺利进行。然而动力定位系统存在失效的风险，主要表现为驱离和漂移两种失效模式，在驱离和漂移失效模式下深水钻井平台牵引隔水管系统顶部发生远离海底井口的运动，当偏移过大时易发生隔水管断裂、井口破坏、防喷器破坏甚至井喷等严重后果。开展深水动力定位平台-隔水管耦合系统动力学分析，研究深水钻井平台驱离和漂移两种失效模式下的隔水管系统动力学特性及失效风险，建立动力定位平台驱离和漂移模式下隔水管系统预警界限，为平台驱离和漂移下的隔水管系统安全作业提供支撑。

2.3.1　动力定位平台-隔水管耦合系统动力学模型及分析

深水动力定位平台-隔水管耦合系统如图 2.10 所示，深水钻井隔水管系统顶部通过张紧器和顶部挠性接头悬挂于平台上，深水钻井隔水管系统底部通过 LMRP 与 BOP、井口和导管等连接，深水钻井平台、张紧器、隔水管系统、LMRP、BOP、井口以及导管等组成一个完整深水钻井系统。正常工作模式下，深水钻井平台受到风、浪、流等环境载荷的作用，深水钻井隔水管系统受到浪、流、土壤抗力等载荷的作用，深水钻井平台与隔水管还会产生相互作用力。因此，整个深水动力定位平台-隔水管耦合系统的受力较为复杂，需要分别建立深水钻井平台和隔水管系统动力学分析模型，开展深水动力定位平台-隔水管系统耦合迭代动力学分析。

(1) 深水钻井平台动力学分析模型

深水钻井平台的受力情况与平台局部坐标及运动状态密切关联，建立深水钻井平台全

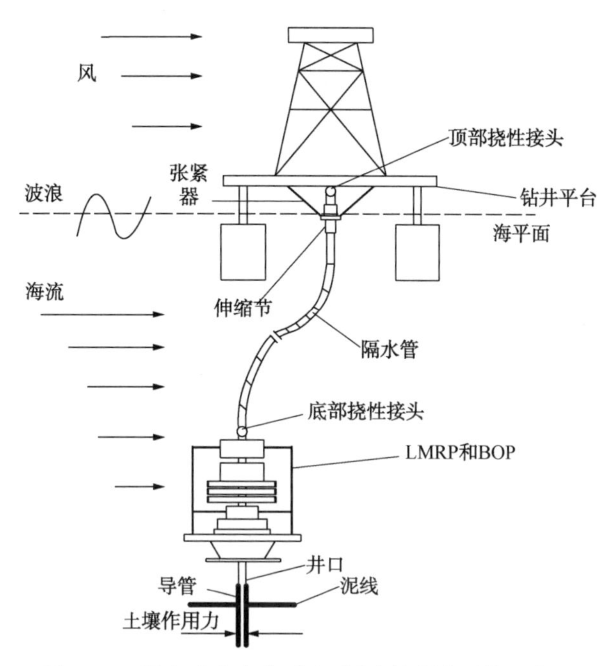

图 2.10 深水动力定位平台-隔水管耦合系统示意图

局与随动坐标系，如图 2.11 所示。xoy 为全局坐标系，$x_b o_b y_b$ 为钻井平台的随动坐标系统，其中，随动坐标系和全局坐标系之间的夹角用 ψ 表示，则全局坐标系与随动坐标系之间的关系为

$$\dot{\boldsymbol{\eta}}=\boldsymbol{R}(\psi)\boldsymbol{v}=\begin{bmatrix}\cos\psi & -\sin\psi & 0\\ \sin\psi & \cos\psi & 0\\ 0 & 0 & 1\end{bmatrix}\boldsymbol{v} \tag{2.15}$$

式中，$\boldsymbol{\eta}=[xy\psi]^T$ 为全局坐标系下平台纵荡位移、横荡位移和艏摇角度；$\boldsymbol{v}=[uvr]^T$ 为随动坐标系下平台纵荡速度、横荡速度和艏摇角速度；$\boldsymbol{R}(\psi)$ 为随动坐标系至全局坐标系的转换矩阵。

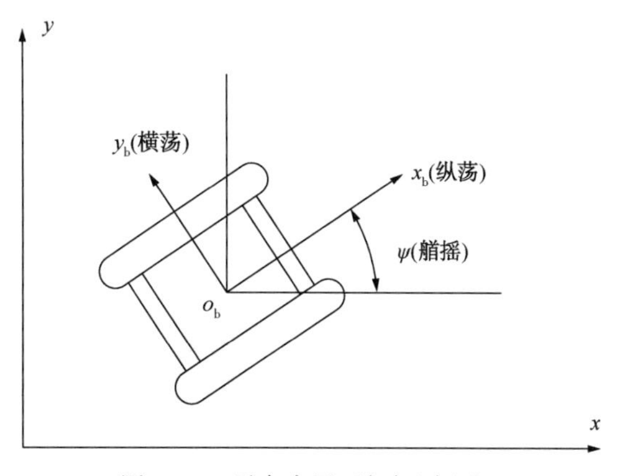

图 2.11 平台全局-随动坐标系

深水钻井平台受到风、浪、流等自然环境载荷的作用，其中深水钻井平台在一阶波浪力作用下发生六自由度的波频振动，不会发生漂移运动；而深水钻井平台在风、二阶波浪力以及海流载荷的作用下会发生漂移运动，主要体现在深水钻井平台的纵荡、横荡以及艏摇三个自由度上，则建立的深水钻井平台漂移动力学分析方程为

$$\boldsymbol{M}\dot{\boldsymbol{v}}+\boldsymbol{C}_{\mathrm{RB}}\boldsymbol{v}=\tau_{\mathrm{curr}}+\boldsymbol{\tau}_{\mathrm{wind}}+\boldsymbol{\tau}_{\mathrm{wave}}+\boldsymbol{\tau}_{\mathrm{thruster}}+\boldsymbol{\tau}_{\mathrm{riser}} \tag{2.16}$$

式中，$\boldsymbol{M}$ 为质量矩阵；$\boldsymbol{C}_{\mathrm{RB}}$ 为科里奥利力矩阵；$\boldsymbol{\tau}_{\mathrm{curr}}$、$\boldsymbol{\tau}_{\mathrm{wave}}$、$\boldsymbol{\tau}_{\mathrm{wind}}$、$\boldsymbol{\tau}_{\mathrm{thruster}}$、$\boldsymbol{\tau}_{\mathrm{riser}}$ 分别为局部坐标系下的海流力、二阶波浪力、风载荷、推进器推进力以及隔水管系统作用力的载荷向量。

质量矩阵 $\boldsymbol{M}$ 包括平台自身重量以及平台运动引起的附加质量，可表示为

$$\boldsymbol{M}=\begin{bmatrix} m+X_{\dot{u}} & 0 & 0 \\ 0 & m+Y_{\dot{v}} & Y_{\dot{r}} \\ 0 & N_{\dot{v}} & I_z+N_{\dot{r}} \end{bmatrix} \tag{2.17}$$

式中，m 为平台自身质量；I_z 为平台绕 z 轴的转动惯量；$X_{\dot{u}}$、$Y_{\dot{v}}$、$N_{\dot{r}}$ 分别为平台纵荡、横荡和艏摇运动引起的附加质量；$Y_{\dot{r}}$ 为平台艏摇引起横荡方向的附加质量；$N_{\dot{v}}$ 为平台横荡引起艏摇方向的附加质量。

科里奥利力矩阵为反对称矩阵，可表示为

$$\boldsymbol{C}_{\mathrm{RB}}=\begin{bmatrix} 0 & 0 & -mv \\ 0 & 0 & mu \\ mv & -mu & 0 \end{bmatrix} \tag{2.18}$$

深水钻井平台的海流载荷和风载表达形式类似，均为自然环境与平台之间相对速度的二次函数，则海流力和风力可分别表示为

$$\boldsymbol{\tau}_{\mathrm{c}}=\begin{cases} C_{\mathrm{cx}}(\beta_{\mathrm{c}})u_{\mathrm{c}}^2 \\ C_{\mathrm{cy}}(\beta_{\mathrm{c}})u_{\mathrm{c}}^2 \\ C_{\mathrm{cz}}(\beta_{\mathrm{c}})u_{\mathrm{c}}^2 \end{cases} \tag{2.19}$$

$$\boldsymbol{\tau}_{\mathrm{wind}}=\begin{cases} C_{\mathrm{wdx}}(\beta_{\mathrm{wd}})u_{\mathrm{wd}}^2 \\ C_{\mathrm{wdy}}(\beta_{\mathrm{wd}})u_{\mathrm{wd}}^2 \\ C_{\mathrm{wdz}}(\beta_{\mathrm{wd}})u_{\mathrm{wd}}^2 \end{cases} \tag{2.20}$$

式中，C_{cx}、C_{cy}、C_{cz} 分别为平台纵荡、横荡和艏摇方向的流力系数；u_{c} 为海流与平台之间的相对速度；β_{c} 为随动坐标系下海流与平台艏向的夹角；C_{wdx}、C_{wdy}、C_{wdz} 分别为平台纵荡、横荡和艏摇方向的风力系数；u_{wd} 为风与平台之间的相对速度；β_{wind} 为随动坐标系下风与平台艏向的夹角。

二阶波浪力和波幅的平方成正比，当波浪较小时其值也较小，但当波浪较大时二阶波浪力迅速增大，对深水钻井平台的影响也较为明显，深水钻井平台的二阶波浪力可表示为

$$\boldsymbol{\tau}_{\mathrm{wave}}=\begin{cases} 2\int_0^{\infty} S(w)C_{\mathrm{wax}}(w,\ \beta_{\mathrm{wave}})\mathrm{d}w \\ 2\int_0^{\infty} S(w)C_{\mathrm{way}}(w,\ \beta_{\mathrm{wave}})\mathrm{d}w \\ 2\int_0^{\infty} S(w)C_{\mathrm{waz}}(w,\ \beta_{\mathrm{wave}})\mathrm{d}w \end{cases} \tag{2.21}$$

式中，C_{wax}、C_{way}、C_{waz}分别为平台纵荡、横荡和艏摇方向的二阶波浪力系数；β_{wave}为随动坐标系下波浪与平台艏向的夹角；w 为波浪频率；$S(w)$为波浪谱密度。

隔水管对平台的载荷要根据深水钻井隔水管系统动力学分析结果进行计算，实时提取隔水管顶部张紧力及隔水管顶部转角，计算隔水管对平台的作用力，可表示为

$$\boldsymbol{\tau}_{\text{riser}}=\begin{cases}T_{\text{tension}}\sin(\theta_{\text{rx}})\\ T_{\text{tension}}\sin(\theta_{\text{ry}})\\ GI_{\text{p}}\dfrac{\theta_{\text{rz}}}{L}\end{cases} \tag{2.22}$$

式中，T_{tension}为隔水管系统顶部张紧力；θ_{rx}、θ_{ry}、θ_{rz}分别为隔水管系统在平台纵荡、横荡以及艏摇方向的转角；G 为隔水管剪切模量；I_{p}为隔水管极惯性矩；L 为隔水管系统长度。

动力定位平台的控制系统如图 2.12 所示，动力定位系统为一个闭环的控制系统，实时监测海风信息以及平台位置信息，通过最优二次控制确定平台推进器的推力，可表示为

$$\boldsymbol{\tau}_{\text{thruster}}=-K\boldsymbol{\eta}_{\text{b}}+\boldsymbol{\tau}_{\text{wind}} \tag{2.23}$$

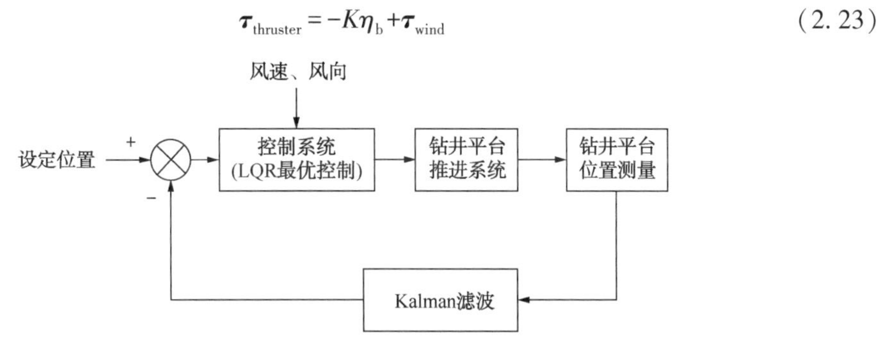

图 2.12　动力定位控制系统

当动力定位系统失效时深水钻井平台的推进器推进力为零，平台发生漂移运动；当平台的位置测量系统发生故障时，平台会在推进器的推力作用下发生远离水下井口的运动，具体推进力可通过设定偏离的目标位置按照方程(2.23)求解。

(2) 深水钻井平台-隔水管耦合系统动力学分析

基于深水钻井平台-隔水管耦合系统动力学模型，提出深水钻井平台-隔水管耦合系统动力学分析流程，如图 2.13 所示。

采用 ABAQUS 软件建立深水钻井隔水管-井口-导管耦合系统动力学有限元分析模型，整个海洋钻井隔水管-井口-导管系统采用管单元进行模拟，通过施加波浪和海流模拟海洋环境载荷，采用弹簧单元模拟土壤对导管的抗力，并由 ABAQUS 的海洋工程模块 ABAQUS/Aqua 进行深水钻井隔水管系统动力学分析。采用 FORTRAN 语言开发深水钻井平台漂移动力学求解器，基于 Runge-Kutta 方法进行深水钻井平台漂移动力学方程迭代求解，可实现风、浪、流、隔水管作用下的深水钻井平台动力学分析。整个分析过程中通过 ABAQUS 用户自定义子程序 DISP 实现隔水管动力学分析模型与平台漂移动力学求解器之间的参数传递与迭代计算，深水钻井平台运动求解器完成平台运动分析后，平台的位移、速度、加速度通过 DISP 接口传递到隔水管分析模型；然后，采用 ABAQUS 完成隔水管系统动力学分析，

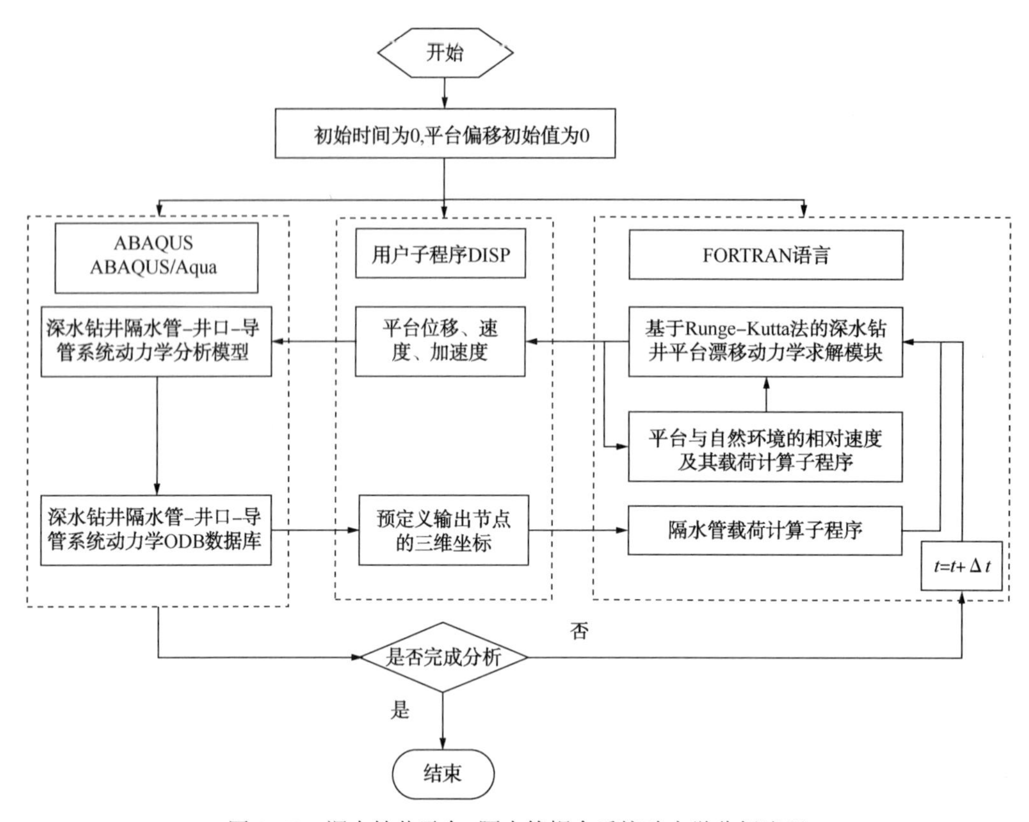

图 2.13　深水钻井平台-隔水管耦合系统动力学分析流程

提取隔水管系统顶部预定义节点的坐标信息，根据坐标信息确定隔水管系统轴向变形以及沿各个方向的转角，并由隔水管系统轴向变形计算张紧力，进而可根据公式(2.22)确定隔水管对平台的作用载荷，传递到深水钻井平台运动求解器；依次进行下一轮的迭代求解，迭代时间步长在平台求解器和隔水管分析模型中要求保持一致，通过一系列迭代计算可有效实现深水钻井平台-隔水管耦合系统漂移动力学分析。

2.3.2　动力定位平台-隔水管耦合系统漂移预警界限分析

(1) 基本参数

以南中国海某深水钻井平台为例，平台的作业目标水深为1342m，相应的平台和隔水管系统基本参数见表2.3。沿平台艏向的流力系数为309kN/(m/s)^2，风力系数为1.82kN/(m/s)^2，二阶波浪漂移力系数如图2.14所示。

表 2.3　基本参数

计算参数	数值	计算参数	数值
平台吃水/m	17.5	LMRP 高度/m	4
平台质量/kg	4.08×10^{7}	LMRP 重量/kN	700
艏摇转动惯量/(kg·m^2)	1.19×10^{11}	BOP 高度/m	9

续表

计算参数	数值	计算参数	数值
附加艏摇转动惯量/(kg·m^2)	1.38×10^{11}	BOP 重量/kN	2000
纵荡惯性力系数	1.29	井口与泥线距离/m	3
横荡惯性力系数	2.06	导管长度/m	83
隔水管张紧力/MN	3	导管外径/m	0.9144
隔水管长度/m	1326	导管壁厚/m	0.0381
隔水管外径/m	0.5334	表层套管外径/m	0.508
隔水管壁厚/m	0.0222	表层套管壁厚/m	0.0254
上挠性接头转动刚度/[kN·m/(°)]	12.9	钢弹性模量/GPa	207
下挠性接头转动刚度/[kN·m/(°)]	92	水泥环弹性模量/GPa	18

(2) 深水平台-隔水管耦合系统漂移动力学特性分析

以南中国海蒲福氏风级为6级的环境载荷为例，风速13.8m/s，波高3m，周期6.7s，表面海流流速0.6m/s，并假设风、浪、流均沿平台艏向。分析步长为0.5s，分析总时长为150s，开展深水钻井平台-隔水管耦合系统漂移动力学分析，平台漂移过程中艏向基本不变，深水钻井平台漂移运动规律如图2.15所示，深水钻井隔水管系统位移响应如图2.16所示。

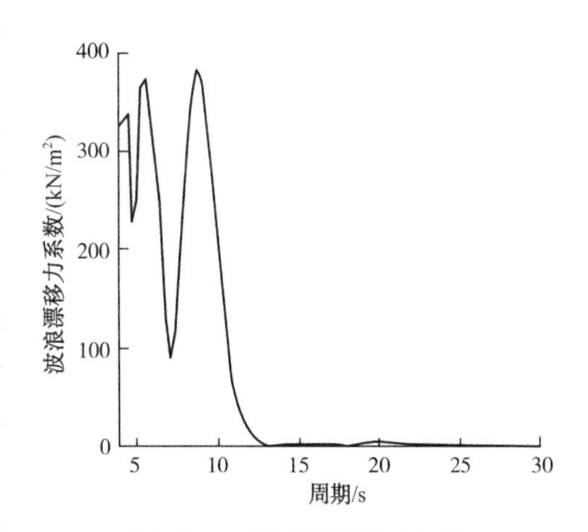

图2.14 二阶波浪漂移力系数

由图2.15和图2.16可知，在零时刻深水钻井平台动力定位失效后，深水钻井平台在海洋自然环境以及隔水管载荷作用下发生漂移运动，随着时间的增大平台的漂移位移及漂移速度逐渐增大。在平台漂移运动的作用下深水钻井隔水管系统顶部不断偏离海底井口，隔水管系统位移发生较大变化，尤其是隔水管系统位移变化引起的隔水管系统顶部转角变化。平台漂移初始阶段在海流以及波浪载荷作用下隔水管系统顶部顺着海流方向发生偏转，则隔水管系统顶部张紧力的水平分量与平台漂移方向一致，即隔水管系统对平台漂移起到促进作用。随着平台漂移位移的增大，受平台漂移位移的影响，隔水管系统顶部转角逐渐变为逆着平台漂移方向，此时隔水管系统对平台漂移起到抑制作用。整体上隔水管系统对平台漂移起到抑制作用，平台-隔水管耦合系统的漂移位移小于不考虑隔水管系统的平台漂移位移，且漂移距离越大，隔水管对平台漂移位移的影响越明显，即大漂移下的平台-隔水管耦合系统动力学分析可有效提高系统仿真精度。

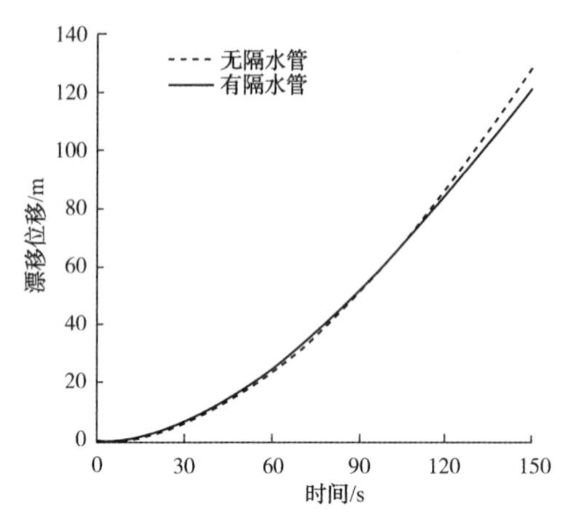

图 2.15　深水钻井平台漂移运动规律

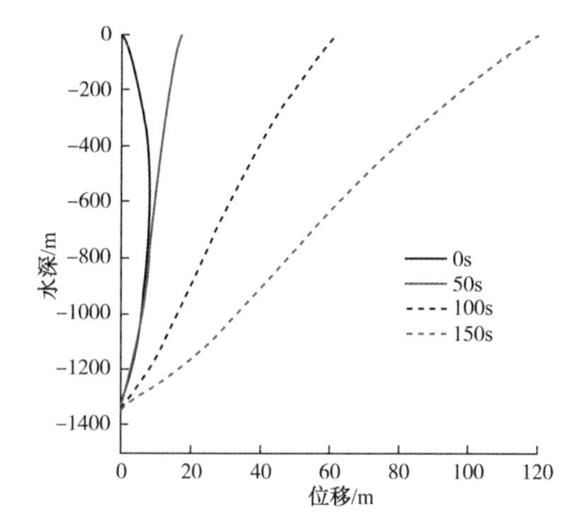

图 2.16　平台漂移过程中的隔水管系统位移响应

（3）深水平台-隔水管耦合系统漂移预警界限分析

为了更深入研究平台漂移下的深水钻井隔水管系统响应规律，并建立相应的深水钻井隔水管系统紧急脱离作业预警界限，提取深水钻井隔水管系统关键参数响应规律，如图 2.17 所示。其中各关键参数均采用归一化表述方式(分析值/临界值)，上挠性接头转角临界值为 13.5°，下挠性接头转角临界值为 6°，伸缩节冲程临界值为 9.905m，导管应力临界值为 386MPa，井口弯矩临界值为 7.8MN · m。

由图 2.17 可知，随着平台漂移时间的增加，深水钻井隔水管系统各关键参数响应呈现明显的差异性，隔水管系统顶部参数(隔水管顶部挠性接头转角、伸缩节冲程)响应较快，而隔水管系统底部参数(下挠性接头转角、井口弯矩以及导管强度)在平台漂移初始阶段基本不发生变化，当漂移时间达到 70s 之后才发生变化，具有明显的“迟滞效应”。主要由于深水钻井平台-隔水管系统耦合动力学分析中考虑隔水管系统的惯性效应，隔水管系统顶部较先受平台漂移运动的影响，漂移运动再逐渐传递到隔水管系统底部，因此隔水管系统底部参数响应呈现迟滞效应。在平台漂移运动的影响下，深水钻井隔水管系统底部挠性接头转角最先达到临界值，在隔水管系统底部挠性接头达到临界值之前要完成隔水管系统底部脱离，即当深水钻井平台漂移时间为 139s 时，隔水管底部挠性接头转角达到 6°，应在此之前完成隔水管底部脱离。根据平台漂移下的隔水管紧急脱离作业指南，隔水管系统应急脱离需要 15s，脱离前准备时间为 40s，则可结合平台漂移运动规律以及隔水管系统允许的漂移运动范围建立深水平台漂移下的脱离作业预警界限，如图 2.18 所示。

由图 2.18 可知，当平台漂移至准备脱离预警界限时，平台漂移时间为 84s，平台漂移位移为 45.6m，在此之前应准备平台动力定位失效下的隔水管系统紧急脱离；当平台漂移至启动脱离预警界限时，平台漂移时间为 124s，平台漂移位移为 89.7m，在此之前应启动隔水管系统紧急脱离；当平台漂移至极限脱离预警界限时，平台漂移时间为 139s，平台漂移位移为 108m，在此之前应完成隔水管系统紧急脱离，否则会发生隔水管系统脱离失效或隔水管系统结构损坏。

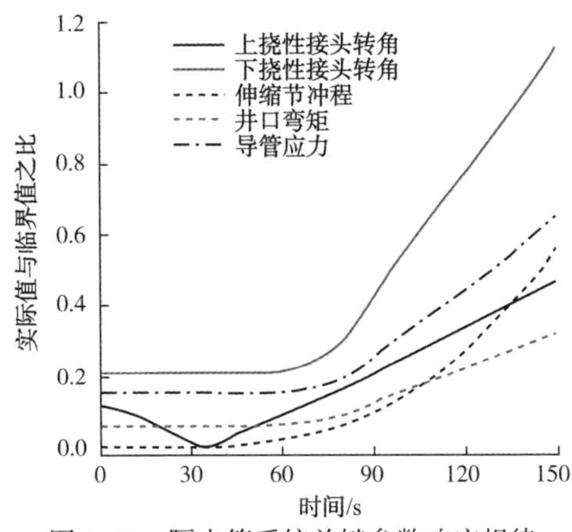

图 2.17 隔水管系统关键参数响应规律

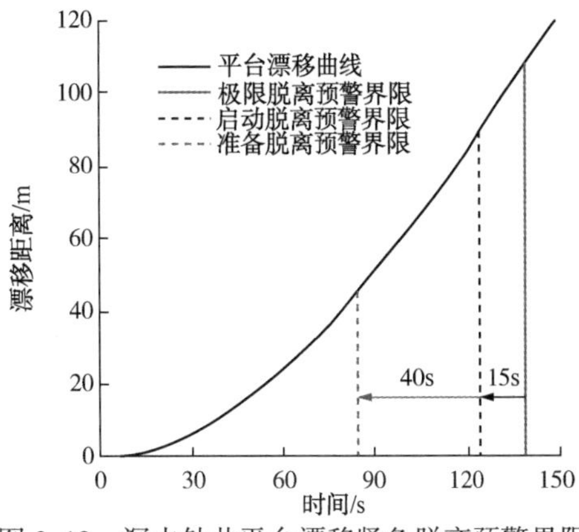

图 2.18 深水钻井平台漂移紧急脱离预警界限

（4）深水平台-隔水管耦合系统漂移预警界限影响因素分析

深水钻井作业过程中海洋自然环境是不断变化的，有必要研究海洋自然环境对平台漂移下的隔水管系统应急脱离作业预警界限的影响，其中海流流速对深水钻井平台运动以及隔水管系统受力均有较大影响，建立不同海流流速下的深水钻井平台-隔水管耦合系统漂移预警界限，如图 2.19 所示。

由图 2.19 可知，随着表面海流流速的增大，深水钻井平台-隔水管耦合系统漂移预警界限减小，不同作业预警界限之间的间距增大。这是因为较大海流流速会加剧深水钻井隔水管系统变形，隔水管系统关键参数更容易达到临界值，导致平台漂移下的隔水管系统脱离预警界限减小。此外，海流对深水钻井平台漂移运动也会有较大的影响，海流流速越大平台漂移运动越快，在同等作业准备时间内，较大的海流流速导致不同作业预警界限之间的距离增大。即恶劣的自然环境条件下，应尽早准备和启动隔水管系统底部脱离，以保证平台漂移下的隔水管系统底部安全脱离。

深水钻井平台要在不同水深开展钻探作业，进一步开展不同水深下的深水钻井平台-隔水管耦合系统漂移预警界限研究，如图 2.20 所示。

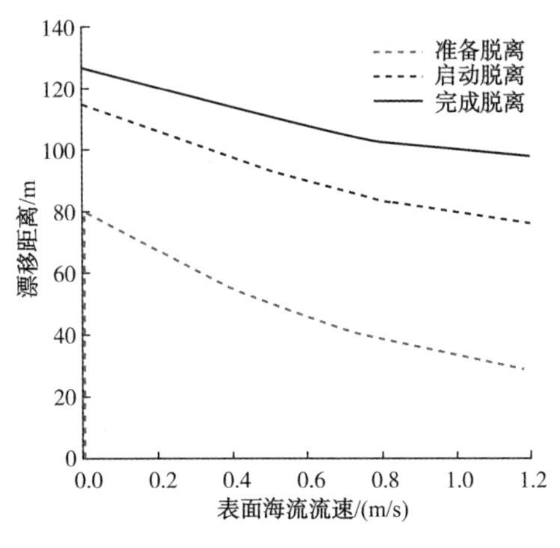

图 2.19 不同海流流速下的预警界限

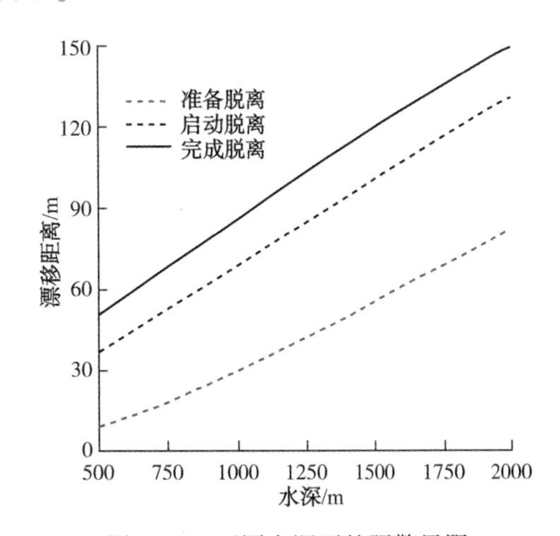

图 2.20 不同水深下的预警界限

由图 2.20 可知，随着水深的增大，深水钻井平台-隔水管耦合系统漂移预警界限逐渐增大，基本上和水深呈线性关系。水深对深水钻井平台运动的影响较小，但对隔水管系统变形影响较大，在同等的平台横向偏移情况下，水深越浅隔水管系统受平台偏移的影响越大，隔水管系统关键参数的响应越大。因此，当水深较浅时，深水钻井平台-隔水管耦合系统漂移预警界限很小，一旦发生平台动力定位失效，就要准备隔水管系统底部的应急脱离，这也是限制动力定位平台在浅水区安全使用的主要因素。

实际钻井和完井作业中，深水钻井隔水管内部常含有钻杆或套管。平台漂移过程中，钻杆和套管在隔水管内部也发生偏移，与隔水管系统发生耦合作用，进而影响深水钻井隔水管系统变形及脱离预警界限。因此，有必要开展平台漂移下的多层管柱耦合动力学分析，确定不同作业模式隔水管系统脱离预警界限，见表 2.4。

表 2.4　不同作业模式下的预警界限

预警界限	准备脱离 /m	启动脱离 /m	完成脱离 /m
隔水管	44.0	91.6	108.9
隔水管/钻杆	34.9	79.9	96.7
隔水管/油层套管	33.4	78.3	94.9

由表 2.4 可知，当隔水管内部含有钻杆或套管时，平台漂移下深水钻井隔水管系统脱离预警界限变小，主要由于平台漂移下隔水管系统顶部偏移较大，钻杆或套管在隔水管系统内部也发生同样的顶部变形，并受自身重力的影响对隔水管系统产生一定的压力，促使隔水管系统变形，从而减小隔水管系统脱离预警界限。

2.3.3　动力定位平台-隔水管耦合系统驱离预警界限分析

(1) 深水平台-隔水管耦合系统驱离动力学特性分析

当平台位置测量系统发生故障时，向平台发出错误的定位位置，平台动力定位系统则驱动平台向远离井口方向运动。假设平台的错误的定位位置远离水下井口 100m，其余分析参数与平台漂移运动分析参数一致，分别开展平台顺流(0°)和逆流(180°)情况下的深水动力定位平台-隔水管耦合系统动力学分析，确定平台的驱离运动规律，如图 2.21 所示。

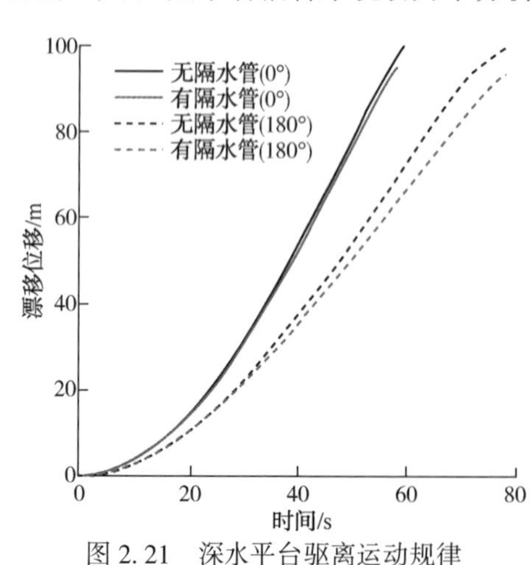

图 2.21　深水平台驱离运动规律

由图 2.21 可知，0°方向的平台驱离速度大于 180°方向的平台驱离速度，主要由平台驱动力以及环境载荷的综合作用引起，当平台沿 0°方向驱离时，推进器对平台的驱动力方向与海洋自然环境载荷方向相同，则平台的综合载荷较大；当平台沿 180°方向驱离时，推进器对平台的驱动力方向与海洋自然环境载荷方向相反，则平台的综合载荷较小。因此，沿 0°方向驱离时平台率先达到预定的位置。此外，隔水管系统对平台驱离运动也有一定的影响，提取平台驱离运动过程中的隔水管系统变形以及对平台作用力，分别如图 2.22 和图 2.23 所示。

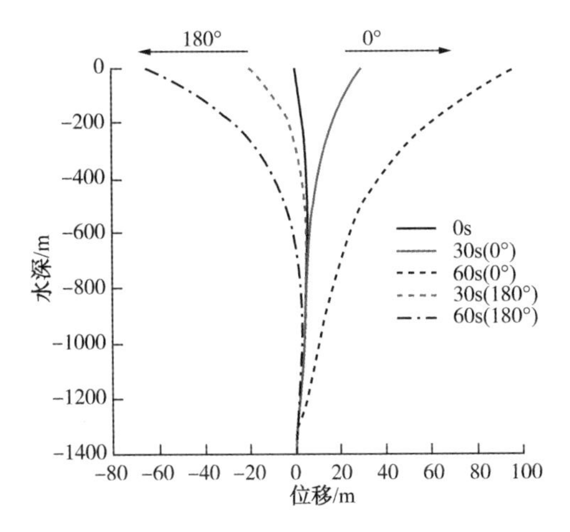

图 2.22　平台驱离下的隔水管系统位移

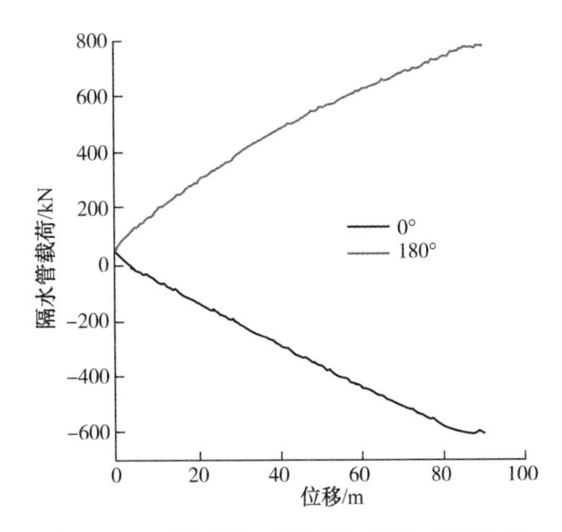

图 2.23　平台驱离下隔水管对平台的作用力

由图 2.22 和图 2.23 可知，当平台沿 0°方向驱离时，深水钻井隔水管系统在海洋自然环境载荷的作用下向环境载荷方向(0°)偏转，则隔水管系统对平台的作用力也为 0°方向，即在平台驱离初始阶段，隔水管系统对平台驱离运动起到促进作用。随着平台驱离位移的增大，深水钻井隔水管系统对平台作用力方向发生改变，隔水管系统开始约束平台驱离运动，整体上，深水钻井隔水管系统对平台驱离运动起到抑制作用。当平台沿 180°方向驱离时，深水钻井隔水管系统对平台作用力一直与平台运动方向相反，对平台运动起到一定的抑制作用，则同等时间内考虑隔水管系统的平台驱离位移较小。

(2) 深水平台-隔水管耦合系统驱离预警界限分析

为了更深入研究平台驱离下的深水钻井隔水管系统响应规律，并建立相应的深水钻井隔水管系统紧急脱离作业预警界限，提取深水钻井隔水管系统关键参数响应规律，如图 2.24 所示。其中各关键参数均采用归一化表述方式(分析值/临界值)，上挠性接头转角临界值为 13.5°，下挠性接头转角临界值为 6°，伸缩节冲程临界值为 9.905m，导管应力临界值为 386MPa，井口弯矩临界值为 7.8MN · m。

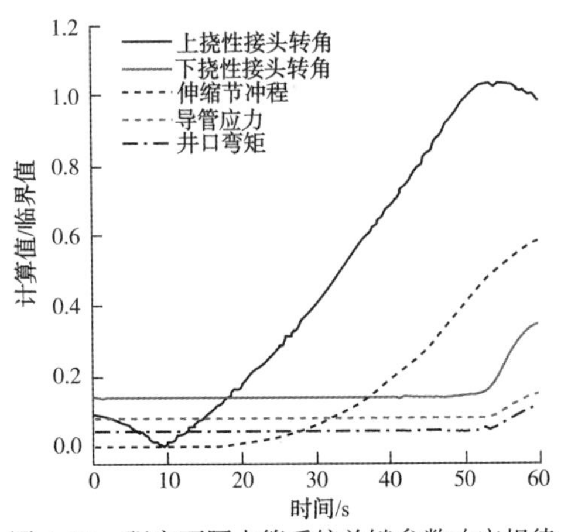

图 2.24　驱离下隔水管系统关键参数响应规律

由图 2.24 可知，与平台漂移下的隔水管系统关键参数响应规律类似，隔水管系统顶部参数的响应规律较快，底部参数响应则呈现明显的迟滞效应。响应幅值方面，平台驱离下的隔水管系统关键参数响应幅值与平台漂移下的参数响应幅值区别较大，平台运动下隔水管系统顶部挠性接头转角率先达到临界值，主要由于驱离模式下平台的运动速度较大，在平台运动的牵引下隔水管系统与海流之间的相对流速方向与平台运动方向相反，从而促进深水钻井隔水管系统顶部挠性接头转角增大，但可以有效降低隔水管系统底部挠性接头转角。因此，平台驱离模式下深水钻井隔水管系统顶部挠性接头转角是隔水管系统弱点，当平台驱离时间为 50s 时隔水管系统顶部挠性接头转角达到最大值。鉴于隔水管系统参数达到临界值的时间较短(50s)，当发生平台驱离时应立即解脱隔水管底部脱离装置，否则易发生深水隔水管系统损坏事故。

2.4 深水锚泊平台-隔水管耦合系统动力学分析与控制研究

锚泊定位是深水钻井平台的重要定位方式，与动力定位系统相比，锚泊系统具有经济成本低、日常维护检查简单、作业水深较浅时安全性能高等优势，在深水和浅水钻井平台作业中得到广泛应用，但锚泊系统易发生走锚事故，走锚后锚泊系统对深水钻井平台约束不足，易导致平台发生大的偏移，影响深水钻井隔水管系统安全。目前的研究主要将深水锚泊系统和平台作为耦合系统进行动力学分析，尚未研究深水钻井隔水管系统与锚泊平台之间的耦合动力学特性，且需要进一步在深水锚泊平台-隔水管耦合系统动力学研究的基础上，开展走锚下的锚泊平台和隔水管系统安全分析，识别锚泊平台-隔水管系统弱点。基于以上考虑，重点开展深水锚泊平台-隔水管耦合系统安全分析与控制研究，建立深水锚泊平台-隔水管耦合系统动力学模型及分析方法，识别深水锚泊平台与隔水管系统耦合作用规律，并开展深水锚泊平台-隔水管系统安全分析与控制研究，为深水锚泊平台-隔水管耦合系统安全作业提供支撑。

2.4.1 深水锚泊平台-隔水管耦合系统动力学模型及分析流程

(1) 深水锚泊平台-隔水管耦合系统

深水锚泊平台-隔水管耦合系统如图 2.25 所示，深水浮式平台周围布置多个锚泊系统，锚泊系统底部通过锚爪固定于海底，顶部通过导缆孔与平台连接，通过各个锚泊系统的综合协调作用以达到控制平台偏移的目的。深水钻井作业过程中，深水锚泊平台与海底之间还连接深水钻井隔水管系统，隔水管顶部通过张紧器和上挠性接头与平台连接，隔水管底部通过隔水管底部总成与水下井口连接，整个深水锚泊平台-钻井隔水管组成一个复杂的海洋结构耦合系统。整个深水锚泊平台-隔水管耦合系统受到风、浪、流等环境载荷的作用，且深水平台-锚泊系统、深水平台-隔水管系统之间还呈现复杂的耦合作用关系。因此，需要分别建立深水平台、锚泊系统以及隔水管系统的动力学分析模型，并开展深水锚泊平台-隔水管系统耦合迭代动力学分析。

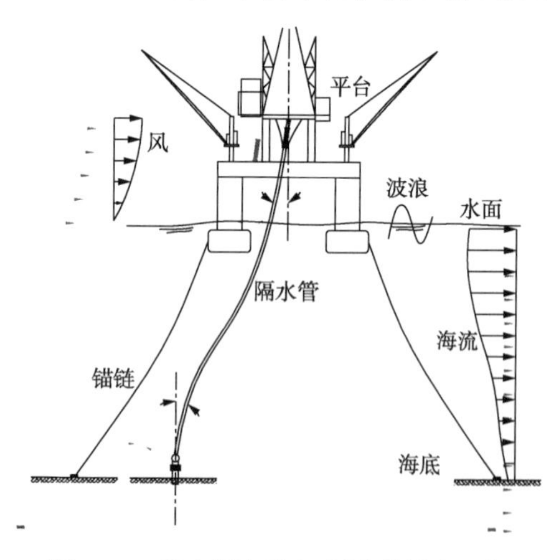

图 2.25 深水锚泊平台-隔水管耦合系统

(2) 深水锚泊平台-隔水管耦合系统动力学模型

深水锚泊平台动力学分析方程为

$$\boldsymbol{M}\dot{\boldsymbol{v}} + \boldsymbol{C}_{\mathrm{RB}}\boldsymbol{v} = \boldsymbol{\tau}_{\mathrm{curr}} + \boldsymbol{\tau}_{\mathrm{wind}} + \boldsymbol{\tau}_{\mathrm{wave}} + \boldsymbol{\tau}_{\mathrm{thruster}} + \boldsymbol{\tau}_{\mathrm{riser}} + \boldsymbol{\tau}_{\mathrm{moor}} \tag{2.24}$$

式中，$\boldsymbol{\tau}_{\mathrm{moor}}$为锚泊系统作用力的载荷向量，其余参数及其求解方法已在上一节介绍。

锚泊系统力学分析模型如图 2.26 所示，随着平台的运动锚链线的张力倾角也是不断发生变化的，进而导致锚泊系统的回复力随时间变化，可表示为

$$\boldsymbol{\tau}_{\mathrm{moor}}(t)=\left[\sum_{i=1}^{n+1-k}W_{n+1-i}L_{n+1-i}\right]/\tan\theta_k(t) \tag{2.25}$$

式中，W_k为锚链第 k 组分的重度；L_k为锚链第 k 组分的长度；$\theta_k(t)$为锚链第 k 段的水平倾角。

锚泊系统在沿其轴向上会产生动张力，回复力由动张力的分力产生，锚链的动张力与回复力的关系如下所示

$$T(t)=\sqrt{\boldsymbol{\tau}_{\mathrm{moor}}(t)^2+\left(\sum_{k=1}^{n}W_kL_k\right)^2} \tag{2.26}$$

式中，$T(t)$为锚链的动张力。

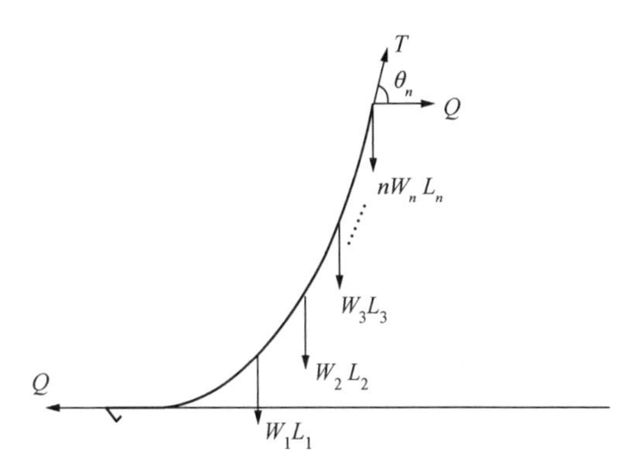

图 2.26 锚泊系统受力图

正常情况下锚爪固定于海底，通过锚泊系统结构动力学分析确定锚泊系统姿态，并根据公式(2.25)确定锚泊系统对平台的回复力。实际中，当锚爪处的载荷过大时可能导致走锚，走锚时需要解除锚爪处的约束边界，并分析走锚后锚泊系统对平台的回复力。锚爪处的载荷与锚泊系统的悬链线长度和卧底长度密切相关，根据悬链线方程推导可以得到悬链线长度计算公式，通过悬链线长度与锚链的抛出长度，可以确定锚链的卧底长度为

$$L_{\mathrm{c}}(t)=\left[\sum_{k=2}^{n}\frac{\tau}{W_k}(\tan\theta_k(t)-\tan\theta_{k-1}(t))\right]+\frac{\tau}{W_1}\tan\theta_1(t) \tag{2.27}$$

$$L_{\mathrm{d}}(t)=L-L_{\mathrm{c}}(t) \tag{2.28}$$

式中，$L_{\mathrm{c}}(t)$为悬链线长度；L 为锚泊系统总长度；$L_{\mathrm{d}}(t)$为卧底长度。

综合考虑锚抓力和卧底锚泊系统的摩擦力，可计算得到走锚临界力为

$$P_{\mathrm{rmax}}(t)=H_{\mathrm{r}}\left(\frac{W_{\mathrm{a}}}{10000}\right)^b+\omega_{\mathrm{c}}\lambda_{\mathrm{c}}L_{\mathrm{d}}(t) \tag{2.29}$$

式中，$P_{\mathrm{rmax}}(t)$为走锚临界张力；H_{r}为锚在空气中的质量为 10000lb 时的抓力；W_{a}为锚在空气中的质量；b 为基于底质的系数；λ_{c}为卧底链抓力系数；ω_{c}为卧底链单位长度重量；$L_{\mathrm{d}}(t)$为卧底链长度。

(3) 深水锚泊平台-隔水管系统耦合动力学分析

深水锚泊平台-隔水管系统耦合动力学模型主要包括深水钻井平台模型以及细长结构模型(锚泊系统和隔水管系统)，其中深水锚泊系统和隔水管系统为大变形非线性柔性体，求解较为复杂。为了保证提高分析精度，采用有限单元法进行细长结构动力学分析，以 ABAQUS/Aqua 海洋工程模块为核心求解器，建立深水锚泊系统和钻井隔水管系统有限元分析模型。在此基础上采用 FORTRAN 语言进行二次开发，采用 DISP 子程序开发深水钻井平台动力学求解器，如图 2.27 所示。深水钻井平台动力学分析 DISP 求解器主要包括风力模

块、波浪力模块、海流力模块、隔水管和锚泊系统回复力模块以及深水钻井平台动力学方程迭代求解模块，开展内孤立波下耦合系统动力学分析时，还需增加内孤立波环境模拟模块以及内孤立波载荷模块。通过模块之间的参数传递与循环迭代可实现深水锚泊平台-隔水管系统耦合动力学分析，确定深水平台、锚泊系统以及隔水管系统的动力学特性。

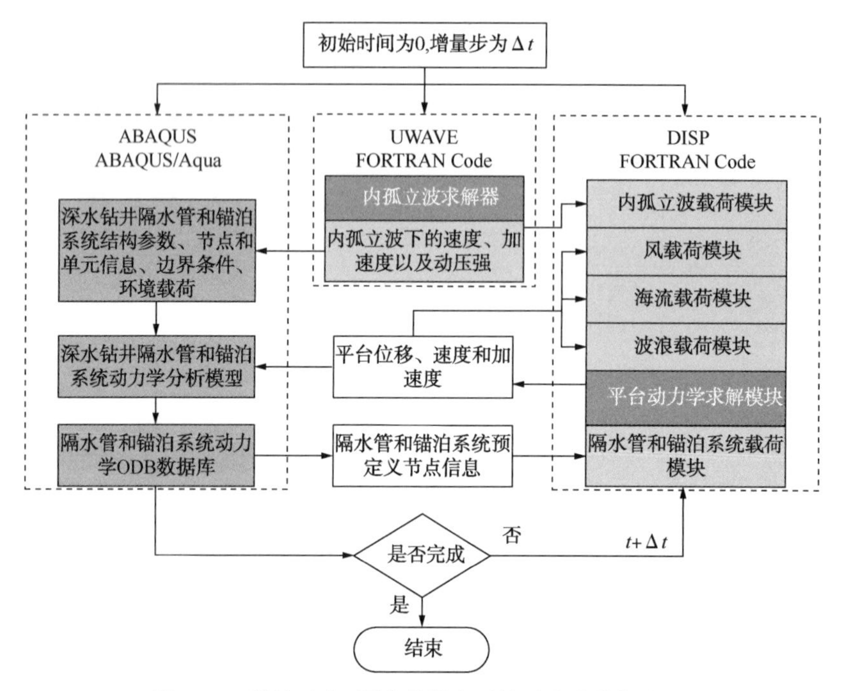

图 2.27 锚泊平台-隔水管耦合系统动力学分析流程

2.4.2 常规海洋环境下锚泊平台-隔水管耦合系统动力学分析

(1) 基本参数

以某深水锚泊钻井平台为例，平台吃水 17.5m，平台质量 4.08×107kg，平台艏向的流力系数为 309kN/(m/s)^2，风力系数为 1.82kN/(m/s)^2，二阶波浪漂移力系数如图 2.15 所示，内孤立波下平台艏向等效外径为 28.84m，平台的拖曳力系数为 1.2，惯性力系数为 2.0。平台锚泊系统为多组分锚链，其底端由两段钢链上端由钢缆组成，锚泊系统组成结构为：70m(90mm 钢链)+550m(84mm 钢链)+ 1562m(90mm 钢缆)，每段锚链的具体参数见表 2.5，钻井作业过程中采用对称形式的八条多组分锚链进行锚泊定位作业，锚泊系统预张力为 120t，锚泊系统分布如图 2.28 所示。平台的作业目标水深为 560m，相应的深水钻井隔水管系统参数见表 2.6。

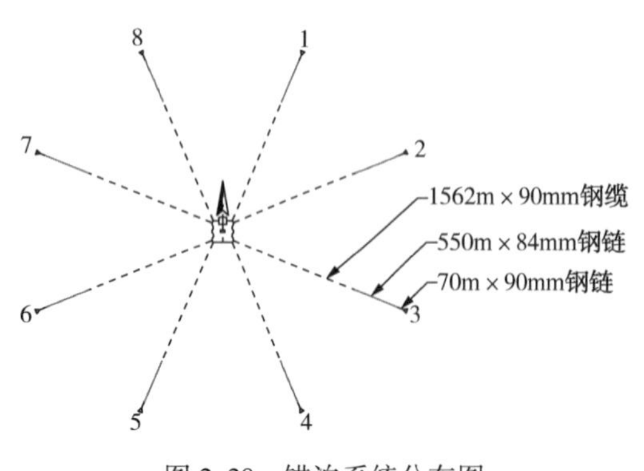

图 2.28 锚泊系统分布图

表 2.5 锚泊系统基本参数

锚链	干重/(kg/m)	轴向刚度/N
90mm 钢链	154	7.0213×108
84mm 钢链	141	6.1164×108
90mm 钢缆	29	5.6111×108

表 2.6 隔水管系统基本参数

计算参数	数值	计算参数	数值
隔水管张紧力/MN	1.0	LMRP 高度/m	4.4
隔水管长度/m	550	LMRP 重量/t	42.7
隔水管外径/m	0.5334	BOP 高度/m	7.5
隔水管壁厚/m	0.0159	BOP 重量/t	130.7
导管外径/m	0.762	上球铰转动刚度/[kN·m/(°)]	0
导管壁厚/m	0.0381	下挠性接头转动刚度/[kN·m/(°)]	27

(2) 锚定下的锚泊平台-隔水管耦合系统安全分析

基于上述平台、锚泊系统和隔水管系统基本参数，建立深水锚泊平台-隔水管耦合系统动力学分析模型，如图 2.29 所示。锚泊系统顶部在平台位置处耦合，锚泊系统底部横卧于海底，整个锚泊系统呈悬链线形状；隔水管系统顶部与平台连接，隔水管系统底部位于海底泥线下部，通过整个系统的结构耦合实现深水锚泊平台-隔水管耦合系统动力学分析。

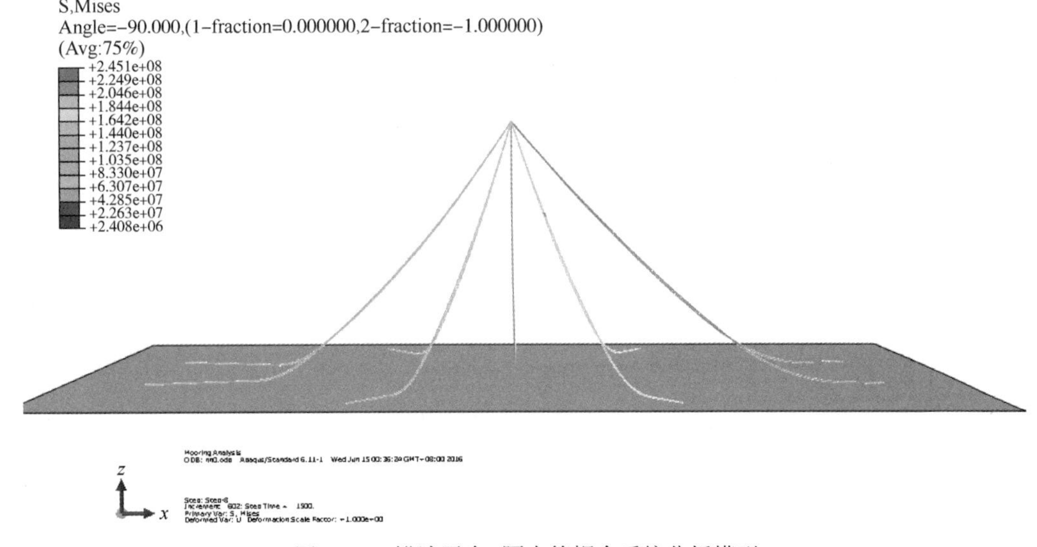

图 2.29 锚泊平台-隔水管耦合系统分析模型

以南中国海蒲福氏风级为 4 级的环境载荷为例，风速 7.9m/s，波高 1m，周期 3.8s，表面海流流速 0.6m/s，假设风、浪、流均沿平台艏向传播，开展深水锚泊平台-隔水管耦合系统动力学分析，锚泊平台运动规律如图 2.30 所示，锚泊平台所承受的外部载荷如图 2.31 所示。

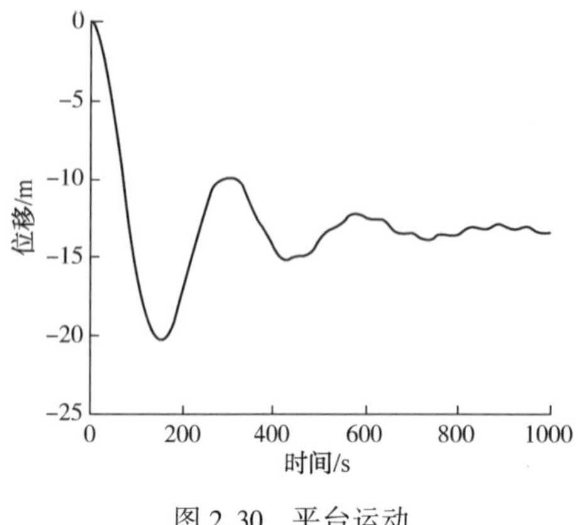

图 2.30 平台运动

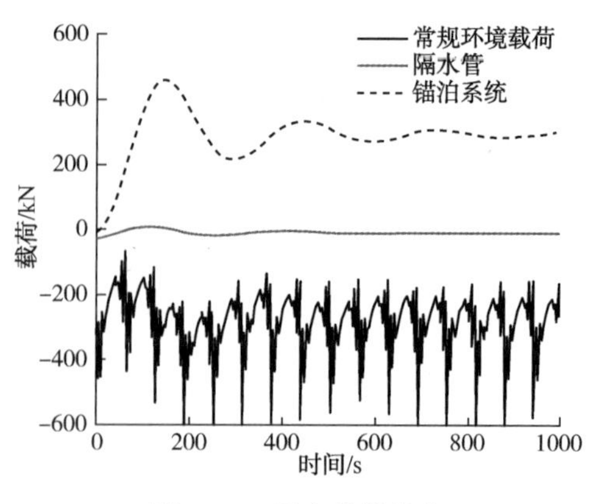

图 2.31 平台外部载荷

由图 2.30 和图 2.31 可知，初始状态下锚泊平台的水平位置在水下井口附近，在常规自然环境载荷(风载、海流载荷以及二阶波浪力)作用下深水锚泊平台沿自然环境载荷传播方向发生漂移运动，漂移运动过程中锚泊系统对平台的回复力逐渐增大，约束平台的漂移运动，在时间为 155s 时平台位移达到最大，然后在锚泊系统回复力的作用下平台反向运动，逐渐稳定在一个平衡位置，并在二阶波浪力的作用下发生小幅长周期振动。此外，深水钻井隔水管系统对平台约束载荷相对锚泊系统载荷以及自然环境载荷较小，对平台运动的影响较小。

(3) 走锚下的锚泊平台-隔水管耦合系统安全分析与控制技术

当锚抓力不足以抵抗锚泊系统作用力时，会发生走锚事故，走锚事故的发生主要是由恶劣的海洋自然环境引起的，设备和人员因素也有可能会导致走锚事故的发生。在上述正常条件下锚泊平台-隔水管耦合耦合系统动力学分析的基础上，解除 1 号锚和 8 号锚的锚爪固定约束，分析走锚后的平台-隔水管耦合系统动力学响应，走锚后的平台运动规律如图 2.32 所示，走锚后的锚爪运动规律如图 2.33 所示，走锚后平台外部载荷如图 2.34 所示，走锚后的隔水管系统位移如图 2.35 所示。

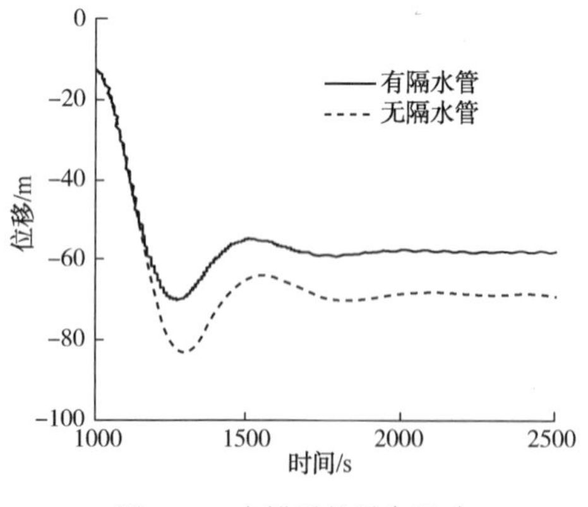

图 2.32 走锚后的平台运动

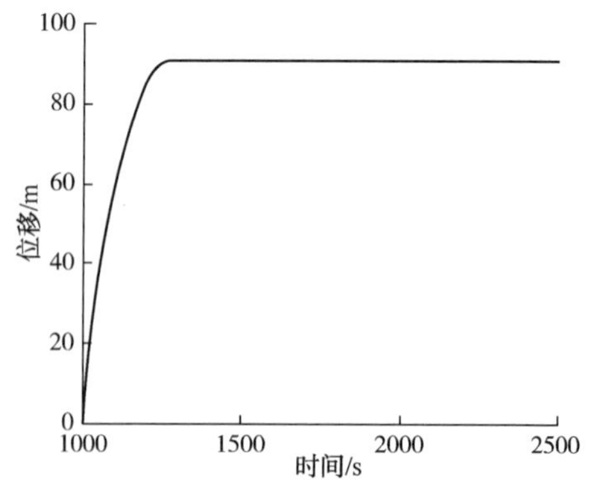

图 2.33 走锚后的锚位移

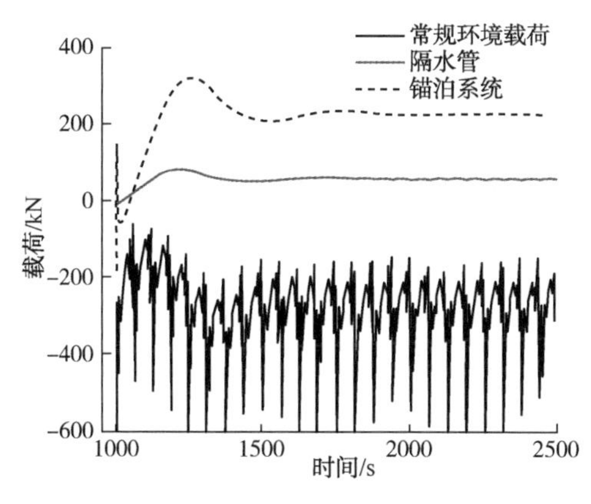

图 2.34 走锚后的平台外部载荷

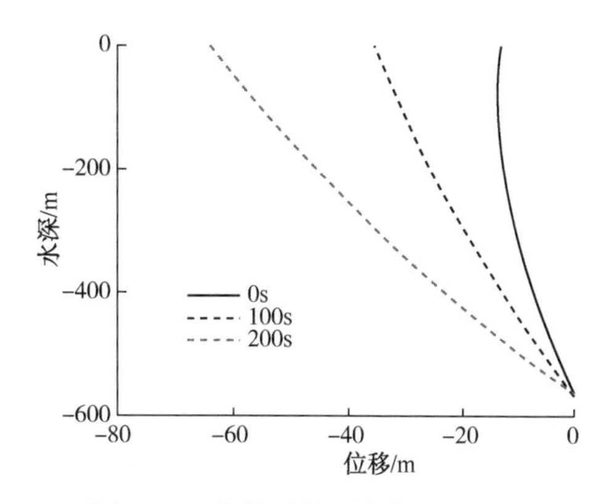

图 2.35 走锚后的隔水管系统位移

由图 2.32~图 2.35 可知，走锚后锚爪出的位移迅速增大，锚泊系统对平台的回复力迅速降低，平台在外部自然环境载荷的作用下向自然环境传播方向大幅漂移。随着平台的漂移位移的增大，锚泊系统对平台的回复力逐渐增大，以抵消外部自然环境载荷对平台的影响。平台漂移一段时间后速度逐渐减小，走锚后约 250s 平台位移达到最大值，锚爪处的位移也达到最大值，然后平台在锚泊系统回复力的作用下反向运动，并在一个新的平衡位置附近振荡，锚爪处的位移则保持在最大值，不再发生变化。

此外，走锚后深水平台牵引隔水管系统顶部向远离水下井口的方向运动，隔水管系统顶部与平台之间的转角向水下井口方向偏转，则隔水管系统对平台的作用力阻止平台运动。当平台漂移至最大位移时，隔水管系统对平台的回复力达 83kN，考虑隔水管系统的平台最大位移小于不考虑隔水管系统的平台最大位移，即走锚时隔水管系统可有效阻止平台大漂移运动。为了识别走锚时的隔水管系统作业风险，提取走锚过程中的深水钻井隔水管系统上球铰转角和下挠性接头转角，并与相应的临界转角进行对比，如图 2.36 所示。

由图 2.36 可知，走锚前上球铰向海洋自然环境传播方向偏转，走锚后隔水管系统上球铰的转动角度逐渐受到平台偏移的影响，转动方向与海洋自然环境传播方向相反，两方面的影响逐渐抵消，上球铰转角逐渐趋于零；此后上球铰转角受平台偏移的影响逐渐增大，当平台偏移位移最大时上球铰转角也基本达到峰值。走锚后下挠性接头转角随着平台偏移的增大而增大，当平台偏移达到最大时下挠性接头转角基本达到临界值，此前应该准备好隔水管系统解脱作业，否则易发生隔水管系统损坏事故。

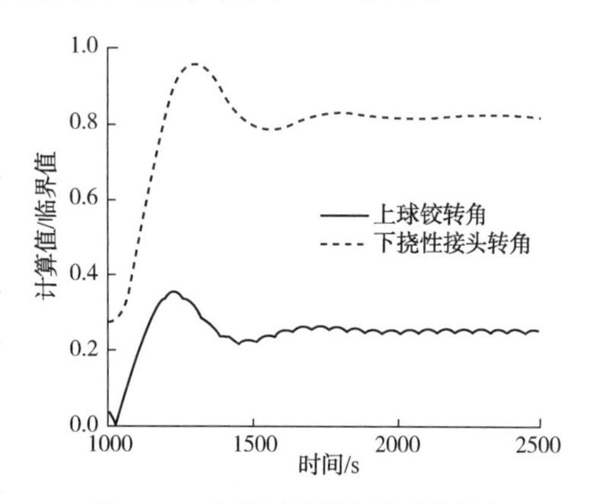

图 2.36 走锚下的隔水管系统转角

第 3 章　深水隔水管柱轴向动力学分析

断开模式或下放/回收作业(起下作业)时，隔水管处于悬挂状态。在悬挂状态下，隔水管顶部受到钻井船升沉运动的激励而发生激烈的轴向振动，可能导致隔水管浮力区顶部出现动态压缩，从而造成屈曲失效；钻井船升沉运动与悬挂管柱重量耦合，可能导致隔水管顶部出现极大张力，从而造成起重装置过载。同时，悬挂状态下隔水管曲率远大于连接模式，在极端海流作用下，隔水管顶部可能出现极大应力或与月池发生碰撞。深水尤其是超深水环境下，悬挂隔水管柱的安全性能大大降低。悬挂模式下，隔水管的轴向动力特性是一个极为重要的设计问题。在隔水管设计时，需要针对起下作业条件合理确定隔水管的浮力系数。深水钻井隔水管系统在平台升沉运动的激励下发生轴向振动，隔水管系统张力随之发生波动，隔水管内部张力参数波动会引起隔水管系统的横向动力学响应，参数激励振动可能会导致剧烈的共振现象，严重时会发生隔水管系统稳定性失效。南海深水区受台风影响大，天气系统变化快。台风条件下，隔水管需要进行紧急解脱，精确的隔水管反冲响应分析是隔水管反冲控制技术研究的基础，紧急脱离后隔水管内钻井液的内存和释放对隔水管反冲响应有重要影响，反冲控制系统的作用是控制隔水管紧急脱离后张紧器施加在隔水管上的张紧力大小，降低隔水管反冲速度，避免隔水管、平台和人员受损。紧急脱离发生后，隔水管在反冲控制系统作用下向上反冲，张紧器系统和隔水管系统的各项参数在短时间内发生很大的变化，严重影响隔水管系统作业安全。本章对硬悬挂与软悬挂模式下隔水管的轴向动力特性、平台升沉运动下深水钻井隔水管柱参数激励稳定性、隔水管紧急脱离与反冲动力学进行研究，揭示隔水管作业过程中的轴向动力行为。

3.1　隔水管下放/回收作业轴向动力分析

为保证起下作业的安全运行，设计时必须使隔水管具备承受一定程度轴向载荷的能力。隔水管的轴向动力特性由自身的浮力系数确定。浮力系数过大，可能导致隔水管出现动态压缩；浮力系数过小，则可能导致起重装置过载。本节将对起下作业状态下的超深水钻井隔水管进行轴向动力分析，研究不同浮力配置下的隔水管轴向张力波动特性，并推荐适当的浮力配置。

3.1.1　分析模型与分析方法

隔水管与 LMRP 或 LMRP/BOP 的下放与回收场景包括：①在每口井起钻时，需要将隔水管与 LMRP/BOP 下放至海底，在每口井完钻后，需要将隔水管与 LMRP/BOP 回收到钻井船上；②正常作业时，如果 BOP 失效，需要将 BOP 提上水面进行维修，维修一次 BOP 也将导致隔水管与 LMRP/BOP 回收与下放各一次；③如果 LMRP 上的液压中转控制盒或其他重要部件需要维修，则需要借助提升/下放隔水管来实现对 LMRP 的回收与重新安装；④在超出连接模式阈值条件的风暴来临之前，需要将隔水管自 LMRP 处断开，一般优先选择将隔水管与 LMRP 回收并存放在甲板上，待风暴过后再进行重新连接。

LMRP/BOP 悬挂情形下的隔水管最大有效张力与 LMRP 悬挂情形下的隔水管最小有效张力是隔水管下放/回收轴向动力分析所关注的焦点。为防止出现隔水管坠落事故，最大许用张力应当小于起重装置的设计极限载荷，在本次分析中取 1500kips(6.6738MN)。为避免隔水管因动态压缩而发生屈曲失效，最小许用张力应大于 0。实际上，考虑到制造、腐蚀、浮力块水侵等因素，悬挂管柱的实际表观重量很难确定，隔水管最小许用张力通常取 100kips(0.4449MN)，如隔水管任意位置处的有效张力小于该值，则认为隔水管出现压缩，并发生失效。

隔水管下放/回收轴向动力分析的目的在于合理确定隔水管的浮力配置，以确保下放/回收作业中装备的安全性。以水深 6000ft(1828.8m)的超深水钻井隔水管为例进行分析。现有 2000ft(609.6m)、3000ft(914.4m)、4000ft(1219.2m)、5000ft(1524m)与 6000ft(1828.8m)水深等级浮力块。隔水管顶部与底部要各留有一根裸单根，顶部留有裸单根是为了避开波浪作用区域，底部留有裸单根是为了连接 LMRP，其他部位可视需要配置相应等级的浮力块，隔水管的浮力配置示意图如图 3.1 所示。

某钻井船执行下放或回收作业时容许的升沉运动范围为 5ft(1.524m)，针对该条件进行隔水管下放/回收轴向动力分析。下放/回收分析针对最危险状态下的悬挂管柱进行，即隔水管完全下放尚未连接时，或断开后尚未回收时。基于时域有限元方法对悬挂管柱进行轴向动力分析，以管单元模拟自 LMRP(或 BOP)至伸缩节外筒的隔水管柱结构，钻井船升沉运动作为顶部动边界进行考虑。关键分析假设如下：①隔水管顶部仅考虑钻井船的升沉运动影响；②有限元分析时采用隔水管的名义水中重量(表观重量)，为了简化隔水管轴向动力学理论模型，理论分析忽略了隔水管重量；③隔水管底端开口，内部无封闭流体。悬挂状态下的隔水管柱示意图如图 3.2 所示。

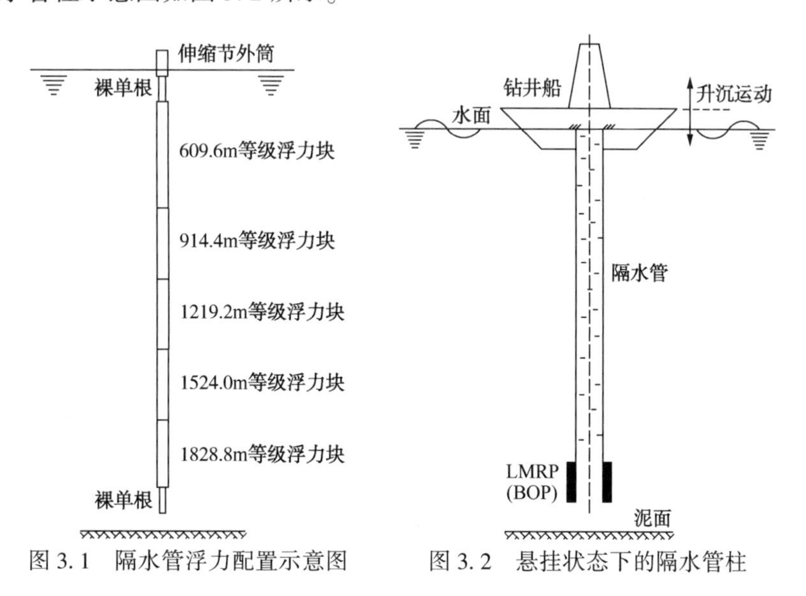

图 3.1 隔水管浮力配置示意图　　图 3.2 悬挂状态下的隔水管柱

用等效的方法来处理LMRP，如图3.3所示。图中，将LMRP等效处理为一段与上部隔水管具有相同特性的虚拟隔水管，对于虚拟隔水管(包括上部隔水管)，同时要满足以下两个条件。

$z=L$时

$$m_1\left(\frac{\partial^2 u}{\partial t^2}\right)_L = mv^2\left(\frac{\partial u}{\partial z}\right)_L \tag{3.1}$$

$z=L'$时

$$mv^2\left(\frac{\partial u}{\partial x}\right)_{L'} = 0 \tag{3.2}$$

式中，L为均匀隔水管长度；L'为考虑LMRP的隔水管等效长度；m_1为LMRP质量。

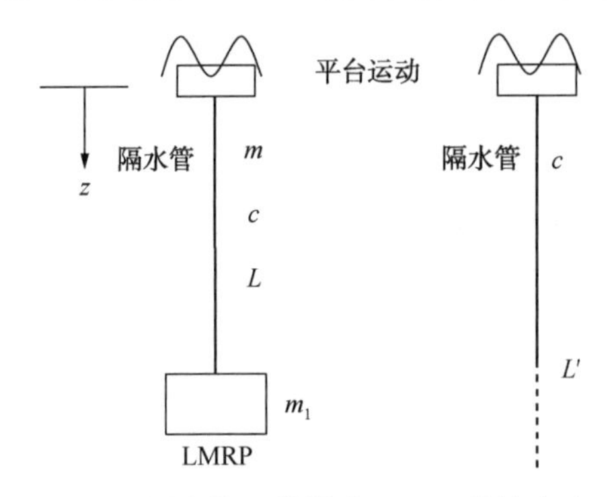

图3.3 隔水管悬挂模式LMRP等效方法

将式(3.1)与式(3.2)代入隔水管轴向位移公式(1.35)可得

$$J_o = \tan\frac{\omega L'}{v};\ \frac{m_1}{mL}\left(\frac{\omega L}{v}\right) = \tan\left(\frac{\omega}{v}\right)(L'-L) \tag{3.3}$$

考虑到对于长的隔水管ω/v很小，上式可以简化为

$$L' = L + \frac{m_1}{m} \tag{3.4}$$

悬挂隔水管的轴向位移为

$$u_{z,t} = u_o\frac{\cos[\omega(L'-z)/v]}{\cos(\omega L'/v)}\sin\omega t \tag{3.5}$$

式中，$u_{z,t}$为距隔水管顶部距离为z处的轴向位移。

悬挂隔水管的轴向张力为

$$T_{z,t} = mv\omega\frac{\sin[\omega(L'-z)/v]}{\cos(\omega L'/v)}\sin\omega t \tag{3.6}$$

式中，$T_{z,t}$为距隔水管顶部距离为z处的轴向张力。

悬挂隔水管的共振周期为

$$T_{pn} = \frac{4L'}{(2n-1)v} \tag{3.7}$$

式中，n为振动的阶次；T_{pn}为n阶共振周期。

考虑截面特性变化的隔水管的振动，可以采用与上面同样的思路，每一段截面有不同的等效长度。考虑到力和位移的连续性，每一段均可导出如下关系

$$(mv)_{n+1}\tan\omega\left(\frac{L'-L}{v}\right)_{n+1}=(mv)_{n}\tan\omega\left(\frac{L'}{v}\right)_{n} \tag{3.8}$$

隔水管顶部的动态张力为

$$|T_t|=(mv)_t\omega u_o\tan\left(\frac{\omega L'}{v}\right)_t \tag{3.9}$$

隔水管底部的振动幅值为

$$|u_B|=u_o\prod_{n=1}^{t}\left[\frac{\cos\omega\left(\frac{L'-L}{v}\right)_n}{\cos\omega\left(\frac{L'}{v}\right)_n}\right] \tag{3.10}$$

分析考虑线性阻尼的隔水管轴向振动时，钻井平台作升沉运动时隔水管轴向位移为

$$u=u_o[B_0e^{-jK_0z}+(1-B_0)e^{jK_0z}]e^{j\omega t} \tag{3.11}$$

式中，B_0、K_0 为待定系数。

考虑隔水管底部边界条件 $z=L$

$$m_1\left(\frac{\partial^2u}{\partial t^2}\right)_L+mv^2\left(\frac{\partial u}{\partial z}\right)_L+\lambda_D\left(\frac{\partial u}{\partial t}\right)_L=0 \tag{3.12}$$

由此确定 $K_0(K_1+iK_2)$，从而可以得到 u 的表达式为

$$\begin{aligned}u=&u_o[e^{K_2z}+\alpha/\sinh(K_2z)\cos(K_1z)+\beta_1\cosh(K_2z)\sin(K_1z)]\sin(\omega t)+\\&u_o[e^{K_2z}+\alpha_1\cosh(K_2z)\sin(K_1z)+\beta_1\sinh(K_2z)\sin(K_1z)]\cos(\omega t)\end{aligned} \tag{3.13}$$

其张力的分量为

$$\begin{aligned}T_{z,t}=&mv^2u_o\{\sin(\omega t)[K_2e^{K_2z}+\alpha_1\cosh(K_2z)K_2\cos(K_2z)-\alpha_1\sinh(K_2z)\\&\sin(K_1z)K_1+\beta_1\sinh(K_2z)K_2\sin(K_1z)+\beta_1\cosh(K_2z)\cos(K_1z)K_1]\\&+[K_2e^{K_2z}+\alpha_1\sinh(K_2z)K_2\sin(K_1z)+\alpha_1\cosh(K_2z)\cos(K_1z)K_1\\&-\beta_1\cosh(K_2z)K_2\cos(K_1z)+\beta_1\sinh(K_2z)\sin(K_1z)K_1]\cos(\omega t)\}\end{aligned} \tag{3.14}$$

其中

$$\begin{gathered}K_1=\frac{\omega}{v\sqrt{1-\tan^2\phi}};\ K_2=\frac{\omega}{v\sqrt{\cos t^2\phi-1}};\ \tan2\phi=\left(\frac{\lambda_DL}{mv}\right)\left(\frac{\omega L}{cv}\right);\ \alpha=F_1/F_3;\\ \beta=F_2/F_3;\ F_1=G_1-(P_1+1-N_1)e^{2K_2L};\ F_2=Q\cos2K_1L+N\sin2K_1L;\\ F_3=(1-N_1)\cosh2K_2L+P_1\sinh2K_2L-G_1;\ G_1=Q\sin2K_1L+N_1\cos2K_1L;\\ N_1=\frac{1-D_1^2-D_2^2}{2};\ P_1=D_1\cos\phi-D_2\sin\phi;\ Q_1=D_1\sin\phi-D_2\cos\phi;\\ D_2=\left(\frac{\lambda_D}{mv}\right)\sqrt{\cos2\phi};\ D_2=\left(\frac{m_1}{mL}\right)\left(\frac{\omega L}{v}\right)\sqrt{\cos2\phi}\end{gathered} \tag{3.15}$$

隔水管轴向振动位移 u 及张力 $T_{z,t}$ 幅值为

$$\left|\frac{u_z}{u_o}\right|=\sqrt{R_z-S_z};\quad\left|\frac{T_z}{mv\omega u_o}\right|=\sqrt{(R_z+S_z)\sec2\phi} \tag{3.16}$$

其中

$$R_z=\left[(1+\alpha_1)e^{2K_2z}+\left(\frac{\alpha_1^2+\beta_1^2}{2}\right)\cosh 2K_2z\right];\ S_z=\left[\left(\frac{\alpha_1^2+\beta_1^2}{2}+\alpha_1\right)\cosh 2K_1z-\beta_1\sin 2K_1z\right] \tag{3.17}$$

将 LMRP 的阻尼作为等效阻尼考虑，设等效阻尼为 λ'，则有

$$u=u_o\left[\left(A_1\sin\frac{\omega z}{v}+\cos\frac{\omega z}{v}\right)\sin\omega t+B_1\sin\frac{\omega z}{v}\cos\omega t\right] \tag{3.18}$$

$z=L'$时

$$\lambda'\left(\frac{\partial u}{\partial t}\right)_{L'}+mv^2\left(\frac{\partial u}{\partial z}\right)_{L'}=0 \tag{3.19}$$

由此可以求得

$$B_1=\frac{\frac{\lambda'}{mv}\left[\tan\left(\frac{\omega L'}{v}\right)+1\right]}{\left(\frac{\lambda'}{mv}\right)^2\tan\left(\frac{\omega L'}{v}\right)+1};\ A_1=-\frac{\tan\left(\frac{\omega L'}{v}\right)\left[-1+\left(\frac{\lambda'}{mv}\right)^2\right]}{\left(\frac{\lambda'}{mv}\right)^2\tan\left(\frac{\omega L'}{v}\right)+1} \tag{3.20}$$

隔水管轴向张力的动态变化分量为

$$T_{z,t}=mvu_o\omega\left\{\left[A_1\cos\left(\frac{\omega L'}{v}\right)-\sin\left(\frac{\omega L'}{v}\right)\right]\sin(\omega t)+B_1\cos\left(\frac{\omega L'}{v}\right)\cos(\omega t)\right\} \tag{3.21}$$

实际分析时常采用时域有限元方法进行隔水管轴向动力分析。以大型通用有限元分析软件 ANSYS 为分析平台，以浸没管单元 PIPE59 模拟隔水管局部结构，建立自 BOP 至伸缩节外筒的隔水管有限元模型，将钻井船升沉运动以动边界形式(动态位移时间序列)施加于伸缩节外筒，对隔水管进行钻井船升沉运动激励下的轴向动力响应分析。

3.1.2 不同浮力配置下的隔水管张力波动特性

图 3.4 中显示了隔水管的最小张力(LMRP 悬挂情形)、最大张力(LMRP/BOP 悬挂情形)与隔水管柱中裸单根数量之间的变化关系，并标明了最大许用张力和最小许用张力。在所有情况下，除隔水管顶部有一根裸单根外，其余裸单根均在隔水管底部连续排列。

在所有情况下，隔水管最大张力均出现在隔水管顶部，且随着裸单根数量的增加逐渐增大。在裸单根数量为 2~8 时，隔水管最小张力出现在浮力区顶部；随着裸单根数量的增加，浮力区顶部的最小张力逐渐增大，当裸单根数量增至 9 时，隔水管最小张力位置转移至隔水管底部(LMRP 以上)，而该处张力主要由 LMRP 或 LMRP/BOP 重量决定，几乎不随裸单根数量变化而发生改变。从图 3.4 可以看出，在 LMRP/BOP 悬挂情形下，裸单根数量为 30 时，隔水管最大张力达到许用张力上限；在 LMRP 悬挂情形下，裸单根数量小于 7 时，隔水管最小张力低于许用张力下限。可见，裸单根数量应控制在 7~29 之间。

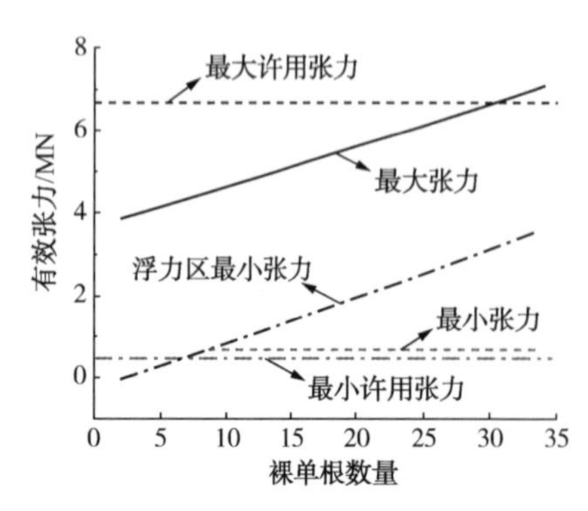

图 3.4 张力波动范围与裸单根数量的关系

LMRP 或 LMRP/BOP 悬挂情形下，裸单根数量为 2 或 34 时，隔水管的有效张力包络线分别如图 3.5 与图 3.6 所示。隔水管的张力波动幅度自下而上

逐渐增大，顶部的张力波动幅度要远大于底部。这主要是由每一高度下的管柱惯性载荷不同造成的，惯性载荷越大，该高度处的张力波动幅度越大。LMRP/BOP 悬挂情形下，隔水管的最小张力与最大张力要显著大于 LMRP 悬挂情形。也就是说，BOP 的存在降低了隔水管出现动态压缩的风险，但增大了起重装置出现过载的风险。

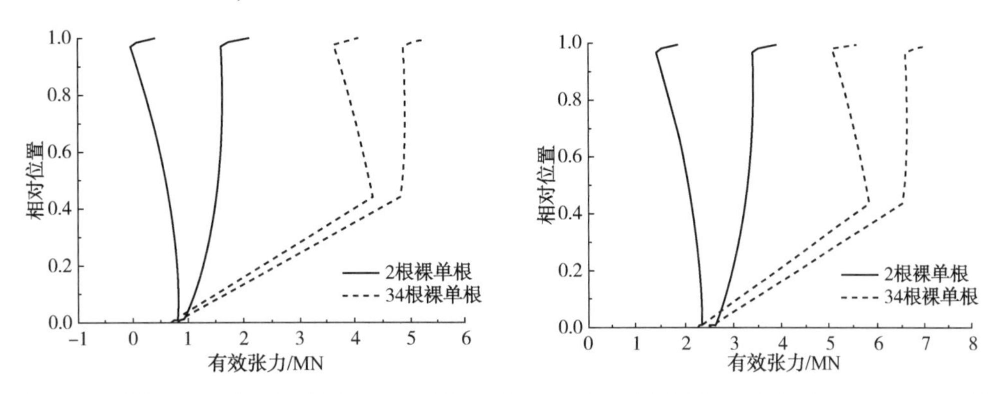

图 3.5 隔水管有效张力包络线(LMRP 悬挂) 图 3.6 隔水管有效张力包络线(LMRP/BOP 悬挂)

3.1.3 浮力配置优化分析

隔水管的浮力系数 δ_F 定义为

$$\delta_F = \frac{-\sum W_{BM}}{\sum (W_{MP} + W_{AL} + W_{misc})} \tag{3.22}$$

式中，W_{BM}为浮力块的表观重量，符号为负；W_{MP}、W_{AL}与 W_{misc}分别为主管、辅助管线与其他部件的表观重量。为降低对钻机的张力需求，浮力系数应尽可能地大。悬挂模式下为防止出现动态压缩，隔水管必须具有正的表观重量，因此，浮力系数必须低于 100%。

在浮力块规格已经确定的情况下，浮力系数由浮力块等级与数量决定。依据前面的分析，取浮力单根数量为 57，则裸单根数量为 17。如前所述，在不同的水深范围需要配置相应等级的浮力块。随着水深增大，为抵抗静水压力，要求浮力块制造密度逐渐增大，进而导致浮力块提供的净浮力逐渐减小，但制造成本却逐渐提高。从提高浮力比与降低成本角度出发，应当将浮力块自上而下连续配置。

浮力块分布形式决定着隔水管的悬挂轴向动力特性。由图 3.7 可知，在 LMRP 悬挂情形下，浮力区处在不同位置时，隔水管的最小张力剖面。如前所述，隔水管上下终端单根均为裸单根，浮力区处在隔水管上部时，下部裸单根数量为 16；浮力区处在隔水管中部时，下部裸单根数量为 9，上部裸单根数量为 8；浮力区处在隔水管下部时，上部裸单根数量为 16。由于 LMRP 或 LMRP/BOP 的存在，隔水管底端不易出现动态压缩。从图 3.7 可以看出，自下而上，隔水管最小张力在裸管区是逐渐增大的，而在浮力区是逐渐减小的，也就是说，浮力区顶部最易出现动态压缩。从图 3.7 还可以看出，只有处在浮力区以下的裸单根对于缓解浮力区动态压缩有帮助。因此，从改善隔水管悬挂轴向动力特性出发，隔水管下部应保留足够数量的裸单根。分析表明，将浮力块配置在隔水管上部时，隔水管出现动态压缩的风险最小。

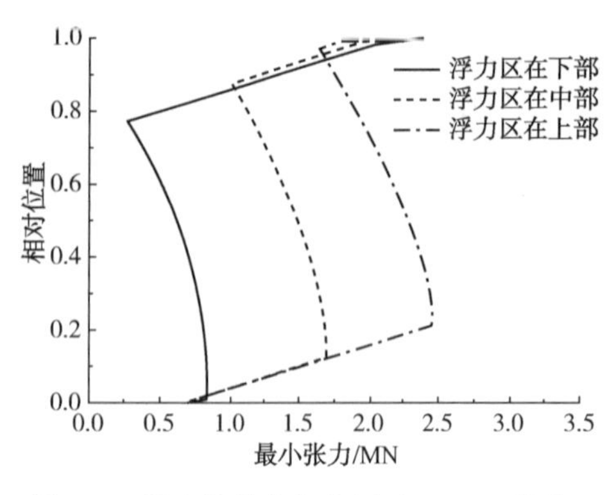

图 3.7 隔水管最小张力剖面(LMRP 悬挂)

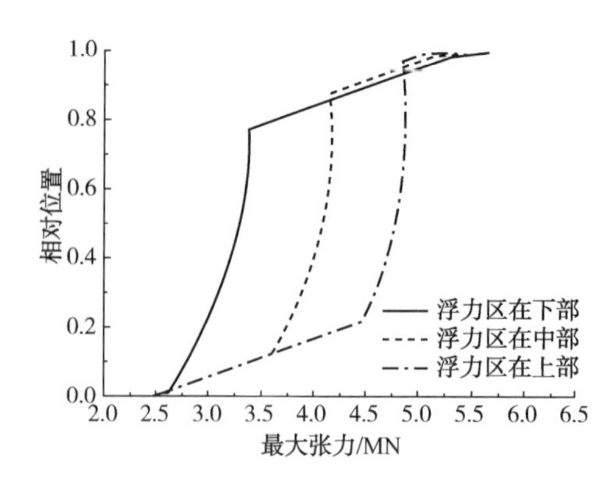

图 3.8 隔水管最大张力剖面(LMRP/BOP 悬挂)

由图 3.8 可知，在 LMRP/BOP 悬挂情形下，浮力区处在不同位置时，隔水管的最大张力剖面。浮力块分布形式对于隔水管的顶部最大张力影响不大，隔水管顶部最大张力主要由悬挂管柱的重量决定。当浮力块配置在隔水管上部时，浮力块的水深等级决定了其提供的净浮力最大，则此时悬挂管柱的表观重量最小，因而导致隔水管的顶部最大张力最小。分析表明，将浮力块配置在隔水管上部时，起重装置出现过载的风险亦最小。

3.2 悬挂模式下隔水管轴向动力特性分析

如果环境条件超过连接模式下对安全作业的限制，则应断开隔水管，以免对水面或水下设备造成损坏。随着海洋钻井迈入越来越深的海域，遭遇风暴条件的几率增加，执行隔水管悬挂操作的频率增大。悬挂状态下的隔水管动态响应对于深水钻井作业而言是一个关键性的问题。在深水或超深水海域，增加的重量与轴向柔韧性将加剧隔水管的轴向动力响应。为降低隔水管的张力波动，近年来一种新型悬挂模式——“软悬挂”模式开始得到应用。在本节中，将分析不同水深等级的隔水管在软、硬悬挂模式下的轴向动力特性。

3.2.1 硬悬挂模式与软悬挂模式

依据悬挂隔水管柱上部边界条件的不同，可将隔水管悬挂模式分为硬悬挂与软悬挂两种。图 3.9 为两种悬挂模式的示意图。在实践中，通常压缩并锁定伸缩节，将隔水管悬挂于分流器外壳，并释放张紧器，隔水管顶部与卡盘刚性连接，这种悬挂模式称为硬悬挂。硬悬挂模式下，钻井船运动直接传递到隔水管顶部(伸缩节外筒)。剧烈的钻井船升沉运动可能导致隔水管出现动态压缩，一方面会导致隔水管的局部屈曲失稳，同时也增加了隔水管上部碰撞月池的风险。此外，剧烈的钻井船升沉运动还可能导致隔水管顶部出现极端张力，从而导致悬挂梁出现过载，甚至造成悬挂管柱坠落。硬悬挂模式的主要使用限制是：①隔水管不出现轴向压缩；②悬挂载荷不超过悬挂梁承载能力。

另一种选择方案是软悬挂模式。软悬挂模式下，隔水管在张紧器处进行悬挂，与连接模式相同，张紧器和伸缩节仍起作用，由张紧器承受从伸缩节外筒到 LMRP 的隔水管重量。在冲程范围内，伸缩节内筒不对隔水管传递轴向载荷；冲程达到最高点或最低点时，伸缩节内筒对隔水管传递较大的拉力或压力（由伸缩节内筒轴向刚度决定）。在冲程范围内，张紧器的力-变形曲线是线性的；冲程达到最高点时，张紧器处于绷紧状态，将对伸缩节外筒传递极大的拉力；冲程达到最低点时，张紧器处于松弛状态，此时不对伸缩节外筒传递拉力。判断软悬挂模式是否可行，除需满足硬悬挂模式的使用限制外，还要满足钻井船的升沉运动幅值不能超出伸缩节和张紧器的冲程限制。软悬挂模式下，钻井船升沉运动通过张紧器传递给伸缩节外筒，张紧器的小刚度容许隔水管与钻井船升沉运动发生解耦，从而可降低悬挂管柱的轴向响应。

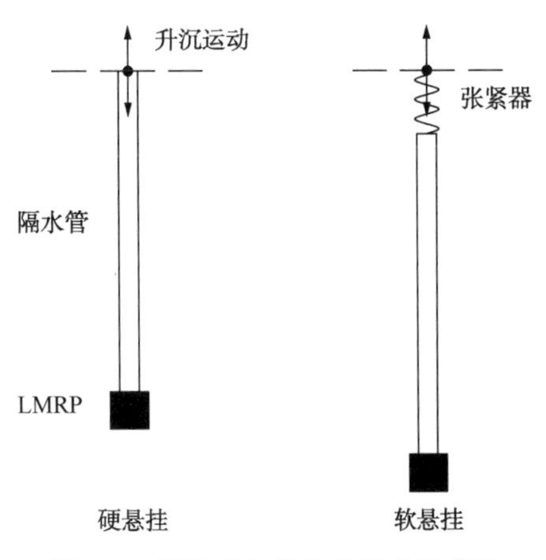

图 3.9　硬悬挂与软悬挂模式示意图

3.2.2　分析模型与分析方法

分别对 4000ft(1219m)、6000ft(1829m)、8000ft(2438m)与 10000ft(3048m)水深等级的隔水管系统进行硬悬挂与软悬挂模式下的轴向动力分析，四种水深等级隔水管系统的湿重(包括 LMRP)分别为 2.604MN、2.833MN、3.363MN 与 4.201MN，取风暴条件下极端钻井船升沉运动范围为 7.62m。为防止发生隔水管坠落事故，其最大许用张力应当小于悬挂梁承载能力，在本次分析中取为 2000kips(8.8984MN)。为避免隔水管出现动态压缩，最小许用张力取为 100kips(0.4449MN)。

以大型通用有限元分析软件 ANSYS 为分析平台，以浸没管单元 PIPE59 模拟隔水管局部结构，建立自 LMRP 至伸缩节外筒的隔水管有限元模型。硬悬挂模式下，隔水管顶部与钻井船刚性连接，钻井船升沉运动直接传递至伸缩节外筒。将钻井船升沉运动以动边界形式(动态位移时间序列)施加于伸缩节外筒，对隔水管进行钻井船升沉运动激励下的轴向动力响应分析。

软悬挂模式下，隔水管顶部通过张紧器、伸缩节与钻井船连接在一起。在伸缩节冲程范围内，伸缩节内筒不对隔水管传递轴向载荷，钻井船升沉运动通过张紧器传递至伸缩节外筒。在张紧器冲程范围内，张力绳的载荷变形曲线是线性的。张紧器由 12 根张力绳组成，张力绳刚度系数为 4.3791kN。以非线性弹簧单元模拟张紧器的载荷变形特性，将钻井船升沉运动以动边界形式施加于张紧器(弹簧单元)，对隔水管进行钻井船升沉运动激励下的轴向动力响应分析。

3.2.3　硬悬挂轴向动力分析

硬悬挂模式下，四种水深等级隔水管的轴向位移包络线见图 3.10，轴向振动范围见图 3.11。自上而下，隔水管的轴向振动幅度逐渐增大，表明隔水管顶部振动在自上而下的传递过程中得到了逐步放大。随着水深增大，隔水管的轴向位移包络线范围逐渐变宽，在 1219m 水深下，隔水管的轴向位移包络线是近似平行的，而在 3048m 水深下，隔水管的轴向位移包络线呈明显的喇叭口状。在 1219m、1829m、2438m 与 3048m 四种水深下，隔水管底部响应幅度相对于顶部响应的放大率分别为 1.0592、1.1469、1.2882 与 1.5725。如图 3.11 所示，隔水管在浮力区的相对拉伸梯度明显大于裸管区，表明浮力单根更易受到轴向振动的影响。分析表明，在水深较小时(如低于 1219m 时)，隔水管轴向的相对拉伸不大，隔水管的轴向柔韧性较差，隔水管以近似刚体形式对钻井船升沉运动作出响应；而在超深水环境下，隔水管轴向的相对拉伸非常显著，表现出了显著的轴向柔韧性，隔水管以近似弹簧形式对钻井船升沉运动作出响应。

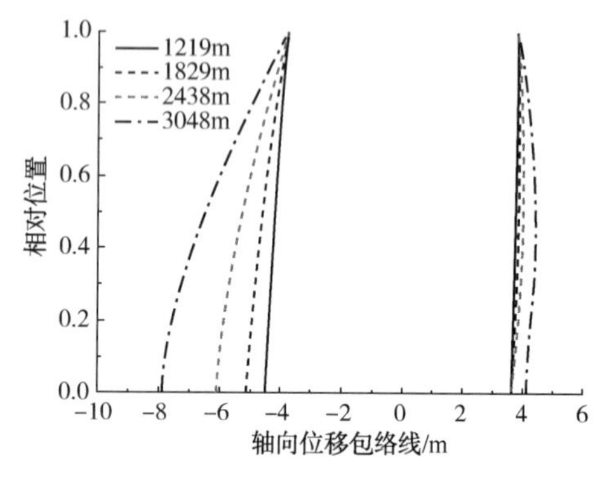

图 3.10　不同水深等级隔水管的轴向位移包络线(硬悬挂)

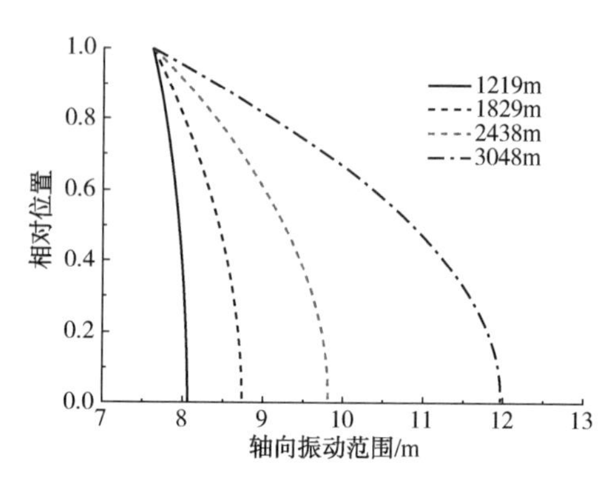

图 3.11　不同水深等级隔水管的轴向振动范围(硬悬挂)

硬悬挂模式下，四种水深等级隔水管的有效张力包络线见图 3.12，张力波动范围见图 3.13。随着水深增大，隔水管的最小张力显著降低，而最大张力显著增大，张力波动范围急剧变大。四种情形下，隔水管的最小张力均出现在浮力区顶部，而最大张力均出现在隔水管顶部。在 1219m、1829m、2438m 与 3048m 四种水深下，隔水管的最小张力分别为 0.0166MN、−1.1578MN、−2.2772MN 与−4.2293MN；隔水管的最大张力分别为 4.8095MN、6.4441MN、8.6136MN 与 12.3428MN。在四种水深下，隔水管的最小张力均不满足安全限制；在 3048m 水深下，隔水管的最大张力亦不满足安全限制。分析表明，随着水深增大，悬挂管柱的潜在风险急剧增大，且出现动态压缩的风险要大大高于悬挂梁过载的风险。

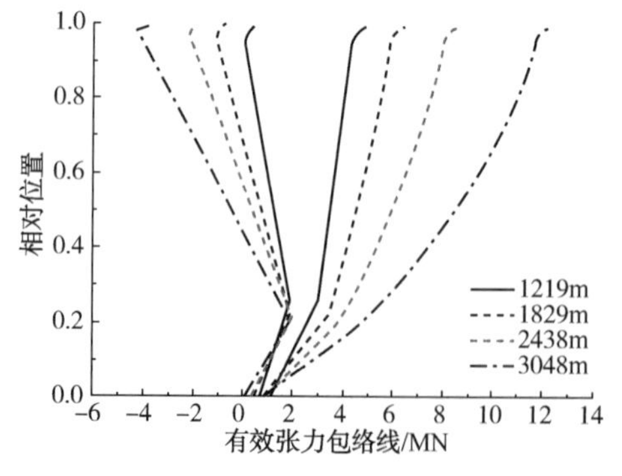

图 3.12　不同水深等级隔水管的有效张力包络线(硬悬挂)

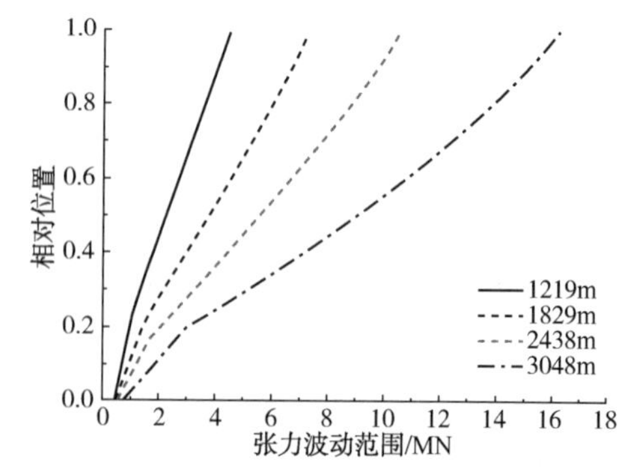

图 3.13　不同水深等级隔水管的张力波动范围(硬悬挂)

硬悬挂模式下，隔水管浮力区顶部出现动态压缩的潜在风险非常大，为降低该风险，要求在设计时降低隔水管的浮力系数。但在超深水海域，考虑到钻井作业时隔水管对张紧器的极大张力需求，以降低浮力系数的方式避免隔水管出现动态压缩并不是一种经济可行的措施。此外，在超深水情况下，隔水管最大张力亦存在超出悬挂梁能力从而导致悬挂梁过载的风险，为降低该风险，选择提高隔水管的浮力系数是不可行的，而应当提高悬挂梁的承载能力。通过改进设计来避免隔水管出现动态压缩很难实现，将悬挂管柱与钻井船升沉运动解耦是一种更为可行的方案。

3.2.4 软悬挂轴向动力分析

软悬挂模式下，四种水深等级隔水管的轴向位移包络线见图 3.14。从图形上看，隔水管的最大与最小位移曲线几乎是平行的。在 1219m、1829m、2438m 与 3048m 四种水深下，隔水管底部响应幅度相对于顶部响应的放大率分别为 1.0177、1.0313、1.0445 与 1.0512。分析表明，即便在 3048m 水深下，隔水管局部的相对拉伸量仍较小，软悬挂模式下，隔水管以类似刚体形式对钻井船升沉运动作出响应；同时，因张紧器将钻井船升沉运动与隔水管解耦，软悬挂模式显著降低了隔水管的轴向振动幅度。

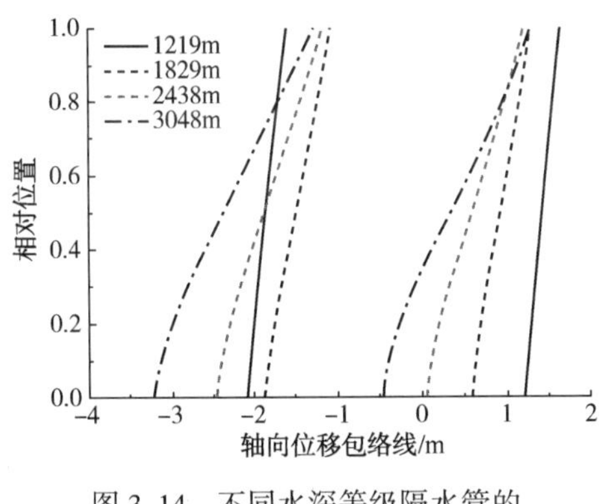

图 3.14 不同水深等级隔水管的轴向位移包络线(软悬挂)

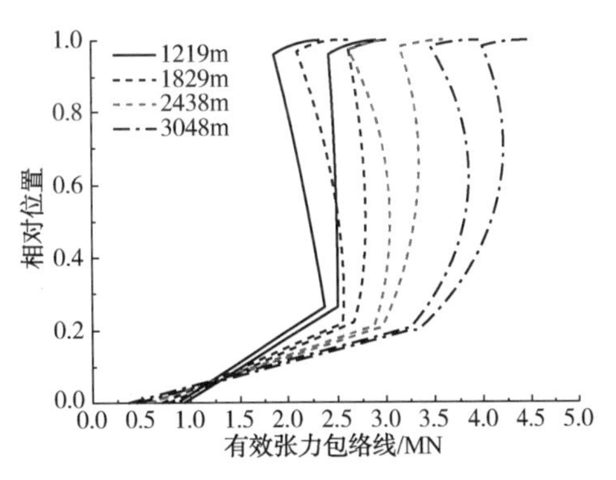

图 3.15 不同水深等级隔水管的有效张力包络线(软悬挂)

软悬挂模式下，四种水深等级隔水管的有效张力包络线见图 3.15。从图中可以看出，软悬挂模式下，隔水管的张力波动幅度很小，尤其是在下部裸管区，隔水管的张力波动范围对水深变化极不敏感。隔水管最小张力出现在隔水管底部，而最大张力出现在隔水管顶部。随着水深增大，隔水管最小张力逐渐减小，而最大张力逐渐增大。与硬悬挂模式不同，软悬挂模式下，浮力区顶部的最小张力随着水深增大而逐渐增大。在 1219m、1829m、2438m 与 3048m 四种水深下，隔水管的最小张力分别为 0.8911MN、0.7111MN、0.5256MN 与 0.3371MN；隔水管的最大张力分别为 2.8880MN、3.0866MN、3.6256MN 与 4.4689MN。在四种水深下，隔水管的最大张力均远小于最大许用张力，从而表明悬挂梁不会出现过载或出现过载的风险极低。在 3048m 水深下，隔水管最小张力低于最小许用张力，因最小张力出现在隔水管底部，可通过增大 LMRP 重量方式将该处张力提高至可接受水平。软悬挂模式从本质上改变了隔水管的轴向动力特性，极大缩小了隔水管的张力波动范围，继而极大降低了隔水管动态压缩与悬挂梁过载出现的风险。与硬悬挂模式相比，软悬挂模式显然是一种更为安全可靠的隔水管操作方案。

3.3 平台升沉运动下深水钻井隔水管柱参数激励稳定性

3.3.1 平台运动下深水钻井隔水管系统参数激励稳定性模型

常规的深水钻井隔水管系统力学分析模型如图 3.16 所示。在波浪、海流、张紧力、隔水管自身重力、钻井平台偏移等载荷作用下隔水管系统发生一定的横向变形，隔水管系统的横向振动方程为

$$m\frac{\partial^2 y}{\partial t^2}+EI\frac{\partial^4 y}{\partial x^4}-\frac{\partial}{\partial x}\left[T(x)\frac{\partial y}{\partial x}\right]=F(x,\ t) \tag{3.23}$$

式中，E 为弹性模量；I 为截面惯性矩；$T(x)$ 为隔水管轴向力；m 为隔水管单位长度质量；$F(x,\ t)$ 为作用于隔水管系统单位长度的海洋环境载荷。

实际中隔水管系统顶部还受到平台升沉运动的影响，隔水管系统有效轴向张力随着平台的升沉运动是不断发生变化的，隔水管有效轴向张力参数的变化也会引起隔水管横向振动，即为深水钻井隔水管系统参数激励振动，如图 3.17 所示。理论分析时假设沿隔水管长度方向张力变化是一致的，建立深水钻井隔水管系统参数激励振动分析模型，可表示为

$$m\frac{\partial^2 y}{\partial t^2}+EI\frac{\partial^4 y}{\partial x^4}-\frac{\partial}{\partial x}\left\{[T(x)-ka\cos(\Omega t)]\frac{\partial y}{\partial x}\right\}=F(x,\ t) \tag{3.24}$$

式中，w 为隔水管单位长度重量；k 为张紧器等效弹簧刚度；a、Ω 分别为平台升沉运动幅值和频率。

当深水钻井隔水管系统轴向张力随平台升沉运动变化时，隔水管系统刚度也随之变化，即使隔水管系统横向承受定常载荷，隔水管也会随着刚度的变化发生横向振动，尤其当横向振动频率发生在隔水管系统共振频率范围内，参数激励振动较为明显。

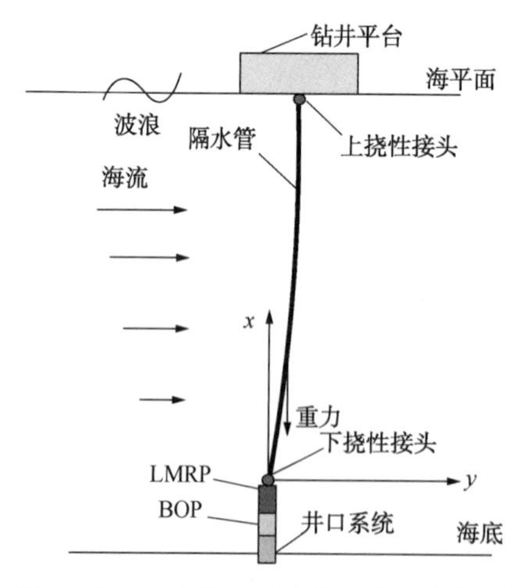

图 3.16 深水钻井隔水管力学分析模型

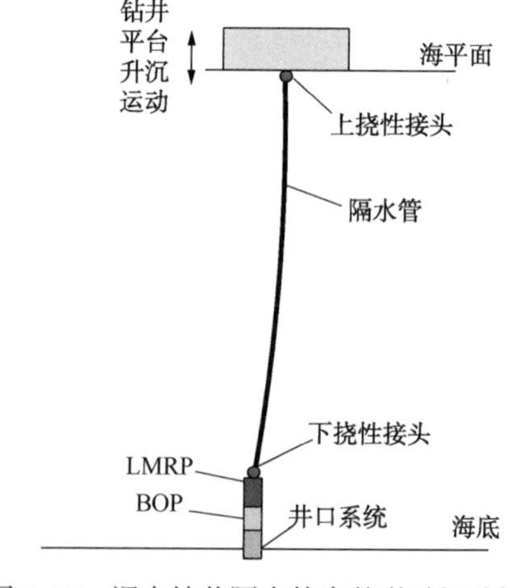

图 3.17 深水钻井隔水管参数激励振动模型

3.3.2 平台运动下深水钻井隔水管系统参数激励稳定性分析

首先应用 Garlkin 方法对参数激励振动方程(3.24)进行简化，设方程(3.24)的解为

$$y(x, t)=\sum_{n=1}^{\infty}\Phi_n(x)q_n(t) \tag{3.25}$$

式中，$\Phi_n(x)$为振型；$q_n(t)$为时间函数；n为模态阶次。

多次简化后的参数激励振动方程为

$$\ddot{q}_n+w_n{}^2q_n+\frac{ka\cos\Omega t}{m_r}\cdot\frac{n^2\pi^2}{L^2}q_n=0 \tag{3.26}$$

式中，$\Phi_n(x)$为振型；$q_n(t)$为时间函数；L为隔水管系统长度。

令 $\Omega t=2\tau$，则

$$\ddot{q}_n(t)=\frac{\Omega^2}{4}\cdot\frac{d^2q_n}{d\tau^2} \tag{3.27}$$

将式(3.27)代入式(3.25)即可得到经典的 Mathieu 方程

$$\ddot{q}_n+(\delta+2\varepsilon\cos2\tau)q_n=0 \tag{3.28}$$

其中

$$\delta=\frac{4\omega_n^2}{\Omega^2} \tag{3.29}$$

$$\varepsilon=\frac{2ka}{m_r\Omega^2}\cdot\frac{n^2\pi^2}{L^2} \tag{3.30}$$

则通过求解 Mathieu 方程，即可得到隔水管的不稳定区

$$\delta=\begin{cases}1-\varepsilon-\dfrac{1}{8}\varepsilon\\[2ex]1+\varepsilon-\dfrac{1}{8}\varepsilon\end{cases} \tag{3.31}$$

以 510m 深水钻井隔水管系统为例，开展隔水管系统参数激励稳定性评估，隔水管系统配置见表 3.1。

表 3.1 隔水管系统配置

隔水管单根	长度/m	外径/m	壁厚/m	数量
伸缩节	18	0.6096	0.015875	1
浮力单根	15.24	0.5334	0.015875	31
裸单根	15.24	0.5334	0.015875	1

基于深水钻井隔水管系统参数激励稳定性评估方法，确定隔水管系统参数激励一阶稳定性区域，如图 3.18 所示。

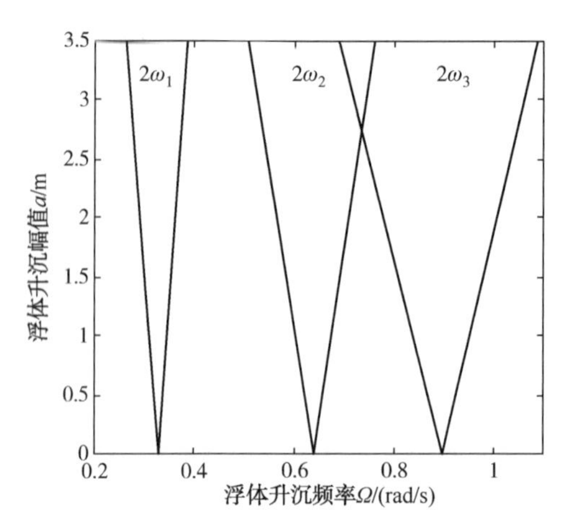

图 3.18　隔水管参数激励不稳定区域

由图 3.18 可知，当深水钻井隔水管系统参数激励频率为隔水管系统横向模态频率 2 倍时，隔水管系统处于参数激励不稳定性区域，且随着深水钻井隔水管系统顶部平台运动幅值和频率的增大，隔水管系统的参数激励不稳定区域增大。上述通过求解 Mathieu 方程可以确定隔水管系统参数激励的不稳定区域，为了进一步获取参数激励下隔水管系统响应，还需进一步开展隔水管系统参数激励有限元评估。

3.3.3　平台运动下深水钻井隔水管系统参数激励有限元分析

3.3.3.1　深水钻井隔水管系统参数激励有限元模型

深水钻井隔水管系统长度一般在 500~3000m，整个隔水管系统力学分析模型较为复杂，一般采用有限单元法进行隔水管波激振动时域分析。将深水钻井隔水管系统离散为 n 个单元，基于隔水管波激振动力学分析模型建立每个单元的二维有限元分析方程为

$$[\boldsymbol{M}_e]\{\ddot{\boldsymbol{u}}_e\}+[\boldsymbol{C}_e]\{\dot{\boldsymbol{u}}_e\}+[\boldsymbol{K}_e]\{\boldsymbol{u}_e\}=\{\boldsymbol{F}_e\} \tag{3.32}$$

式中，$\{\boldsymbol{u}_e\}$是隔水管单元两端节点的 6 维位移列向量，包括隔水管单元两端节点的轴向位移、横向位移以及转动位移；$[\boldsymbol{M}_e]$、$[\boldsymbol{C}_e]$、$[\boldsymbol{K}_e]$、$\{\boldsymbol{F}_e\}$分别为隔水管单元的质量矩阵、阻尼矩阵、刚度矩阵和激励力列向量。

隔水管单元的质量矩阵可表示为

$$[\boldsymbol{M}_e]=\frac{m_r L_e}{420}\begin{bmatrix} 140 & & & & & \\ 0 & 156 & & 对 & & \\ 0 & 22L_e & 4L_{e^2} & & 称 & \\ 70 & 0 & 0 & 140 & & \\ 0 & 54 & 13L_e & 0 & 156 & \\ 0 & -13L_e & -3L_e^2 & 0 & -22L_e & 4L_e^2 \end{bmatrix} \tag{3.33}$$

式中，L_e为隔水管单元长度。

隔水管单元刚度矩阵由弹性矩阵和几何矩阵组成，可表示为

$$[\boldsymbol{K}_e]=([\boldsymbol{K}_{\text{elastic}}]+[\boldsymbol{K}_{\text{geometric}}])[\boldsymbol{T}_{\text{tran}}] \tag{3.34}$$

式中，$[\boldsymbol{K}_{\text{elastic}}]$为弹性刚度矩阵，$[\boldsymbol{K}_{\text{geometric}}]$为几何刚度矩阵，弹性刚度矩阵和几何刚度矩阵均是在局部坐标系下建立的，需采用转换矩阵$[\boldsymbol{T}_{\text{tran}}]$将其转换到整体坐标系下。弹性刚度矩阵、几何刚度矩阵和转换矩阵分别表示为

$$[\boldsymbol{K}_{\text{elastic}}]\begin{bmatrix} \frac{EA}{L_e} & 0 & 0 & -\frac{EA}{L_e} & 0 & 0 \\ & \frac{12EI}{L_e^3} & \frac{6EI}{L_e^2} & 0 & -\frac{12EI}{L_e^3} & \frac{6EI}{L_e^2} \\ & & \frac{4EI}{L_e} & 0 & -\frac{6EI}{L_e^2} & \frac{2EI}{L_e} \\ & \text{对} & & \frac{EA}{L_e} & 0 & 0 \\ & & \text{称} & & \frac{12EI}{L_e^3} & -\frac{6EI}{L_e^2} \\ & & & & & \frac{4EI}{L_e} \end{bmatrix} \tag{3.35}$$

$$[\boldsymbol{K}_{\text{gemetric}}]=\frac{T}{L_e}\begin{bmatrix} 0 & 0 & 0 & 0 & 0 & 0 \\ & \frac{6}{5} & \frac{L_e}{10} & 0 & -\frac{6}{5} & \frac{L_e}{10} \\ & & \frac{2L_e^2}{15} & 0 & -\frac{L_e}{10} & -\frac{L_e^2}{30} \\ & \text{对} & & 0 & 0 & 0 \\ & & \text{称} & & \frac{5}{6} & -\frac{L_e}{10} \\ & & & & & \frac{2L_e^2}{15} \end{bmatrix} \tag{3.36}$$

$$[\boldsymbol{T}_{\text{tran}}]=\begin{bmatrix} \cos\theta & -\sin\theta & 0 & 0 & 0 & 0 \\ \sin\theta & \cos\theta & 0 & 0 & 0 & 0 \\ 0 & 0 & 1 & 0 & 0 & 0 \\ 0 & 0 & 0 & \cos\theta & -\sin\theta & 0 \\ 0 & 0 & 0 & \sin\theta & \cos\theta & 0 \\ 0 & 0 & 0 & 0 & 0 & 1 \end{bmatrix} \tag{3.37}$$

式中，A为隔水管截面积；θ为隔水管单元与水平方向的夹角。

一般采用瑞利阻尼的形式确定阻尼矩阵为

$$[\boldsymbol{C}_e]=\alpha[\boldsymbol{M}_e]+\beta[\boldsymbol{K}_e] \tag{3.38}$$

式中，α和β为常数。

载荷列向量包括隔水管横向载荷、竖向载荷以及弯矩，可表示为

$$\{\boldsymbol{E}_{\mathrm{e}}\} = \begin{Bmatrix} F_{yi} \\ F_{xi} \\ M_i \\ F_{yj} \\ F_{xj} \\ M_j \end{Bmatrix} = \begin{Bmatrix} \dfrac{F_{\mathrm{sea}}L_{\mathrm{e}}}{2} \\ -\dfrac{m_{\mathrm{r}}g}{2} \\ -\dfrac{F_{\mathrm{sea}}L_{\mathrm{e}}^2}{12} \\ \dfrac{F_{\mathrm{sea}}L_{\mathrm{e}}}{2} \\ -\dfrac{m_{\mathrm{r}}g}{2} \\ \dfrac{F_{\mathrm{sea}}L_{\mathrm{e}}^2}{12} \end{Bmatrix} \tag{3.39}$$

确定每个隔水管单元的有限元分析方程后，对 n 个分析方程进行组装，得出总体有限元分析方程为

$$[\boldsymbol{M}]\{\ddot{\boldsymbol{u}}\} + [\boldsymbol{C}]\{\dot{\boldsymbol{u}}\} + [\boldsymbol{K}]\{\boldsymbol{u}\} = \{\boldsymbol{F}\} \tag{3.40}$$

式中，$\{\boldsymbol{u}\}$ 和 $\{\boldsymbol{F}\}$ 分别为 $3n+3$ 维位移列向量和激励力列向量；$[\boldsymbol{M}]$、$[\boldsymbol{C}]$、$[\boldsymbol{K}]$ 分别为 $3n+3$ 阶总体质量矩阵、阻尼矩阵和刚度矩阵。

3.3.3.2 平台运动下深水钻井隔水管系统参数激励有限元分析方法

采用 Newmark 法来求解隔水管系统的动态有限元方程，Newmark 积分格式的整个算法如图 3.19 所示。积分计算时把时间历程划分为有限个微小时段 Δt，通过 Newmark 积分法计

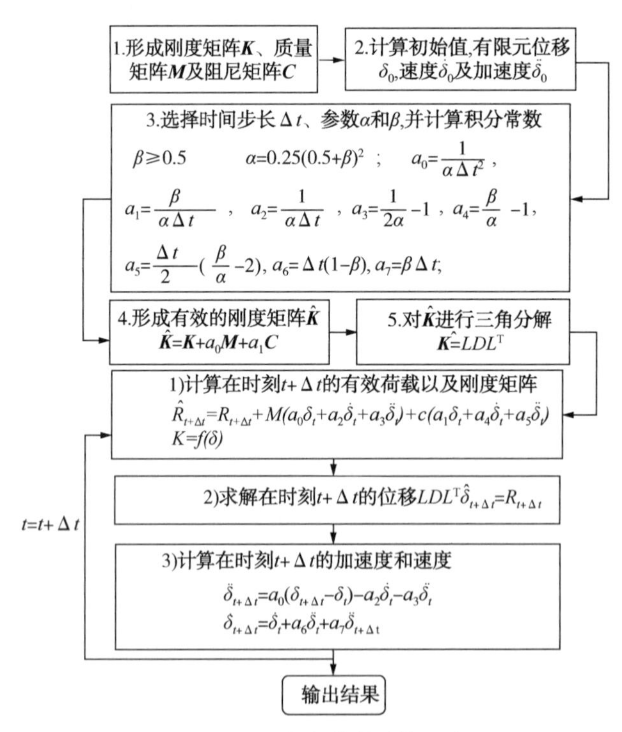

图 3.19　隔水管参数激励算法流程

算每个增量步下的隔水管系统变形，然后将隔水管系统最新的位移信息反馈至分析矩阵，用于计算隔水管系统有效载荷以及更新隔水管系统刚度矩阵，从而通过一系列的迭代可以完成隔水管系统参数激励动力学分析。

3.3.4 平台运动下深水钻井隔水管系统参数激励动力学分析

基于深水钻井隔水管系统参数激励有限元评估模型及方法，采用MATLAB开发深水钻井隔水管系统参数激励有限元评估软件，主要包括数据库模块、模态分析模块以及参数激励模块。针对表3.1所示的隔水管系统基本参数，开展隔水管系统的参数激励动力学研究，首先开展深水钻井隔水管系统模态分析，确定隔水管系统前三阶模态振型，如图3.20所示。

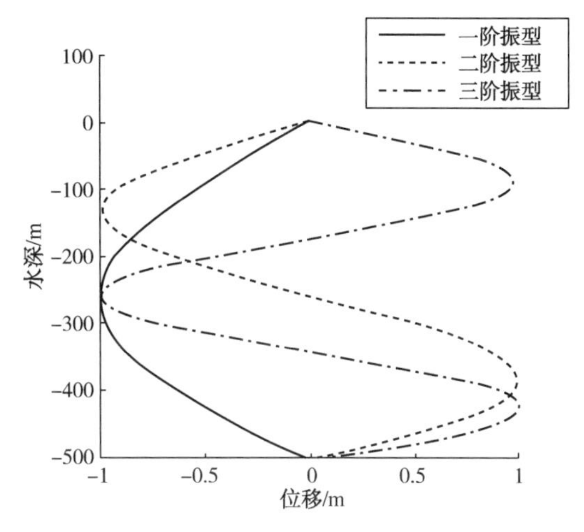

图3.20 隔水管系统模态振型

由图3.20可知，不同阶次的隔水管系统模态振型基本类似正弦曲线，但受隔水管系统自身重力的影响，一阶振型的峰值点略偏下，一阶至三阶曲线的峰值点与其阶次一一对应。在此基础上，隔水管纵向施加升沉运动激励，横向施加200N静载荷作用，开展各阶模态频率处的隔水管系统参数激励动力学研究，提取峰值点处的隔水管系统参数激励响应规律，分别如图3.21~图3.23所示。

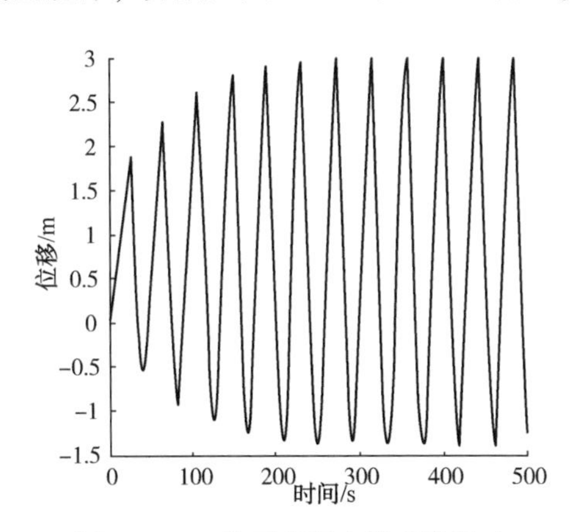

图3.21 一阶下的隔水管系统振动

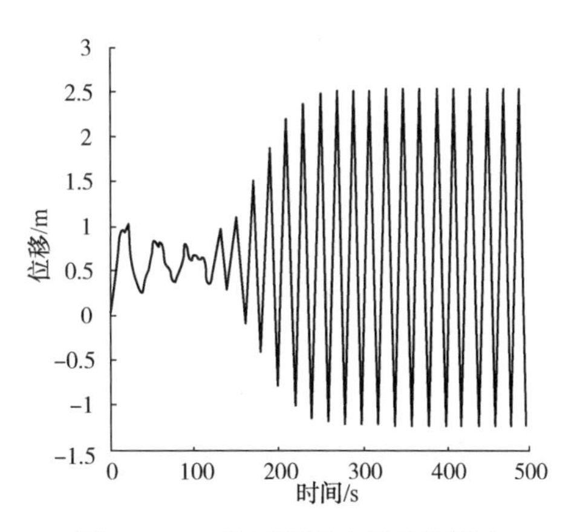

图3.22 二阶下的隔水管系统振动

由图3.21~图3.23可知，在隔水管系统顶部轴向运动的激励下，隔水管系统内部刚度参数呈一定规律的波动，在静态横向载荷的作用下隔水管系统横向也逐渐呈现一定的振动，并逐渐趋于稳定。为了识别隔水管系统振动信息，提取隔水管系统振动频率与幅值，隔水管系统振动频率信息见表3.2，不同顶部激励频率下的隔水管振动幅值信息如图3.24所示。

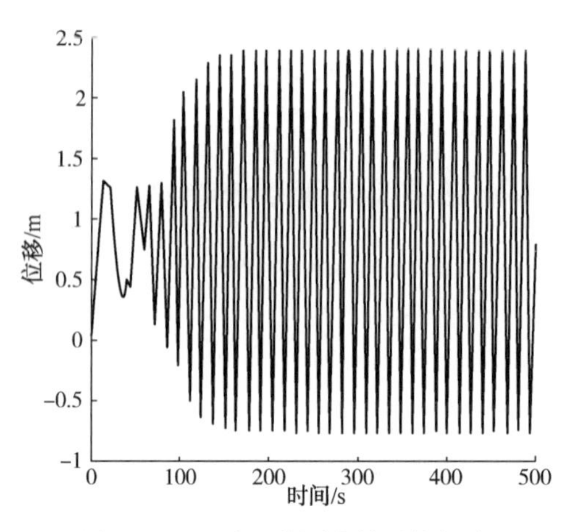

图 3.23　三阶下的隔水管系统振动

表 3.2　隔水管系统振动频率信息

模态阶次	模态频率/(rad/s)	参数激励频率/(rad/s)	频率关系(参数激励频率/模态频率)
一阶	0.165	0.33	2
二阶	0.32	0.64	2
三阶	0.45	0.9	2

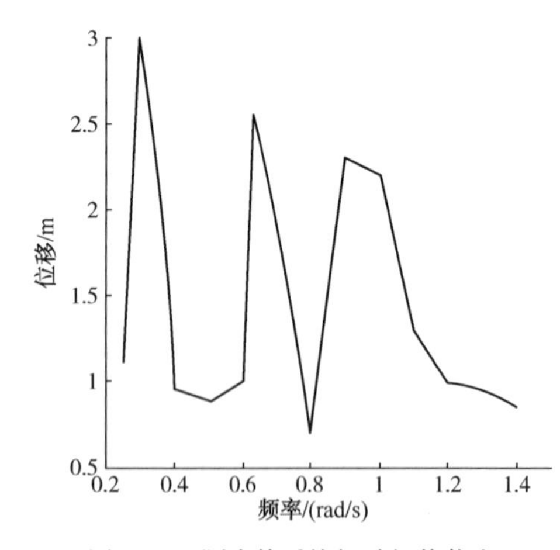

图 3.24　隔水管系统振动幅值信息

由表 3.2 可知，深水钻井隔水管系统参数激励响应频率是隔水管系统模态频率的 2 倍，与隔水管系统参数激励稳定性分析结果图 3.18 一致。主要由于隔水管系统在轴向运动激励下，隔水管系统内部的几何刚度矩阵变化频率与隔水管系统顶部激励频率一致，在隔水管系统横向静态载荷的作用下，当隔水管系统几何刚度矩阵较大时隔水管系统横向变形较小(平衡位置)，当隔水管系统几何刚度矩阵较小时隔水管系统横向变形较大(峰值)，即参数激励下几何刚度矩阵变化半个周期(峰值至谷值)，隔水管系统横向振动只变化四分之一周期(平衡位置至峰值)，导致隔水管系统参数激励频率是响应频率的 2 倍。

由图 3.24 可知，随着隔水管系统顶部轴向激励频率的增大，深水钻井隔水管系统参数激励响应在一阶、二阶以及三阶模态频率附近依次出现响应峰值，且峰值依次下降。主要由于在参数激励下隔水管系统一阶响应峰值或能量主要集中在隔水管系统中间部分，当在二阶或三阶参数激励响应频率下隔水管系统峰值较多，隔水管系统参数振动能量较为分散，导致隔水管系统的参数激励最大响应幅值降低。

3.4 隔水管紧急脱离与反冲动力学分析

3.4.1 张紧器系统结构与工作原理

3.4.1.1 张紧器系统结构

目前隔水管张紧器主要有2种类型：一种是传统的钢丝绳式张紧器，一种是直接作用式张紧器(Direct Acting Tensioner，DAT)。两者的外观分别如图3.25和图3.26所示。两种张紧器的基本结构是相同的，主要包括液压缸、蓄能器、空气瓶和控制阀等。不同之处是钢丝绳式张紧器比直接作用式张紧器多一些力传递的结构，如钢丝绳、导向滑轮装置等。由于钢丝绳及滑轮组的存在，钢丝绳式张紧器的张紧力为液压缸活塞杆作用力的$1/n$(滑轮装置的倍率)，升沉补偿行程为液压缸活塞杆行程的n倍，而直接作用式张紧器的张紧力和补偿行程基本等于液压缸活塞杆的作用力和行程。与钢丝绳式张紧器相比，DAT张紧器具有结构简单，张紧能力大，可以移出月池区，占用平台空间小且易于维护等优点，在实际作业中得到广泛应用。本节以直接作用式张紧器为例，建立张紧器系统模型，研究张紧力随活塞冲程变化规律及不同结构参数对张紧器性能的影响。

图3.25 钢丝绳式张紧器

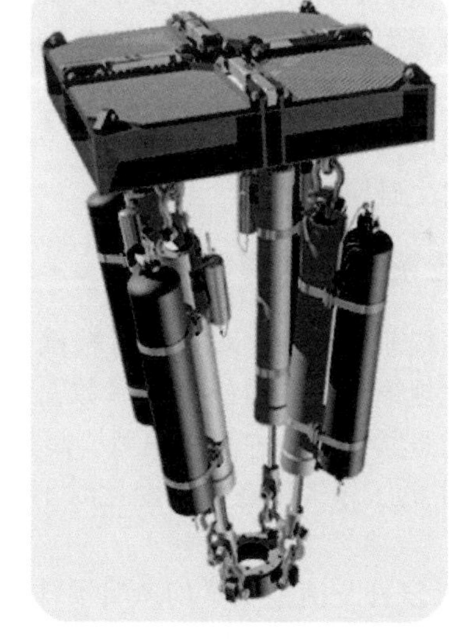

图3.26 直接作用式张紧器

张紧器液压缸承担了隔水管系统的重量，是隔水管张紧器实现张紧功能的主要结构，张紧力是通过液压缸活塞两端的压力差提供的。液压缸有杆端通过不同的阀及液压管线与蓄能器底部连接，为保证液压缸活塞端的压力稳定及防止液压缸腐蚀，液压缸无杆端与低压氮气瓶连接。蓄能器的作用是存储及转化钻井船升沉运动产生的能量、吸收压力冲击和维持系统压力稳定，犹如一个相对较软的液压空气弹簧。蓄能器上部与高压空气瓶连接，高压空气瓶的体积较大，可以保证张紧器在平台垂直和水平运动的情况下使隔水管柱的张力基本保持恒定。

3.4.1.2 张紧器工作原理

钢丝绳式张紧器和直接作用式张紧器的基本原理是相同的，典型的直接作用式张紧器（DAT）的工作原理示意图如图 3.27 所示。

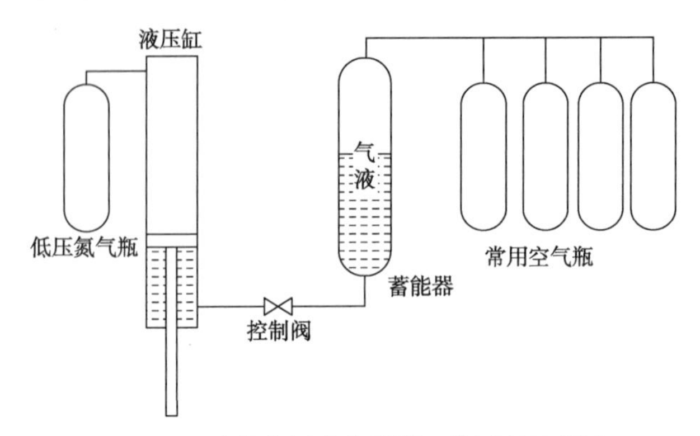

图 3.27　直接作用式张紧器工作原理示意图

当钻井操作在浮式钻井船上进行时，随着钻井船的升沉运动，张紧器活塞杆的伸出长度会发生变化。当钻井船相对海底向上运动或偏离时，液压缸将会伸长，有杆端的液压油会从液压缸流向蓄能器。反之，当钻井船相对海底向下运动时，液压缸将会收缩，液压油从蓄能器流向液压缸。隔水管张紧器的张紧系统是完全被动式的，如果保养良好，在钻井操作过程中不需要给予太多关注。在正常钻井操作时，隔水管张紧器要能够为深水隔水管提供所需的张紧力，以承担隔水管和钻井液的重量，防止隔水管出现弯曲变形；在隔水管紧急脱离时，张紧器的张紧力要能够降低到某个允许的数值，以防止隔水管反冲过程中与钻井平台或钻井船发生碰撞，造成严重的损失。

3.4.2 张紧器系统数学模型

隔水管张紧器系统非常复杂，对其进行精确建模和仿真有很大难度。张紧力大小及张紧力随活塞冲程变化规律是张紧器的主要参数，对影响张紧力大小的几个关键因素进行研究，建立直接作用式张紧器的一种简化模型，模型假设如下：

① 假设张紧器中的工作气体在状态变化时不与外界发生热交换，即工作气体符合绝热状态变化规律；

② 油液质量、活塞杆及活塞质量均忽略不计；

③ 不考虑管路流量损失，假设液压缸没有内、外泄漏；

④ 忽略张紧器中工作液体的可压缩性。

3.4.2.1 气体状态变化

由气体绝热变化规律，可得空气瓶中高压气体在任意时刻的压力计算公式

$$P_{ga}=\frac{P_{ga0}\times V_{ga0}^{n}}{V_{ga}^{n}} \tag{3.41}$$

式中，P_{ga0}是初始时刻高压气体压力；V_{ga0}是初始时刻高压气体体积；n 是气体常数。根据气体性质的不同，气体常数 n 取值在 1.0~1.4，通常取 1.4。

任意时刻高压气体体积 V_{ga}的计算如下所示

$$V_{ga} = V_{ga0} + A_r \times x_p \tag{3.42}$$

式中，A_r是活塞有杆端的面积；x_p是液压缸活塞相对缸体的位移，方向取向上为正。

同理可得低压氮气瓶中的氮气在任意时刻的压力计算公式

$$P_{gt} \frac{P_{gt0} \times V_{gt0}^n}{(V_{gt0} - A_p \times x_p)^n} \tag{3.43}$$

式中，P_{gt0}是初始时刻低压氮气气体压力；V_{gt0}是初始时刻低压氮气气体体积；A_p是活塞无杆端面积。

3.4.2.2 张紧系统压力损失

液体在等径直管中流动主要产生沿程压力损失，液体流经管道的弯头、突变截面及阀口时，主要产生局部压力损失。为防止隔水管紧急脱离后发生的反冲，液压缸和蓄能器之间的管线上安装有反冲控制阀。反冲控制阀的基本原理是在隔水管紧急脱离发生后，减小阀口开度，控制液压油流速。在正常张紧作业条件下，反冲控制阀的阀口开度较大，液体流经反冲控制阀时的局部压力损失可以忽略。

忽略管道弯头，将液压管线看作等径直管，则液压管线压降主要是沿程压力损失，可利用达西公式(Darcy-Weisbach)计算

$$\Delta P = f \times \frac{l}{d} \times \frac{\rho v^2}{2} \tag{3.44}$$

式中，f是达西摩擦系数；l为管线长度；d为管线直径；ρ是液体的密度；v是管内液体的平均流速。

达西摩擦系数f的计算与管内液体流动状态有关，计算液压管线压降，需首先根据雷诺数Re判断液体流动状态是层流还是紊流。当液体流动状态为层流时，$f=64/Re$；当液体流动状态为紊流时，f利用哈兰德(Haaland)给出的计算公式计算

$$\frac{1}{\sqrt{f}} = -1.81\lg\left[\frac{6.9}{Re} + \left(\frac{K}{3.7d}\right)^{1.11}\right] \tag{3.45}$$

式中，K为管道内径的当量粗糙度；d为管线直径。

张紧器液压缸的缸筒与活塞及活塞杆之间存在往复运动，它们之间的摩擦力特性对张紧力有很大影响。准确建立描述摩擦特性的数学模型，是分析液压缸摩擦力的关键。根据摩擦方程是否由微分方程描述，可将摩擦模型分为两大类：静态摩擦模型和动态摩擦模型。由于摩擦的强非线性因素，研究者通常考虑用比较简单的静态摩擦模型进行结构力学响应分析，如库伦摩擦模型、黏性摩擦模型和Stribeck模型等。

一种简化的计算液压缸摩擦力的数学模型为

$$F_f = \mu F_t \mathrm{sign}(-\dot{z}) \tag{3.46}$$

式中，μ为等效摩擦力系数；F_t为活塞两端的压力差，即张紧力；$\dot{z}$是活塞位移对时间的导数，当$\dot{z}$变号时，摩擦力方向发生变化。等效摩擦力系数μ需要通过对液压缸进行摩擦力测试确定。

3.4.2.3 张紧力及刚度计算

张紧力是通过液压缸活塞两端的压力差提供的。忽略液压缸内摩擦力及液压管线压降，

可得张紧器活塞上的张紧力计算公式

$$F_t = \frac{P_{ga0} \times V_{ga0}^n}{(V_{ga0} + A_r \times x_p)^n} A_r - \frac{P_{gt0} \times V_{gt0}^n}{(V_{gt0} - A_p \times x_p)^n A_p} \tag{3.47}$$

从式(3.47)可看出，张紧力 F_t 与活塞位移 x_p 的关系是非线性的。对式(3.47)在平衡点 $x_p = 0$ 处作泰勒展开，略去高次项，得到线性化的张紧力计算公式

$$F_t = (P_{ga0}A_r - P_{gt0}A_p) + \left(-\frac{nP_{ga0}A_r^2}{V_{ga0}} - \frac{nP_{gt0}A_p^2}{V_{gt0}}\right) \times x_p \tag{3.48}$$

利用式(3.48)，求活塞上张紧力 F_t 对活塞位移 x_p 的导数，可得到张紧器刚度计算公式

$$\frac{dF_t}{dx_p} = -\frac{nP_{ga0}V_{ga0}^n A_r^2}{(V_{ga0} + A_r x_p)^{n+1}} - \frac{nP_{gt0}V_{gt0}^n A_p^2}{(V_{gt0} - A_p x_p)^{n+1}} \tag{3.49}$$

为了更清楚看到张紧器刚度随活塞位移的变化规律，需要对式(3.49)进行简化。考虑到空气瓶中气体的体积和压力远大于低压氮气瓶气体的体积和压力，张紧器刚度可作如下近似

$$\frac{dF_t}{dx_p} \approx -\frac{nP_{ga0}V_{ga0}^n A_r^2}{(V_{ga0} + A_r x_p)^{n+1}} \approx -\frac{nP_{ga0}A_r^2}{V_{ga0} + A_r x_p} \tag{3.50}$$

从式(3.50)可以看出，①张紧器刚度大小与气体常数有关，气体常数取值增大，张紧器刚度增加；②空气瓶气体体积越大，张紧器刚度越小，且张紧器刚度随活塞位移变化的非线性越小；③在不同的活塞位置，张紧器刚度是不同的，张紧器刚度随着活塞位移的增大而减小。

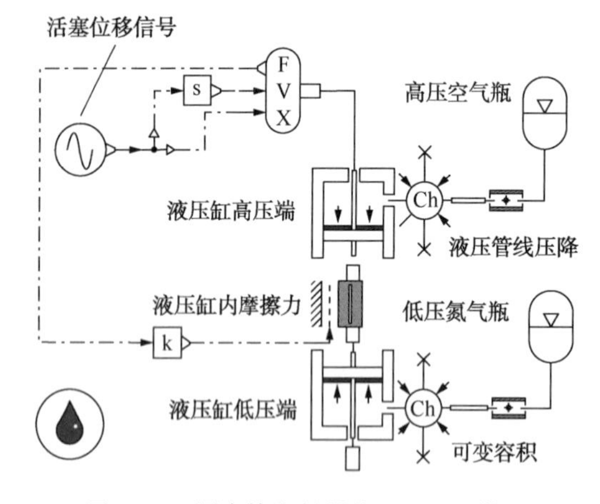

图 3.28　隔水管张紧器的 AMESim 模型

3.4.3　基于 AMESim 的张紧器系统建模与仿真

AMESim 软件是一款基于键合图的液压和机械系统建模及仿真分析软件，由于仿真和分析能力较强，在不同领域得到了广泛应用。本节以建立的张紧器数学模型为基础，基于 AMESim 分析软件搭建张紧器仿真模型，并以 MH 直接作用式张紧器为例设定系统参数，进行仿真分析。

3.4.3.1　AMESim 环境中张紧器建模方法

调用 AMESim 丰富的液压库、信号库和机械库等搭建隔水管张紧器系统模型，如图 3.28 所示。由图可知，AMESim 绘制的仿真模型和张紧器工作原理图是一致的，主要包括蓄能器、液压缸、液压缸摩擦力、活塞位移信号及液压管线压降等元件。AMESim 模型中每一个元件都必须关联一个数学模型，即子模型。本节在建立的张紧器数学模型基础上，为不同元件选择合适的子模型，确保了 AMESim 模型的准确性。

3.4.3.2 仿真分析

Aker Solutions 公司生产的 MH 直接作用式张紧器，张紧能力大，重量轻，在我国 HYSY981 钻井平台上得到了应用。本节以 MH 直接作用式张紧器为例，设定 AMESim 模型系统参数，研究不同结构参数对张紧器性能的影响。张紧系统参数如表 3.3 所示。

表 3.3 MH 张紧系统参数

参数名称	参数大小	参数名称	参数大小
液压缸活塞直径 D	560mm	低压氮气初始体积 V_{gt0}	2250L
液压缸活塞杆直径 d	230mm	高压气体初始体积 V_{ga0}	9380L
低压氮气初始压力 P_{gt0}	0.1MPa	液压缸冲程 l	15240mm
高压气体初始压力 P_{ga0}	11.2MPa		

取模型参数为 MH 直接作用式张紧器系统参数，分别基于张紧器数学模型和 AMESim 仿真模型，计算张紧力随活塞冲程变化规律如图 3.29 所示，计算张紧器工作气体压力随活塞位移变化曲线如图 3.30 所示。图 3.29 中，曲线 1 为基于 AMESim 仿真得到的张紧力随活塞冲程变化曲线，曲线 2 为根据式(3.47)计算得到的张紧力随活塞冲程线性变化的曲线，曲线 3 表示张紧力不随活塞冲程的变化而变化，是常量。

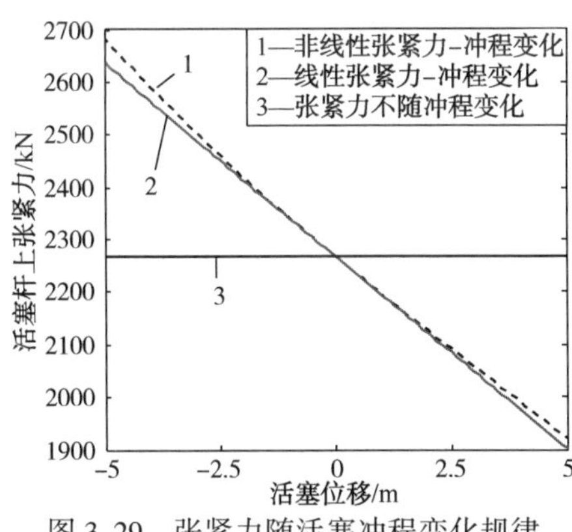

图 3.29 张紧力随活塞冲程变化规律

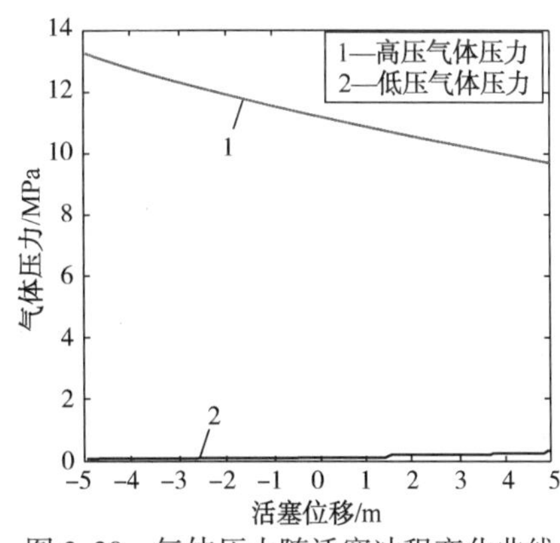

图 3.30 气体压力随活塞冲程变化曲线

从图 3.29 和图 3.30 可看出：①由于气体的压缩性，张紧力随活塞冲程变化是非线性的，但线性化的张紧力变化曲线与非线性变化曲线基本吻合。这是因为蓄能器和高压空气瓶能够存储及转化活塞位移产生的能量，增加张紧力的稳定性。②在张紧器活塞冲程范围内，高压气体压力远大于低压氮气压力，对张紧力变化起主要作用。

为分析高压气体体积对张紧力变化及张紧器刚度的影响，在液压缸活塞端输入斜坡信号，高压气体体积取不同值，保持其余参数不变，得到张紧力-冲程变化曲线如图 3.31 所示，不同高压气体体积下张紧器刚度随活塞冲程变化规律如图 3.32 所示。

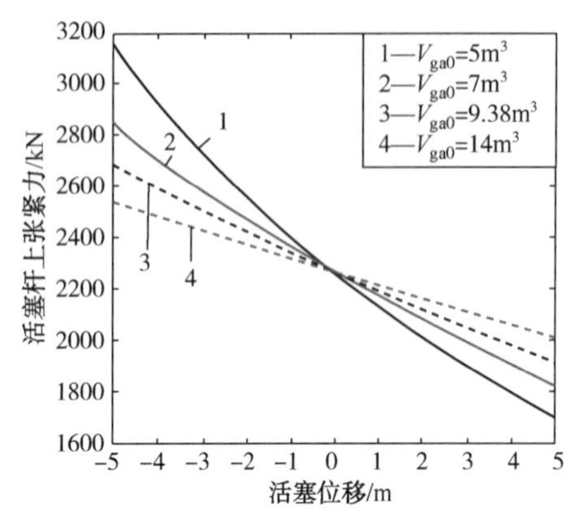

图 3.31　不同高压气体体积对张紧力变化影响

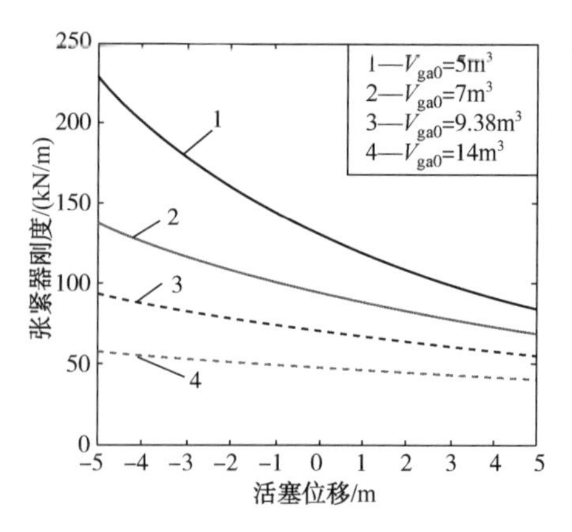

图 3.32　不同高压气体体积对张紧器刚度影响

从图 3.31 和图 3.32 可看出，①随着高压气体体积增大，张紧力随活塞冲程变化的非线性程度降低，张紧器刚度减小，张紧力稳定性提高。②不同高压气体体积对应的张紧力-冲程曲线都经过点(0，2268.8)，即高压气体体积对活塞零冲程位置的张紧力大小没有影响。这是因为随着高压气体体积增大，活塞冲程变化对张紧力影响减小，张紧器保持近似恒定的张紧力，但活塞零冲程位置的张紧力只与活塞两端的压力和活塞面积有关，与高压气体体积无关，故不同高压气体体积对应的张紧力-冲程曲线都经过点(0，2268.8)。

3.4.4　深水钻井隔水管反冲响应分析

3.4.4.1　钻井液内存问题分析

深水钻井作业中，隔水管紧急脱离发生时，操作人员没有充足时间来循环回收隔水管内钻井液。这种情况下，平台作业人员可以选择使隔水管内钻井液自由释放入海水，或者将隔水管内钻井液保留在隔水管内。内存钻井液的优点是可以避免钻井液的损失，同时减小钻井液对海水的污染。但内存钻井液增加了悬挂隔水管的重量，加剧了隔水管的轴向动态响应，可能导致隔水管失效。

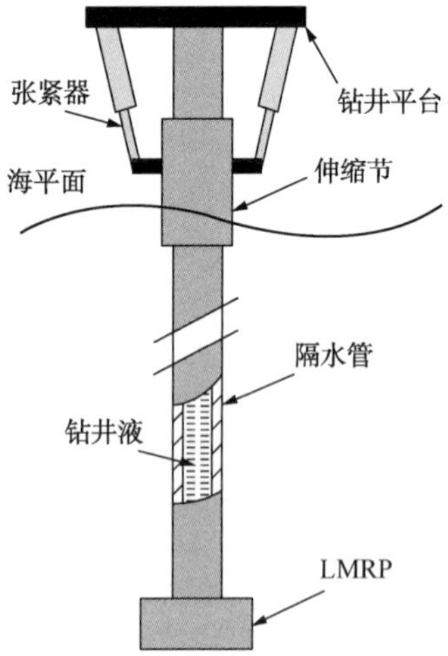

紧急脱离后隔水管悬挂在钻井平台上，隔水管内部充满钻井液，内存钻井液隔水管悬挂分析模型如图 3.33 所示。

图 3.33　内存钻井液隔水管悬挂示意图

内存钻井液隔水管在钻井船升沉运动激励下的轴向运动响应很复杂，涉及海水、隔水管及隔水管内钻井液等的相互作用。为简化计算，内存钻井液隔水管悬挂分析模型假设如下：①隔水管为均匀等截面弹性圆管，忽略隔水管的弯曲变形；隔水管内充满钻井液，钻井液为理想流体；②忽略钻井液与隔水管之间的液固耦合作用，钻井液对隔水管的作用只通过质量和惯性力体现。

在不考虑钻井液黏性的情况下，受振动载荷时，隔水管内钻井液满足一维纵向波动方程

$$\frac{\partial^2 p}{\partial t^2} = c_m^2 \frac{\partial^2 p}{\partial x^2} \tag{3.51}$$

$$c_m = \sqrt{K_m / \rho_m} \tag{3.52}$$

式中，c_m 为纵波在钻井液中的传递速度；K_m 为钻井液的体积弹性模量；ρ_m 为钻井液的密度。

钻井液液柱的共振周期为

$$T_m = \frac{4L_m}{(2n-1)c_m} \tag{3.53}$$

式中，n 为振动的阶次；T_m 为 n 阶共振周期。

钻井液体积弹性模量与钻井液组成和钻井液温度等有关，不同条件下的钻井液体积弹性模量是不同的。取钻井液体积弹性模量为1.38GPa，计算得到不同密度和液柱长度的隔水管内钻井液的共振周期如图3.34所示。

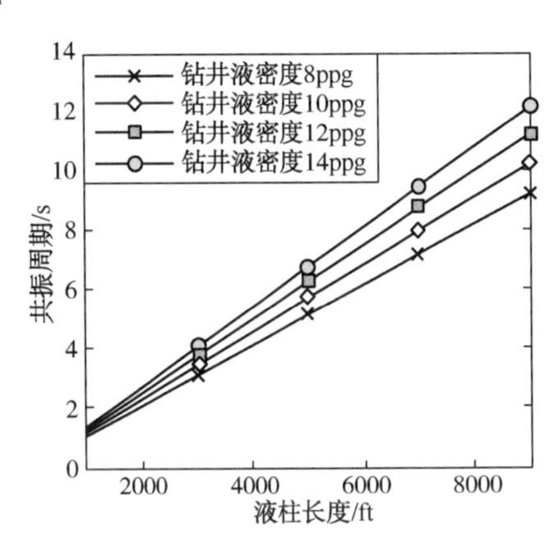

图3.34 不同密度和长度的隔水管内钻井液液柱共振周期

由图3.34可知，钻井液液柱共振周期随钻井液密度和液柱长度的增加而增大，且液柱长度越长，不同密度的钻井液液柱共振周期相差越大。由于我国南海深水钻井船升沉运动周期多为6~30s，随着钻井液液柱长度和密度的增大，隔水管内钻井液发生共振的可能性增加，严重影响隔水管悬挂作业安全。

为分析钻井液液动压力对隔水管纵向振动的影响，需要对式(3.51)进行求解。内存钻井液液柱的下边界为固定端，上边界为自由端，边界条件为

$$p(l, t) = 0, \quad \frac{\partial p}{\partial x}(0, t) = 0 \tag{3.54}$$

令 $p = P(x)e^{i\omega t}$，则管内钻井液液动压力为

$$\begin{cases} p = \sum\limits_{n=1,3,5}^{\infty} A_n \cos \dfrac{n\pi}{2L_m} x e^{i\omega t} \\ A_n = \dfrac{4\rho_m}{n\pi} \displaystyle\int_0^{L_m} \dfrac{d^2 u}{dt^2} \sin \dfrac{n\pi}{2L_m} x dx \end{cases} \quad n = 1, 3, 5, \cdots \tag{3.55}$$

式中，u 为钻井液液柱微元的轴向振动位移，为简化计算，假设钻井液液柱微元的轴向振动位移等于隔水管微元的轴向振动位移。

假设隔水管以任意振型 U_n 作频率为 ω_n 的简谐自由振动，从液体的动能原理出发，将式(3.55)求得的钻井液液动压力转换为相应的附加质量代入隔水管振动方程，则考虑钻井液附加液动压力的隔水管纵向振动方程为

$$EA_r \frac{d^2 U_n}{dx^2} + [\rho_m A_m + M_n(x)]\omega_n^2 U_n = 0 \tag{3.56}$$

式中，ω_n 为内存钻井液隔水管第 n 阶振型的自振圆频率；E 为隔水管材料的弹性模量；A_r

为隔水管壁的截面积；A_m为隔水管内截面面积；$M_n(x)$为钻井液的附加质量。$M_n(x)$的计算公式为

$$M_n(x)=\frac{4\rho_m A_m}{n\pi U_n}\left(\int_0^{L_m} U_n \sin\frac{n\pi}{2L_m}x\mathrm{d}x\right)\cos\frac{n\pi}{2L_m}x \tag{3.57}$$

分别定义

$$\begin{cases}\lambda^2=\dfrac{\rho_m A_m}{EA_r}\omega_n^2\\ \lambda_1^2=\dfrac{1}{\rho_m A_m}\lambda^2\\ m=p_n\cos\dfrac{n\pi}{2L_m}x\displaystyle\int_0^{L_m}U_n\sin\frac{n\pi}{2L_m}x\mathrm{d}x\\ p_n=\dfrac{4\rho_m A_m}{n\pi}\end{cases} \tag{3.58}$$

则式(3.56)简化为

$$\frac{\mathrm{d}^2U_n}{\mathrm{d}x^2}+\lambda^2U_n=-\lambda_1^2m \tag{3.59}$$

方程(3.59)的全解为

$$U_n=A_n\cos(\lambda x)+B_n\sin(\lambda x)+F_n(A_nI_n^{(1)}+B_nI_n^{(2)})\cos\frac{n\pi}{2L_m}x \tag{3.60}$$

式(3.60)中相关符号定义如下

$$\begin{cases}I_n^{(1)}=\displaystyle\int_0^{L_m}\cos(\lambda x)\sin\frac{n\pi}{2L_m}x\mathrm{d}x\\ I_n^{(2)}=\displaystyle\int_0^{L_m}\sin(\lambda x)\sin\frac{n\pi}{2L_m}x\mathrm{d}x\\ E_n=-\dfrac{\lambda_1^2p_n}{\lambda^2-\left(\dfrac{n\pi}{2L_m}\right)^2}\\ F_n=\dfrac{E_n}{1-\dfrac{L_m}{n\pi}E_n}\end{cases} \tag{3.61}$$

式(3.60)中，A_n、B_n由隔水管的边界条件条件确定，假设隔水管上边界固定，下边界为自由端，则有下式成立

$$\begin{pmatrix}-\lambda\sin(\lambda L_m)-\dfrac{n\pi}{2L_m}F_nI_n^{(1)} & 1+F_nI_n^{(1)}\\ \lambda\cos(\lambda L_m)-\dfrac{n\pi}{2L_m}F_nI_n^{(2)} & F_nI_n^{(2)}\end{pmatrix}\times\begin{pmatrix}A_n\\ B_n\end{pmatrix}=0 \tag{3.62}$$

若A_n和B_n有解，则系数行列式为0，即

$$\lambda\cos(\lambda L_m)+F\sin(\lambda L_m)-G=0 \tag{3.63}$$

式(3.63)中相关符号定义如下

$$
\begin{cases}
F = \dfrac{F_n I_n^{(2)}}{1 + F_n I_n^{(1)}} \\[2ex]
G = \dfrac{\dfrac{n\pi}{2L_{\mathrm{m}}} F_n I_n^{(2)}}{1 + F_n I_n^{(1)}}
\end{cases}
\tag{3.64}
$$

通过对式(3.63)的求解，可以求得内存钻井液隔水管纵向振动的多阶固有频率，进而求得隔水管纵向振动的多阶振型等。

采用解析方法对内存钻井液隔水管进行分析，计算难度大、工作量烦琐，并且将隔水管作为均匀等截面弹性圆管的假设，忽略了不同隔水管单根的建模，使得考虑因素不够全面，分析结果不够准确。为提高计算精度，准确对隔水管单根进行建模，同时降低计算量，基于 ANSYS 有限元分析软件对内存钻井液的隔水管进行悬挂分析。隔水管系统参数见表3.4，隔水管系统配置见表3.5，取钻井液密度 1797.5kg/m^3，隔水管长度 1500m，忽略钻井液的黏性和可压缩性，假设钻井液质量作用在隔水管底部，利用集中质量单元 MASS21 对隔水管内钻井液进行建模。隔水管系统有限元模型采用浸没管单元 PIPE59 建立，得到 ANSYS 中的内存钻井液隔水管悬挂分析有限元模型如图3.35和图3.36所示。

表3.4 隔水管系统单根参数

名称	外径/壁厚/in	长度/ft	材料	干重/kg
隔水管单根 I	21/1	75	X-80	15506
隔水管单根 II	21/0.9375	75	X-80	15141
隔水管单根 III	21/0.875	75	X-80	14728
隔水管单根 IV	21/0.75	75	X-80	13959

表3.5 隔水管系统配置

隔水管部件名称	数量	外径/m	壁厚/m	长度/m
伸缩节	1	0.6604	0.0254	29.38
浮力单根 1	4	0.5334	0.0254	22.86
浮力单根 2	26	0.5334	0.0238	22.86
浮力单根 3	33	0.5334	0.0222	22.86
LMRP	1	0.9144	0.0508	5.34

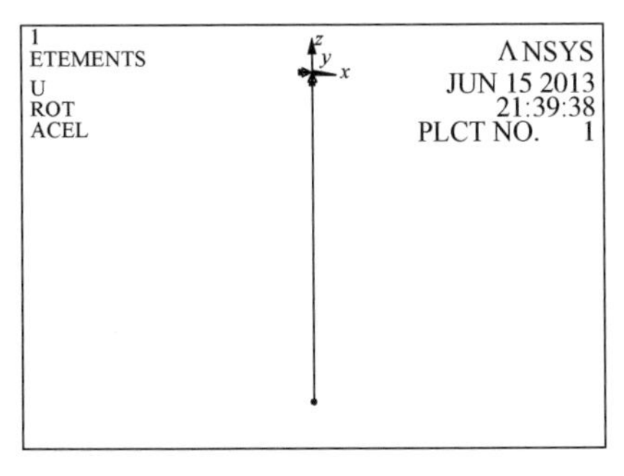

图3.35 内存钻井液隔水管悬挂分析有限元模型

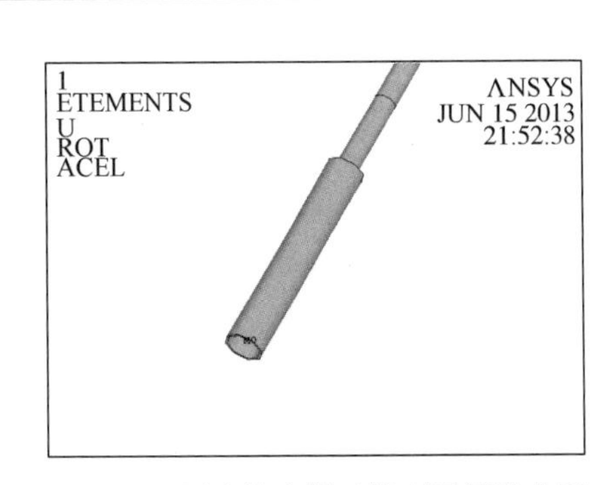

图3.36 隔水管有限元模型局部放大图

悬挂状态下，内存钻井液隔水管与钻井平台一起作垂直方向上的升沉运动，当隔水管固有频率与钻井平台升沉运动频率接近时，可能导致隔水管共振，损坏隔水管。因此，应对内存钻井液隔水管进行模态分析，得到内存钻井液隔水管轴向振动多阶固有频率，用于指导隔水管悬挂作业，降低悬挂作业时隔水管发生共振的风险。为研究内存钻井液对隔水管固有振动特性的影响，分别计算了隔水管内充满钻井液和隔水管内充满海水两种情况下的隔水管固有频率，结果参见表 3.6。

表 3.6 悬挂隔水管固有频率分析

模态阶次	模态频率/Hz	
	隔水管内充满海水	隔水管内存钻井液
1	0.4216	0.3228
2	1.2668	1.0791
3	2.1271	1.9405
4	2.9983	2.8346
5	3.8805	3.7379

由表 3.6 可知，隔水管内充满海水时的一阶模态频率为 0.4216Hz，相应的模态周期为 2.3719s；隔水管内充满钻井液时的一阶模态频率为 0.3228Hz，相应的模态周期为 3.0979s，即内存钻井液降低了悬挂隔水管的固有频率，增大了悬挂隔水管的共振周期。在实际作业过程中，波浪的周期区间大多在 6s 以上，当隔水管长度增加、内存钻井液质量增大时，内存钻井液隔水管的固有频率落入波浪激发频率的可能性增加，隔水管有可能发生共振并失效。

分别计算悬挂模式下，隔水管内充满海水和隔水管内充满钻井液两种情况下的隔水管轴向位移包络线如图 3.37 所示，轴向振动范围如图 3.38 所示。

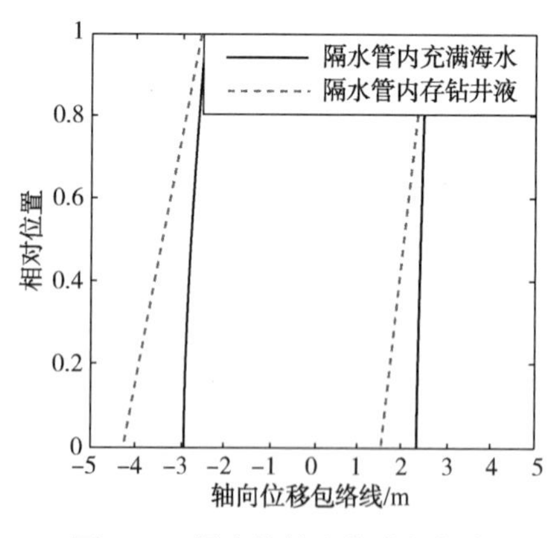

图 3.37 隔水管轴向位移包络线

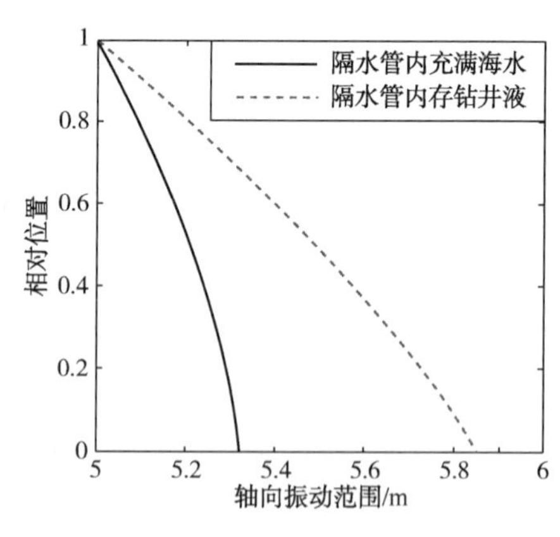

图 3.38 隔水管轴向振动范围

由图 3.37 和图 3.38 可知，自上而下，隔水管顶部运动在传递过程中被逐步放大，隔水管的轴向振动幅值逐渐增大。隔水管内存钻井液和隔水管内充满海水两种悬挂模式下，隔水管底部振动幅度相对于顶部响应的放大率分别为 1.17 和 1.06。相同边界条件下，内存钻井液隔水管的轴向位移包络线比隔水管内充满海水时变宽，轴向振动的放大效应也更严重，即内存钻井液隔水管更容易受到轴向振动的影响。

分别计算悬挂模式下，隔水管内充满海水和隔水管内充满钻井液两种情况下的隔水管有效张力包络线如图 3. 39 所示，张力波动范围如图 3. 40 所示。

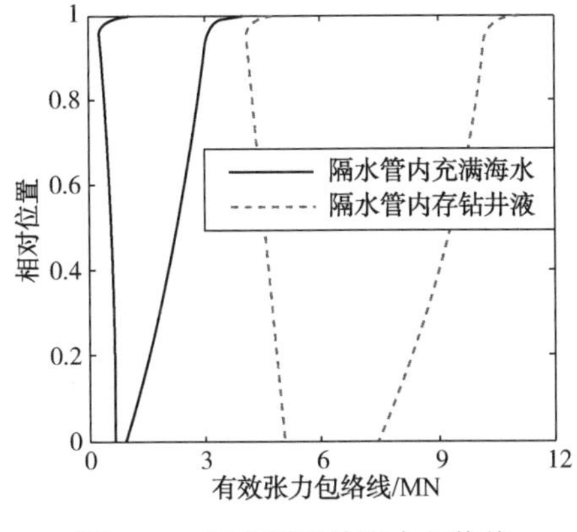

图 3. 39 隔水管有效张力包络线

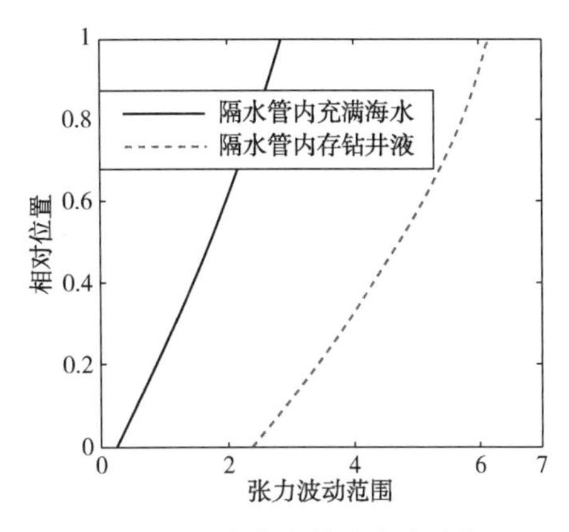

图 3. 40 隔水管有效张力波动范围

由图 3. 39 和图 3. 40 可知，自上而下，隔水管最大有效张力减小，最小有效张力增大，张力波动范围逐步减小，隔水管最大张力出现在隔水管顶部，最小张力出现在隔水管单根与伸缩节连接处。隔水管内充满钻井液时，隔水管最小张力和最大张力均增大，隔水管有效张力波动范围增大，这是由于内存钻井液增加了隔水管的惯性载荷造成的。分析表明，内存钻井液降低了隔水管动态压缩的风险，却增大了隔水管出现极端张力的风险，内存钻井液隔水管轴向张力波动加剧，轴向性能变差。

综上所述，内存钻井液对于隔水管悬挂作业有利有弊。隔水管紧急脱离后，内存钻井液的缺点是降低了悬挂隔水管的固有频率，增大了隔水管发生共振的可能性，同时增大了隔水管轴向振动范围和张力波动幅度，加剧了隔水管的轴向振动响应。内存钻井液的优点是避免损失钻井液，减小钻井液对海水的污染，同时降低了隔水管动态压缩的风险。隔水管紧急脱离后能否进行内存钻井液操作，应针对具体环境条件，通过对悬挂隔水管系统进行响应分析，计算隔水管悬挂作业窗口来确定。

3. 4. 4. 2 钻井液释放问题研究

内存钻井液加剧了深水钻井隔水管的轴向振动响应，有可能导致隔水管失效。隔水管紧急脱离后，如果内存钻井液操作不可行，则需要将钻井液释放入海水。隔水管内钻井液的密度通常情况下比隔水管外海水密度大很多，在隔水管底部，隔水管外海水和隔水管内钻井液之间存在较大压力差。LMRP 与 BOP 脱离后，隔水管内钻井液失去支撑，钻井液从隔水管内释放入海水。钻井液释放时作用在隔水管上的摩擦力对隔水管反冲响应有重要影响。

假设隔水管是等截面圆直管，将隔水管内钻井液看作整体液柱进行分析，研究钻井液液柱在隔水管内外压差作用下的释放规律，忽略钻井液内部分子之间的相互作用和变形，建立钻井液释放过程中液柱受力模型如图 3. 41 所示。

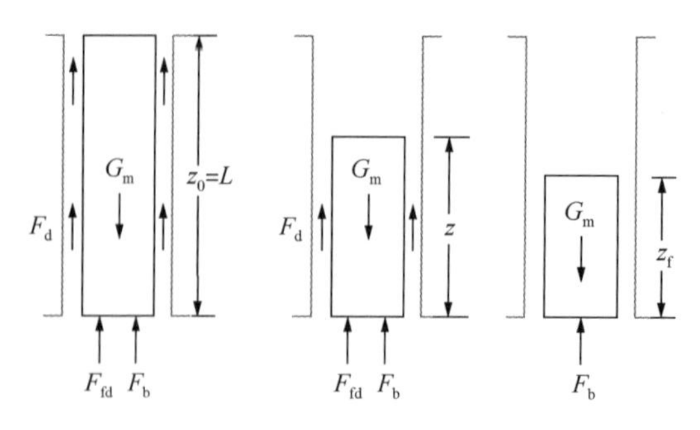

图 3.41　钻井液液柱受力分析模型

紧急脱离前隔水管内充满钻井液，$t=0$ 时 LMRP 与 BOP 脱离，钻井液开始释放入海水，经过一段时间流动后，隔水管底部内外压力差为 0，钻井液液柱受力平衡，钻井液流动停止。图 3.41 中，G_m为钻井液液柱重力；F_d为液柱与隔水管之间摩擦力；F_{fd}为液柱底部受到的压差阻力，也称为形状阻力；F_b为液柱底部受到的海水压力。

钻井液在隔水管中释放时的压力降为

$$\Delta P_f = \lambda \times \frac{l}{d} \times \frac{\rho v^2}{2} \tag{3.65}$$

式中，ΔP_f表示钻井液释放产生的压力降；l 为隔水管长度；λ 是达西摩擦系数；d 为隔水管直径；v 是隔水管内钻井液的平均流速；ρ 是钻井液密度。达西摩擦系数 λ 的计算与钻井液流动状态有关，计算液压管线压降，需首先根据雷诺数 Re 判断液体流动状态是层流还是紊流。

非牛顿流体在管道中流动的雷诺数 Re 的计算为

$$Re = \frac{8^{1-n'}\rho D^{n'} V^{2-n'}}{K'_p} \tag{3.66}$$

假设隔水管内钻井液为幂律流体，则有下式成立

$$\begin{cases} n' = n \\ K'_p = K\left(\dfrac{3n+1}{4n}\right)^n \end{cases} \tag{3.67}$$

将式(3.66)代入式(3.67)，得到钻井液在隔水管中释放时的雷诺数计算公式

$$Re = \frac{8^{1-n}\rho D^n V^{2-n}}{K\left(\dfrac{3n+1}{4n}\right)^n} \tag{3.68}$$

式中，n 为流体行为指数；K 为稠度系数。取 $n=0.50$，$K=0.13$。

目前普遍利用临界雷诺数确定非牛顿流体的层流与紊流分区，但临界雷诺数的数值目前尚无公认标准。有的学者沿用牛顿流体中的 2100 作为临界值；1959 年，道奇(Dodge)和密兹纳(Metzner)提出非牛顿流体的临界雷诺数不是定值，是随 n'值下降而上升的。当 n'接近 1 时，临界雷诺数为 2100；当 $n'=0.38$ 时，临界雷诺数升至 3100。本节取临界雷诺数为 3000。

当钻井液流动状态分别为层流和紊流时，达西摩擦系数 λ 的计算公式分别为

$$\lambda = \frac{64}{Re} \tag{3.69}$$

$$\lambda = \frac{4a}{Re^b} \tag{3.70}$$

式中，a，b 是与液体流动特性有关的系数，取 $a=0.0712$，$b=0.3070$。

钻井液释放时受到的压差阻力与钻井液液柱横截面积、钻井液释放速度等有关。利用式(3.71)计算钻井液进入海水时受到的压差阻力为

$$F_{\mathrm{fd}} = C_{\mathrm{x}} S \frac{\rho_{\mathrm{w}} v^2}{2} \tag{3.71}$$

式中，C_{x}为压差阻力系数；S 为钻井液液柱横截面积；ρ_{w} 为海水密度。

根据图 3.41 建立的钻井液释放问题分析模型，通过对钻井液摩擦力和压差阻力的分析，得到钻井液液柱释放时的受力平衡方程为

$$\rho_{\mathrm{m}}(l_{\mathrm{m}} - z)g - \rho_{\mathrm{w}} h_{\mathrm{w}} g \Delta P_{\mathrm{f}} - C_{\mathrm{x}} \frac{\rho_{\mathrm{w}} v^2}{2} = \rho_{\mathrm{m}}(l_{\mathrm{m}} - z)\ddot{z} \tag{3.72}$$

式中，l_{m} 为隔水管长度；z 为钻井液下泄位移，方向向下为正；$\ddot{z}$ 为钻井液下泄加速度。

基于 Matlab/Simulink 软件，采用相应的系统模块，建立上述方程的仿真模型。取海水密度 1025kg/m^3，钻井液密度 1797.5kg/m^3，隔水管长度 1500m，利用 MATLAB 计算得到钻井液液柱高度及钻井液作用在隔水管上摩擦力随时间变化规律如图 3.42 所示，钻井液释放速度随时间变化规律如图 3.43 所示。

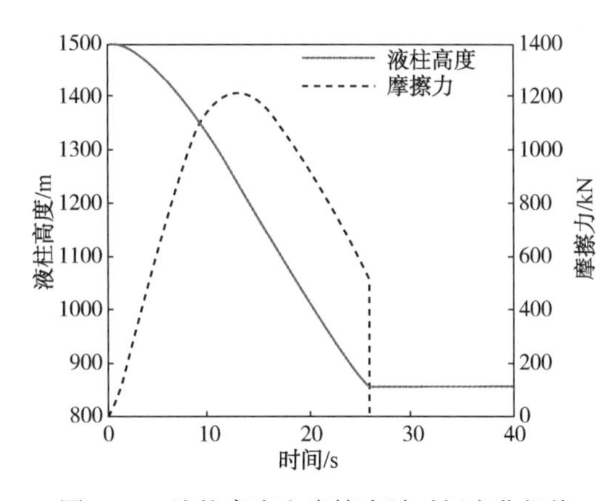

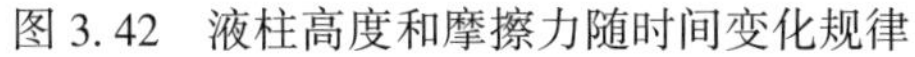

图 3.42 液柱高度和摩擦力随时间变化规律

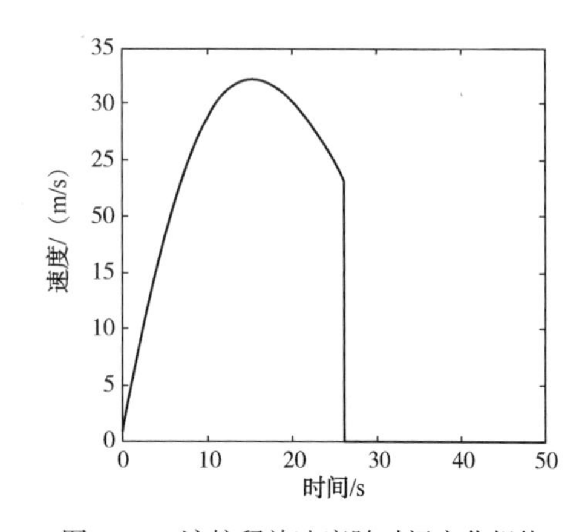

图 3.43 液柱释放速度随时间变化规律

由图 3.42 和图 3.43 可知，隔水管紧急脱离后，钻井液迅速释放，经过 5s 左右速度达到 15m/s 左右，紧急脱离约 26s 后，钻井液液柱高度降低为 855m，隔水管底部内外压差平衡，隔水管内钻井液流动停止。实际上，由于钻井液的惯性作用，钻井液液柱高度降低至 855m 时，钻井液液柱的下降速度和钻井液摩擦力并不等于 0，且在分析时忽略了钻井液的惯性作用。钻井液释放过程中，摩擦力最大为 1220kN，约为钻井液总重量(5900kN)的 20%。由此可见，钻井液摩擦力对隔水管系统反冲响应有重要影响，必须给予考虑。

为防止隔水管发生挤毁，超深水钻井隔水管系统往往配置填充阀。为分析安装填充阀对钻井液释放的影响，分别计算隔水管安装填充阀和不安装填充阀两种情况下的钻井液释放规律如图 3.44 和图 3.45 所示。

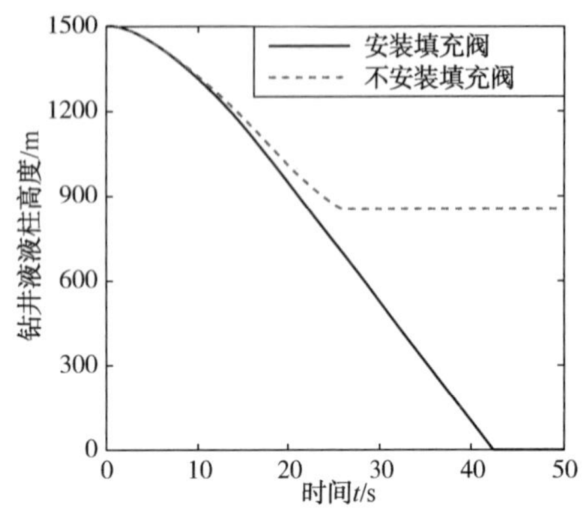

图 3.44　钻井液液柱长度随时间变化规律

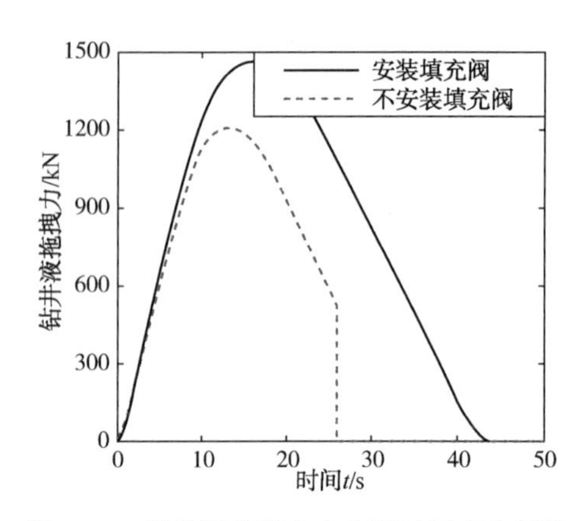

图 3.45　钻井液摩擦力大小随时间变化规律

图 3.45 中，实线表示隔水管安装填充阀时的分析结果，虚线表示隔水管不安装填充阀时的分析结果。由图 3.44 可知，当隔水管不安装填充阀时，钻井液部分释放，紧急脱离发生 26s 后，钻井液液柱高度下降到 855m，钻井液液柱产生的静水压力与隔水管外海水压力达到平衡，隔水管底部内外压差为 0，钻井液停止流动。当隔水管安装填充阀时，隔水管内钻井液将完全释放入海水。由图 3.45 可知，与不安装填充阀相比，隔水管安装填充阀时，钻井液作用在隔水管上的摩擦力更大，作用时间更长。

为分析钻井液密度对钻井液释放问题的影响，分别计算不同钻井液密度条件下的钻井液释放分析结果如图 3.46~图 3.48 所示。

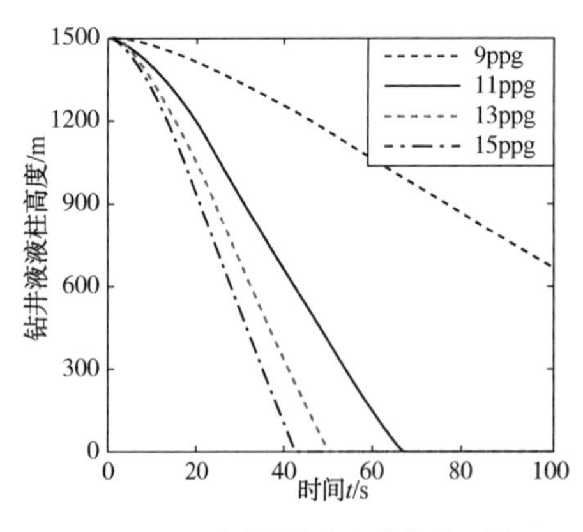

图 3.46　不同钻井液密度条件下的钻井液液柱位移曲线

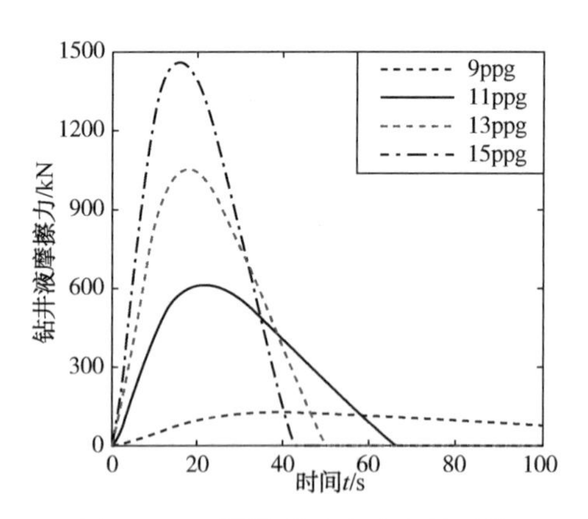

图 3.47　不同钻井液密度条件下的钻井液摩擦力曲线

由图 3.48 可知，钻井液密度对钻井液释放结果有重要影响。随着钻井液密度增加，钻井液完全释放所需时间减小，钻井液摩擦力增大，钻井液下泄速度也增大。当钻井液密度与海水密度相差不大时，钻井液下泄速度较小，钻井液完全释放所需时间较长。

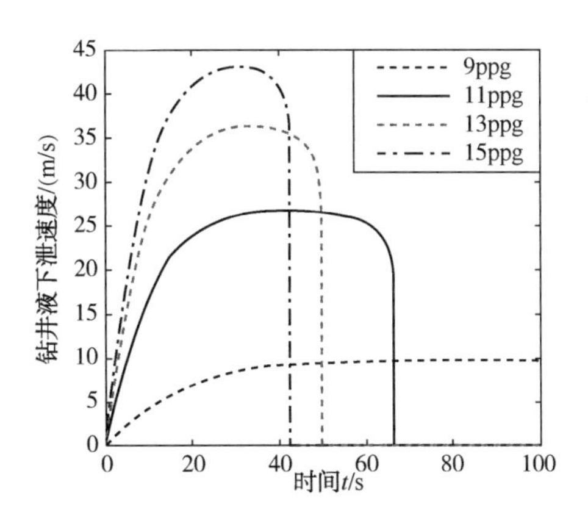

图 3.48 不同钻井液密度条件下的钻井液下泄速度曲线

为分析隔水管长度对钻井液释放问题的影响，分别计算不同隔水管长度条件下的钻井液释放分析结果如图 3.49~图 3.51 所示。

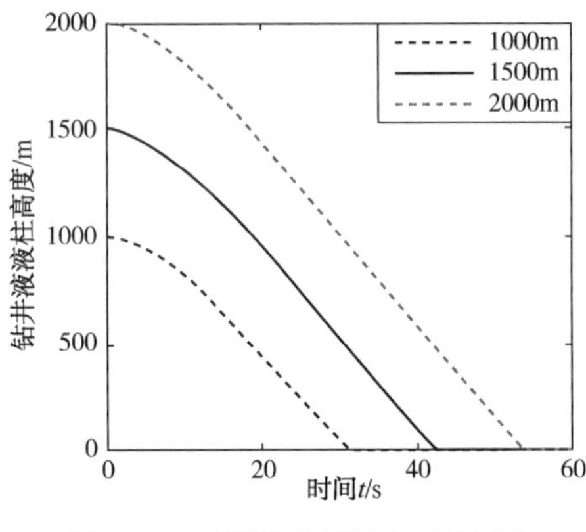

图 3.49 不同隔水管长度条件下的钻井液下泄位移曲线

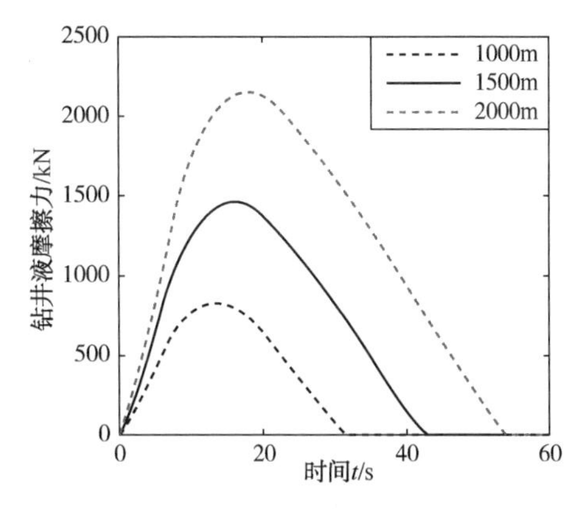

图 3.50 不同隔水管长度条件下的钻井液摩擦力曲线

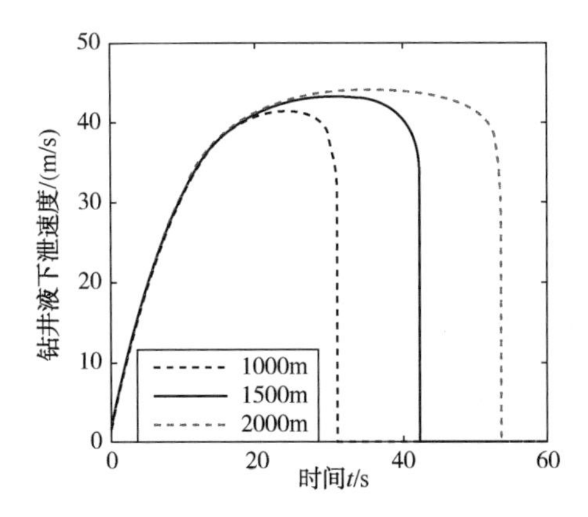

图 3.51 不同隔水管长度条件下的钻井液下泄速度曲线

由图 3.51 可知，隔水管长度对钻井液释放结果有重要影响。相同钻井液密度条件下，不同隔水管长度的钻井液释放规律是相同的，随着隔水管长度增加，钻井液完全释放所需时间增加，钻井液摩擦力变大，钻井液最大释放速度也增大。

3.4.4.3 隔水管挤毁问题分析

紧急脱离作业中，操作规范通常要求将隔水管内钻井液释放入海水，因为研究表明，隔水管内存在钻井液会加剧隔水管的轴向动态响应，严重时可引起隔水管的毁坏。但隔水管释放钻井液也会带来一些问题，一方面，钻井液释放入海水后，由于 U 形管效应，隔水管内外压差增大，如不能及时建立新的平衡，隔水管有可能发生挤毁；另一方面，大量钻井液快速下泄，形成负水锤效应，也会引起隔水管挤毁。为了保证深水钻井隔水管作业安全，有必要对紧急脱离作业中隔水管的挤毁问题进行研究。

当隔水管内外压差超出隔水管临界挤毁压力时，可能发生隔水管挤毁。造成隔水管内外压差增大的原因有以下两个：钻井液大量流失导致的 U 形管效应和钻井液快速释放导致的负水击效应。

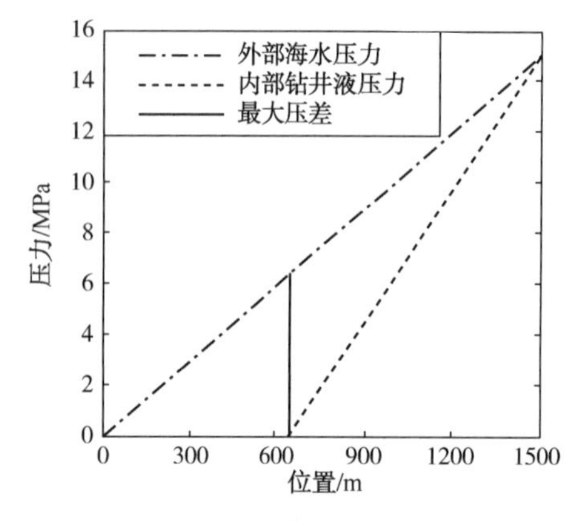

图 3.52　U 形管效应导致的压力分布

隔水管紧急脱离后，隔水管内钻井液下泄入海水时的流动规律符合 U 形管效应原理，当隔水管底部内外压差为 0 时，钻井液流动停止。隔水管内钻井液释放后，隔水管内压力减小，隔水管受到外部海水静液压力的作用，有可能发生挤毁。假设隔水管长度 1500m，隔水管内钻井液密度 1797.5kg/m^3，隔水管不安装填充阀。分别计算 U 形管效应下隔水管外海水压力和隔水管内钻井液压力沿隔水管长度方向分布曲线如图 3.52 所示

由图 3.52 可知，紧急脱离完成后，隔水管内钻井液部分释放，在隔水管底部，钻井液液柱产生的静水压力与隔水管外海水压力相等。隔水管内外最大压差出现在隔水管距海面 645m 处，最大压差约为 6.47MPa。

水击效应是管道设计、液压传动、水力机械和流体工程等不可忽视的重要问题之一，水击产生的内在原因是液体的可压缩性和惯性。隔水管在紧急脱离作业时，钻井液液柱底部突然失去支撑，钻井液快速泄放到海水中，其流速发生了急剧的变化，形成负水击效应，引起压强急剧减小，可能造成隔水管挤毁。忽略隔水管的弯曲变形，假设隔水管为等截面直管，隔水管紧急脱离发生后，隔水管内钻井液向下流动，任取管路内一微元段为研究对象，设断面 1 和 2 的位置坐标分别为 z 和 $z+\Delta z$，在任意时段 Δt 内进行分析(图 3.53)。

根据等截面管道液体流动的质量守恒和动量守恒定律，分别得到隔水管内钻井液运动的连续性方程(3.73)和运动方程(3.74)

$$v\frac{\partial h}{\partial z}+\frac{\partial h}{\partial t}+\frac{c^2}{g}\frac{\partial v}{\partial z}=0 \tag{3.73}$$

$$g\frac{\partial h}{\partial z}+v\frac{\partial v}{\partial z}+\frac{\partial v}{\partial t}+\frac{\lambda}{2D}v|v|=0 \tag{3.74}$$

式中，v 为钻井液下泄速度；h 为钻井液能量水头；c 为水击波传播速度；g 为重力加速度，9.8m/s^2；λ 为摩阻系数，无因次。

水击现象产生的压力会以压力波的形式沿钻井液和隔水管传播，水击波速定义了水击压力波在钻井液和隔水管中的传播速度，水击波速大小主要与压力水管直径、管壁厚度、管壁材料弹性模量和液体体积模量有关。根据目前广泛应用的水击波速计算公式得到钻井液下泄时产生的水击波的传播速度为

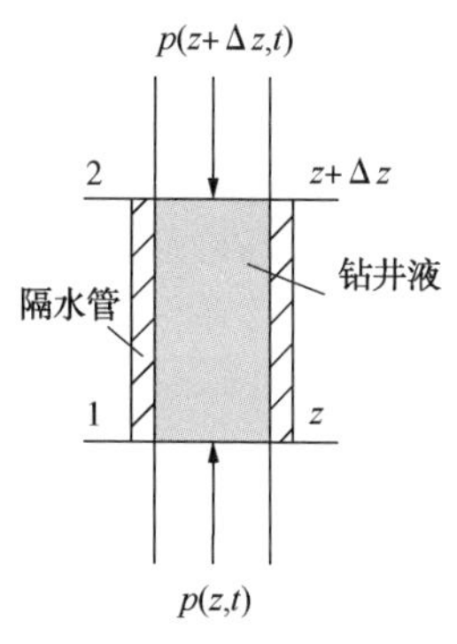

图 3.53 钻井液液柱微元

$$c=\frac{\sqrt{\frac{K}{\rho}}}{\sqrt{1+\frac{KD}{E\delta}}} \tag{3.75}$$

式中，K 为钻井液的体积弹性模量；ρ 为钻井液密度；D 为隔水管内径；E 为隔水管弹性模量；δ 为隔水管管壁厚度，m。取钻井液体积弹性模量为 1.38GPa，钻井液密度 1797.5kg/m^3(15ppg)，隔水管直径 0.5334m，隔水管壁厚 0.0254m，隔水管弹性模量 201GPa，代入式(3.75)计算得到水击波在钻井液中的传播速度为 819.14m/s

水击波沿隔水管柱往返一次所需时间称为“相”，在隔水管中往返两次传播所需的时间定义为水击波的周期

$$T_h=\frac{4L_m}{c} \tag{3.76}$$

假设阀门关闭或开启时间为 T_e。当 $T_e<T_h$ 时，称为直接水击，当 $T_e>T_h$ 时，称为间接水击。直接水击产生的压强值比间接水击大很多，危害也更大。假设隔水管长度 1500m，隔水管内钻井液密度为 1797.5kg/m^3(15ppg)，则利用式(3.76)计算的水击波周期为 7.32s。假设隔水管紧急脱离时，隔水管底部突然开放，隔水管内钻井液压力变化为直接水击，水击压力

$$\Delta p_h=\rho_m c(v_0-v) \tag{3.77}$$

式中，v_0 和 v 分别为隔水管紧急脱离前和隔水管紧急脱离后钻井液流速。隔水管紧急脱开瞬时，钻井液向海水中的释放速度为

$$(\rho_m-\rho_w)hg\times S\Delta t=\rho_m cv\times S\Delta t \tag{3.78}$$

式中，h 为钻井液液柱长度；S 为液柱横截面积。

将式(3.78)代入式(3.77)求得水击效应引起的压强变化为

$$\Delta P_h=(\rho_m-\rho_w)hg \tag{3.79}$$

由式(3.79)可知，水击效应引起的压强值等于隔水管底部内外压差。随着压强 ΔP_h 沿隔水管长度传播，隔水管发生挤毁的可能性增加。

假设隔水管长度 1500m，隔水管内钻井液密度 1797.5kg/m^3。分别计算水击效应下隔水管外海水压力和隔水管内钻井液压力沿隔水管长度方向分布曲线如图 3.54 所示。

由图 3.54 可知，水击效应下的压力分布与 U 形管效应下的压力分布规律相同。与 U 形管效应不同的是，水击效应导致的压力分布在钻井液释放后的短时间内出现，而 U 形管效应则是出现在钻井液释放完成后。隔水管紧急脱离瞬时，隔水管底部钻井液压力由

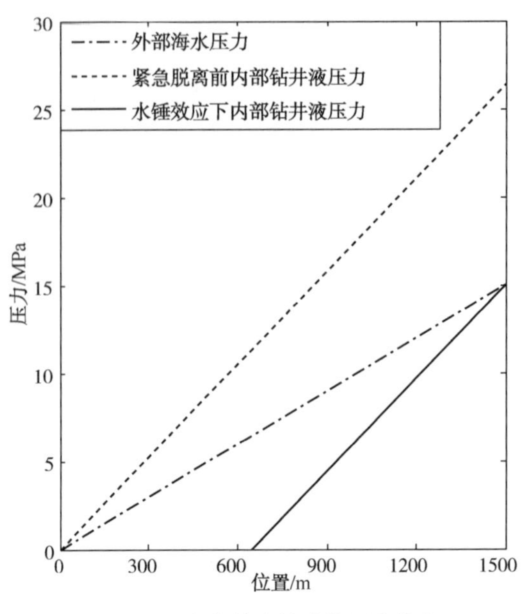

图 3.54 水击效应导致的压力分布

26.42MPa 迅速减小为 15.07MPa，并产生一个负 11.35MPa 的压力波沿隔水管向上传播。负的水击压力波经过时，钻井液压力降低，在距海面 645m 处，钻井液压力降低为 0，钻井液内出现气泡，液柱产生分离。隔水管内外最大压差出现在隔水管距海面 645m 处，最大压差约为 6.47MPa。

挤毁也称压溃，指隔水管在外压力下失稳、发生变形或压扁的失效过程。当隔水管外部静水压力大于内部钻井液液体压力，且二者压差达到隔水管的临界挤毁压力时，隔水管就可能发生挤毁。由于隔水管壁厚/半径值较小、长度/直径值较大，隔水管挤毁主要受弹性屈曲控制。隔水管内钻井液下泄后，隔水管内被抽成真空，隔水管主要承受外部挤压载荷，隔水管临界挤毁压力为

$$p_{\mathrm{r}}=c_{\mathrm{m}}c_{\mathrm{g}}\frac{2E}{1-\gamma^{2}}\left(\frac{t}{D}\right)^{3} \tag{3.80}$$

式中，p_{r} 为隔水管临界挤毁压力；c_{m} 为载荷与材料不确定系数，取 0.85；c_{g} 为几何缺陷系数，取 0.88；E 为隔水管材料弹性模量；γ 为材料泊松比；t 为隔水管壁厚；D 为隔水管外径。

分别计算不同外径和不同壁厚条件下的隔水管临界挤毁压力如图 3.55 所示。

由图 3.55 可知，隔水管临界挤毁压力随着壁厚增加而增加，随着直径增加而减小。隔水管壁厚对隔水管临界挤毁压力影响非常大，对于直径为 0.5334m 的隔水管，壁厚从 12.7mm 增加到 25.4mm 时，隔水管临界挤毁压力由 4.66MPa 增加到 37.28MPa，将临界挤毁压力等效为海水深度，则隔水管挤毁水深增加了 3200m。

通过隔水管内外压差和临界挤毁压力分析，分别计算隔水管临界挤毁压力和隔水管内外最大压差后，即可对紧急脱离后的隔水管进行挤毁强度校核。需要指出的是，U 形管效应和水击效应导致的隔水管最大内外压差出现的位置相同，大小相等，但二者有本质区别。

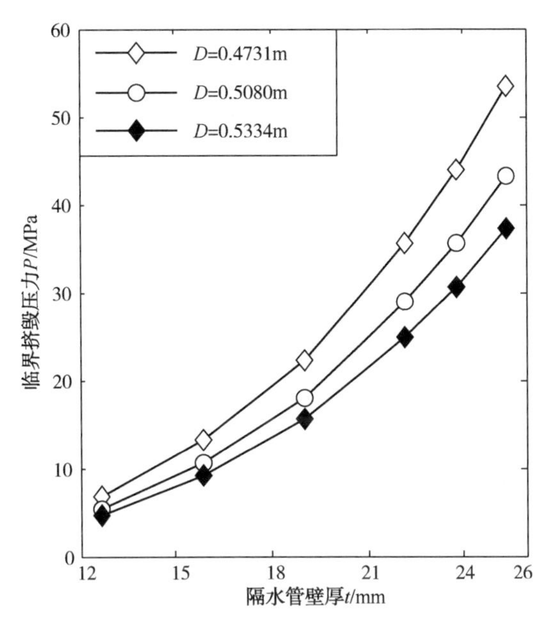

图 3.55　不同壁厚、直径的隔水管临界挤毁压力

U 形管效应导致的最大内外压差出现在钻井液释放完成后，通过安装填充阀，允许海水进入隔水管，调节内外压差，可以避免隔水管挤毁。水击效应导致的隔水管最大内外压差出现在钻井液释放后的瞬时，填充阀处于关闭状态，不能避免隔水管挤毁。

3.4.4.4　基于 ANSYS 的隔水管反冲响应分析

基于 ANSYS 有限元软件对隔水管反冲响应进行分析时，张紧器的建模方法和钻井液释放问题的分析是主要难点。在张紧器建模方面，利用非线性弹簧单元 COMBIN39 模拟张紧器，单元的力-变形曲线根据张紧力-冲程变化规律进行定义。在钻井液释放问题方面，ANSYS 有采用表载荷法、利用函数工具法和定义多载荷步法三种方法定义随时间变化的载荷。采用表载荷法定义钻井液摩擦力，将得到的钻井液摩擦力定义为表载荷 F_d，并在隔水管 ANSYS 模型底部施加该表载荷 F_d。

在隔水管系统建模方面，利用浸没管单元 PIPE59 建立隔水管系统自 LMRP 至伸缩节外筒的有限元模型。PIPE59 单元可以承受张力、压力、扭矩和弯矩，适合对隔水管结构进行建模。钻井船升沉运动以动边界形式施加于弹簧单元，利用时域有限元方法进行隔水管反冲响应分析。分析初始阶段隔水管底部采用固支约束，模拟隔水管底部与井口连接的情况，在某个时刻删除隔水管底部固定约束，模拟 LMRP 与 BOP 实现紧急脱离，隔水管在张紧力作用下反冲。以 1500m 水深钻井隔水管为例进行隔水管反冲响应的计算，隔水管系统参数见表 3.4，隔水管系统配置见表 3.5。隔水管内钻井液的密度为 1797.5kg/m^3(15ppg)；钻井船升沉运动幅值 10m，周期 10s；零冲程位置张紧器系统提供的顶部张紧力为 3.24×10^6N，张紧器系统刚度为 50kN/m。

根据给出的隔水管系统配置及钻井液密度、张紧力大小等参数，建立隔水管反冲响应分析模型，计算得到紧急脱离时刻与钻井船升沉运动相位差分别为 0°、90°、180°和 270°条件下的隔水管顶部位移响应曲线如图 3.56 所示，伸缩节冲程变化曲线如图 3.57 所示。

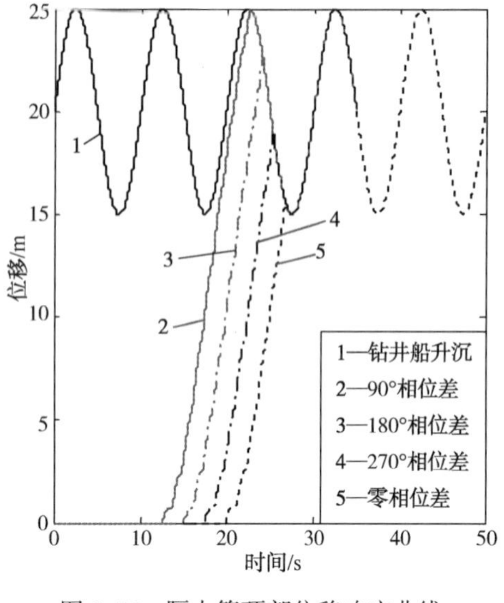

图 3.56 隔水管顶部位移响应曲线

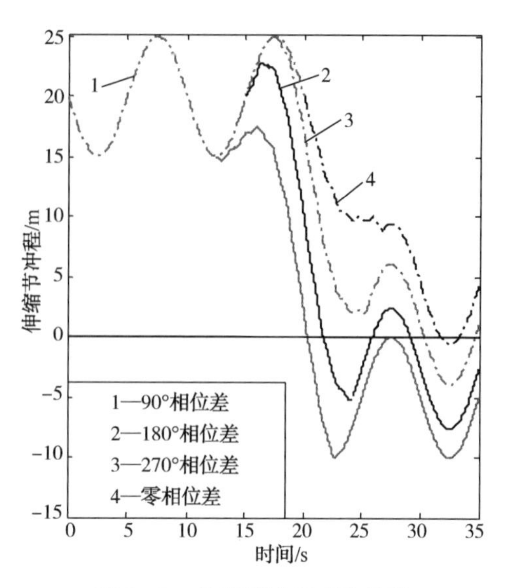

图 3.57 伸缩节冲程变化曲线

由图 3.56 可知，隔水管与井口连接断开后，隔水管在张紧力作用下向上反冲，约 10s 后隔水管顶部升至浮式钻井平台锁紧位置，隔水管被锁紧在浮式平台上，与平台一起进行升沉运动。从图 3.57 可以看出，紧急脱离后伸缩节冲程在短时间内迅速降低，为分析不同脱离时刻条件下的伸缩节冲程变化规律，图中给出了伸缩节冲程为负值的曲线部分，实际作业中伸缩节许用冲程应始终大于 0。

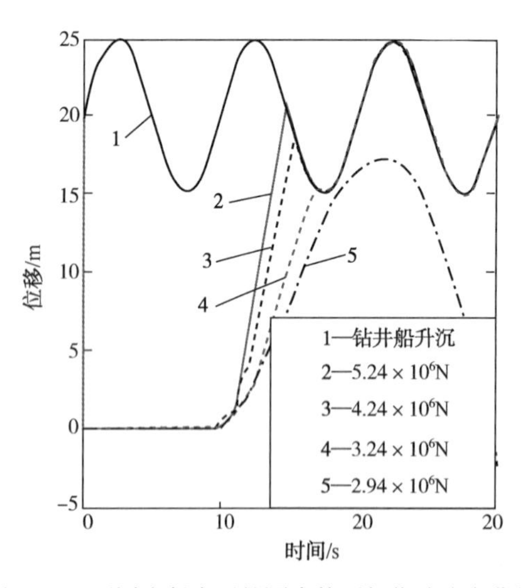

图 3.58 不同张紧力下的隔水管顶部位移响应曲线

基于隔水管反冲响应分析模型，计算不同顶部张紧力下的紧急脱离隔水管顶部位移响应曲线如图 3.58 所示。

由图 3.58 可知，当张紧力较大时，隔水管顶部在较短的时间内反冲至平台锁紧位置，与钻井船一起进行升沉运动，张紧力越大，隔水管顶部到达平台锁紧位置所需时间越短，隔水管反冲对钻井船的冲击越大。当张紧力很小时，隔水管不能被锁紧在钻井平台上，隔水管向上反冲一段时间后向下运动。这是由于反冲过程中钻井液作用在隔水管上摩擦力不断增大，在隔水管重力和钻井液摩擦力作用下，隔水管产生向下的加速度和速度。

比较不同紧急脱离时刻和顶部张紧力条件下的隔水管反冲响应曲线可以看出，紧急脱离时刻和张紧力大小对隔水管反冲响应结果有重要影响。图 3.56~图 3.58 得到的隔水管反冲响应规律与国外研究结果是一致的，这验证了隔水管反冲响应分析模型的准确性。

第4章　深水隔水管柱涡激响应分析及控制

隔水管作业过程中，海流经过处于连接状态的隔水管时往往会在其背后形成涡旋，当涡旋周期性发放可能使隔水管系统产生涡激振动(VIV)，这是一种极为复杂的流固耦合现象。与浅水相比，由于深水海域海流具有较高的流速且流速与方向往往随深度而变化，以及隔水管本身的固有频率会随水深的增加而降低，深水海洋环境可能激励隔水管发生多阶和高阶模态振动，导致隔水管产生更为严重的疲劳损伤。隔水管随着海洋油气勘探开发进入深水和超深水领域，遭遇高流速海流的几率大大增加，对于深水隔水管设计而言，VIV引起的疲劳问题至关重要。目前 VIV 预测方法主要有半经验模型与数值模拟方法(CFD 方法)，由于 CFD 方法计算量巨大，工程上通常采用半经验模型的专业软件实现隔水管疲劳损伤预测，但因高雷诺数实验很难实现，CFD 方法在 VIV 机理研究方面可作为模型实验的有效补充。

由于 VIV 问题较为复杂，其中涉及诸多物理现象，目前尚无一致方法进行 VIV 疲劳预测，且基于不同方法得到的预测结果大不相同，导致常规疲劳准则的应用具有很大的局限性。为避免非保守疲劳评估结果的出现，需要对疲劳分析方法、S-N 曲线、Miner 求和准则等涉及的不确定性问题进行评估，同时在疲劳评估结果不满足要求时，则需应用隔水管 VIV 抑制技术，确保隔水管系统作业安全。

4.1　隔水管 VIV 数值模拟

关于圆柱体涡激振动的数值模拟，国内外学者已做了较多的研究工作。这些工作多局限于低雷诺数计算，同时对受迫振动的关注远多于自激振动。实际的海洋细长结构物所处雷诺数范围在$(1\times10^4)\sim(1\times10^7)$之间，且其振动形式是自激的。尽管受迫振动的预测结果对于自激振动预测具有借鉴意义，但二者从本质上仍有很大不同，如受迫振动中观察到的某些旋涡泄放形式(如 P+S 模式)不会出现在自激振动中。由于 VIV 涉及许多复杂的物理现象如湍流、流固耦合，加上数值计算内在的不稳定性及精度问题，使得 VIV 的数值模拟异常困难，少有计算结果能够精确再现经典的实验结果。因目前模型实验难以模拟高雷诺数环境，对高雷诺数下的圆柱 VIV 进行数值模拟就变得尤为重要。本节针对二维圆柱的自激振动进行数值模拟，对隔水管在海洋环境中的真实雷诺数大小进行仿真，较好再现了 Khalak、Williamson 以及 Govardhan 等关于低质量阻尼圆柱体涡激振动的实验结果。

4.1.1　流体动力学控制方程

流体流动要受到物理守恒定律的支配，基本的守恒定律包括：质量守恒定律、动量守恒定律、能量守恒定律，如果流动处于湍流状态，系统还要遵守附加的湍流输送方程。计算流体动力学(CFD)方法即在流动基本方程控制下对流动进行数值模拟，得到流场中各物理量的分布情况，以及其他相关物理量。

对于二维平面势流问题，忽略流体的可压缩性，以及流动过程中的热量传递与气泡产生，则质量守恒方程(连续方程)与动量守恒方程(N-S 方程)可以表示如下

$$\nabla \cdot \boldsymbol{v}=0 \tag{4.1}$$

$$\frac{\partial \boldsymbol{v}}{\partial t}+(\boldsymbol{v} \cdot \nabla)\boldsymbol{v}=\boldsymbol{F}-\frac{1}{\rho}\nabla p+\mu \nabla^2 \boldsymbol{v} \tag{4.2}$$

式中，$\boldsymbol{v}$ 为速度矢量；∇表示散度，即$\nabla \cdot \boldsymbol{v}=\partial u/\partial x+\partial v/\partial y+\partial w/\partial z$；$\boldsymbol{F}$ 为体力矢量；ρ 为流体密度；p 为流体微元体上的压力；μ 为流体动力黏性系数。连续方程和 N-S 方程是流场控制基本方程，结合具体边界条件和初始条件使得方程封闭，可以求解得到具体的流场分布情况。

实际海洋环境下，隔水管所在海水流动往往处于湍流状态。湍流状态下，流动微粒随机性较强，流动呈混乱状态，即使边界条件保持不变，流动也不是稳定的，则一般认为，无论湍流运动多么复杂，非稳态的连续方程和 N-S 方程对于湍流的瞬时运动仍然适用。如果直接求解湍流的瞬态 N-S 方程，需要采用对计算机内存和速度要求很高的直接数值模拟(DNS)方法，但目前实际工程中采用此方法难度较大。工程中广为采用非直接数值模拟方法，即对瞬态 N-S 方程做时间平均处理方法，同时补充反映湍流特性的其他方程，如湍动能方程和湍动耗散率方程等。依赖所采用的近似和简化方法不同，非直接数值模拟方法分为大涡模拟(LES)、统计平均法和 Reynolds 平均法。Reynolds 平均法是目前使用最为广泛的湍流数值模拟方法。本节采用 RNG k-ε 模型模拟湍流宏观效应，结合非平衡壁面函数能够很好地处理壁面流体剪切层分离流动。

RNG k-ε 模型中，湍动能 k 和湍动耗散率 ε 对应的输运方程为

$$\frac{\partial(\rho k)}{\partial t}+\frac{\partial(\rho k u_i)}{\partial x_i}=\frac{\partial}{\partial x_j}\left[\alpha_{\mathrm{k}}(\mu+\mu_{\mathrm{t}})\frac{\partial k}{\partial x_j}\right]+G_{\mathrm{k}}+\rho\varepsilon \tag{4.3}$$

$$\frac{\partial(\rho \varepsilon)}{\partial t}+\frac{\partial(\rho \varepsilon u_i)}{\partial x_i}=\frac{\partial}{\partial x_j}\left[\alpha_{\varepsilon}(\mu+\mu_{\mathrm{t}})\frac{\partial \varepsilon}{\partial x_j}\right]+\frac{C_{1\varepsilon}^*}{k}G_{\mathrm{k}}-C_{2\varepsilon}\rho\frac{\varepsilon^2}{k} \tag{4.4}$$

式中，μ_{t} 为湍动黏度；G_{k} 是由于平均速度梯度引起的湍动能 k 的产生项；α_{k}、α_{ε}、$C_{1\varepsilon}^*$、$C_{2\varepsilon}$为经验系数。

4.1.2 圆柱体的振动控制方程

以弹簧振子模型描述圆柱体的单自由度振动，如图 4.1所示，振动控制方程为

$$(m+m_{\mathrm{A}})\ddot{y}+c\dot{y}+ky=F_{\mathrm{L}} \tag{4.5}$$

$$c=2(m+m_{\mathrm{A}})\omega_0\zeta \tag{4.6}$$

$$k=(m+m_{\mathrm{A}})\omega_0^2 \tag{4.7}$$

式中，m 为圆柱质量；m_{A} 为流体附加质量；c、k 分别为振子的阻尼系数与刚度系数；ω_0 为振子在流体中的固有频

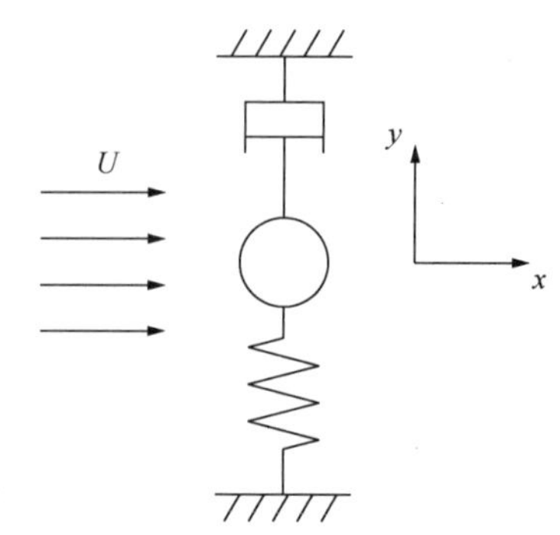

图 4.1　弹簧振子模型

率；ζ 为振子的结构阻尼比；F_L 为作用在圆柱体上的升力。

4.1.3 流固耦合运动模拟

来流绕过圆柱将在其背后形成旋涡，交替泄放的旋涡将对圆柱施加脉动变化的升力，从而激励圆柱在横流方向产生振动，而圆柱振动又反过来控制旋涡泄放的过程。涡激振动是一种强烈的流固耦合运动，对流固耦合作用的模拟直接决定着旋涡泄放形式与圆柱响应特性的预测准确度。以 FLUENT 程序的动网格技术模拟边界运动引起流场形状随时间变化的问题，通过用户自定义函数(UDF)接口将计算圆柱响应的积分代码嵌入 FLUENT，结合动网格技术实现对结构域与流体域的耦合作用模拟。

流固耦合迭代过程如下：根据初始条件，在一个短时间步 Δt 内求解流场控制方程[式(4.1)~式(4.4)]，计算得到升力 $F_L(t)$；积分得到$\dot{y}(t)$，通过 FLUENT 的动网格定义刚体质心运动宏(DEFINE_CG_MOTION)将$\dot{y}(t)$传递给周边网格，并将网格位置更新为 $y(t)$；重新迭代计算，稳定后进行下一时间步计算，直至圆柱运动稳定。

4.1.4 无量纲系数

在模拟过程中涉及多个无量纲参数决定，涉及参数如下：

质量比为

$$m^*=\frac{m}{\pi\rho D^2L/4} \tag{4.8}$$

阻尼比为

$$\zeta=\frac{c}{2\sqrt{k(m+m_A)}} \tag{4.9}$$

约化速度为

$$V_r=\frac{U}{f_n D} \tag{4.10}$$

振幅比为

$$A^*=\frac{A}{D} \tag{4.11}$$

频率比为

$$f^*=\frac{f}{f_n} \tag{4.12}$$

曳力系数为

$$C_d=\frac{F_x}{\frac{1}{2}\rho U^2 DL} \tag{4.13}$$

升力系数为

$$C_L=\frac{F_y}{\frac{1}{2}\rho U^2 DL} \tag{4.14}$$

雷诺数为

$$Re=\frac{\rho UD}{\mu} \tag{4.15}$$

斯脱哈尔数为

$$St=\frac{f_{\mathrm{v}}D}{U} \tag{4.16}$$

式中，D、L 分别为结构外径与长度；f_{n}、f、f_{v} 为结构固有频率、振动频率与旋涡泄放频率；U 为来流速度；A 为振幅；F_x、F_y 分别为流体力在 x 与 y 方向上的分量。

4.1.5 计算模型

取单位长度钻井隔水管在海水中的振动质量 $m+m_{\mathrm{A}}=1000\mathrm{kg}$，$m^*=3.4$；主管外径 $D=0.5334\mathrm{m}$；海水中的自振频率为$f_{\mathrm{n}}=0.1\mathrm{Hz}$。隔水管结构的结构阻尼比 0.3%~2%，动态分析时一般取 0.5%~1.5%，而在 VIV 分析时一般取 0.3%~1%。数值模拟时，针对 ζ 取 0.35% 与 1%两种情形进行分析。

在 V_{r} 为 2~26 对隔水管涡激振动的流固耦合过程进行数值模拟，Re 范围约在 5.8×10^4~7.6×10^5。动网格模型采用 FLUENT 程序的弹簧光顺(Smoothing)模型与动态层(Layering)模型，计算网格模型如图 4.2 所示。

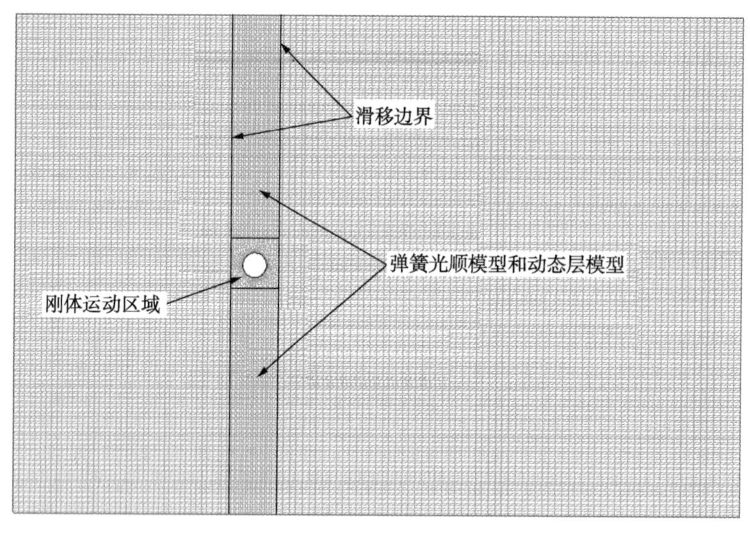

图 4.2 计算网格模型

4.1.6 数值模拟结果与讨论

4.1.6.1 响应分支

$\zeta=0.0035$ 时，圆柱在不同 V_{r} 下的振幅响应如图 4.3 所示。V_{r} 小于 2.5 时，圆柱有微幅振动；V_{r} 自 2.5 增至 3.5，圆柱振幅急剧增大；V_{r} 自 3.5 增至 4，圆柱振幅略有下降；V_{r} 自 4.5 增至 5.5，圆柱振幅逐渐增大；$V_{\mathrm{r}}=5.5$ 时，圆柱振幅有最大值；V_{r} 自 5.5 增至 8，圆柱振幅逐渐下降；V_{r} 在 8~14，圆柱振幅基本保持恒定；V_{r} 增至 15 时，圆柱振幅发生突降；

V_r 在 15~22，圆柱振幅基本保持恒定；V_r 增至 24 后，圆柱不再发生振动。

Khalak、Govardhan、Williamson 等的实验研究发现，小质量比圆柱体的涡激振动响应有三个分支，分别是初始分支、高幅分支与低幅分支。Govardhan 的实验结果 $m^*=1.2$，$m^*\zeta=0.0055$，如图 4.4 所示。通过与实验结果进行对比可以发现，数值模拟结果清晰显现了圆柱响应的三个分支：V_r 在 2.5~3.5 为初始分支；V_r 在 4~7 为高幅分支；V_r 在 8~14 为低幅分支。

数值模拟结果的高幅分支宽度与低幅分支宽度要明显小于实验结果，最大振幅亦明显小于实验结果。Khalak 和 Williamson 的研究发现圆柱体的 VIV 响应由 m^* 和 ζ 控制，m^* 决定着锁定区域的宽度以及是否会出现高幅分支，在较小的 m^* 情况下，会出现较宽的锁定区域，而在高 m^* 情况下，不但锁定区域窄得多，且不会出现高幅分支。高幅分支的最大响应由 $m^*\zeta$ 决定，$m^*\zeta$ 越小，则最大响应越大。在数值模拟中，圆柱最大响应 $\max(A^*)$ 约为 0.8，低于实验结果中的 1.0，因数值模拟中的 $m^*\zeta=0.012$ 高于实验情形的 0.0055，数值模拟结果是合理的。数值模拟中自初始分支至低幅分支的约化速度范围在 2.5~14，而实验中自初始分支至低幅分支的约化速度范围在 2~18，因数值模拟中的 $m^*=3.4$ 高于实验情形的 1.2，数值模拟结果亦是合理的。

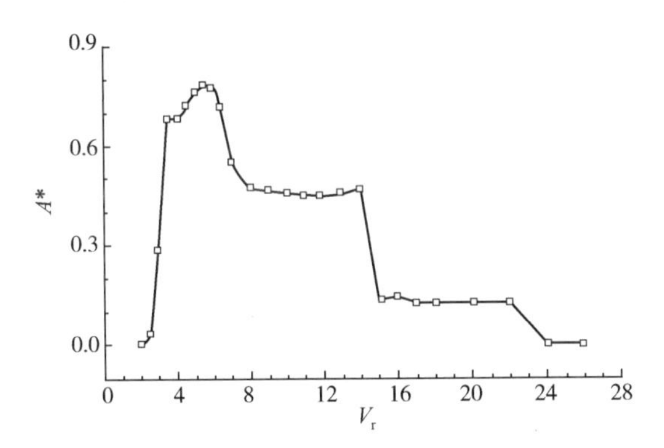

图 4.3 振幅响应($m^*=3.4$，$m^*\zeta=0.012$)

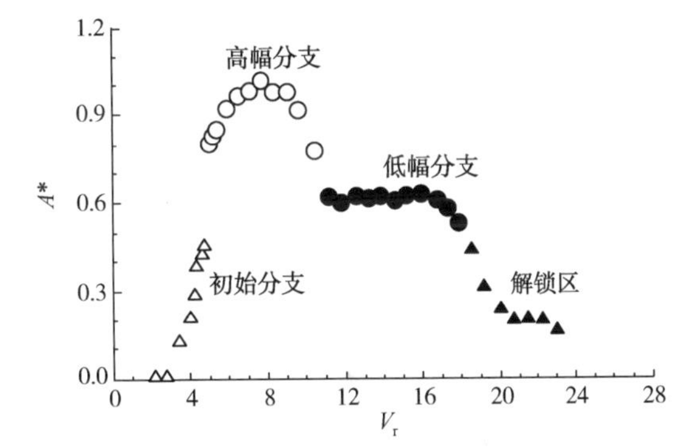

图 4.4 振幅响应($m^*=1.2$，$m^*\zeta=0.0055$)

在多个实验中均观察到低幅分支后会出现一个振幅小于低幅分支而又基本恒定的响应区域，对应图 4.3 中 V_r 在 15~22 的区域以及图 4.4 中的倒三角区域，Khalak、Govardhan、Williamson 等称之为解锁区，而称初始分支、高幅分支与低幅分支为锁定区。而通过分析圆柱在不同 V_r 下的响应频率(如图 4.5 所示)，对 Khalak 等定义的解锁区有不同的见解，在所谓的“解锁区”圆柱振动频率 f 依然锁定在固有频率 f_n 上，则该区域仍属于锁定区，并定义其为“超低幅分支”。由图 4.5 还可看出，在初始分支，f 随着 V_r 的增大急剧增大；在高幅分支，f 随着 V_r 的增大略有增大，f 低于 f_n；在低幅分支与超低幅分支，f 基本锁定在 f_n 上。

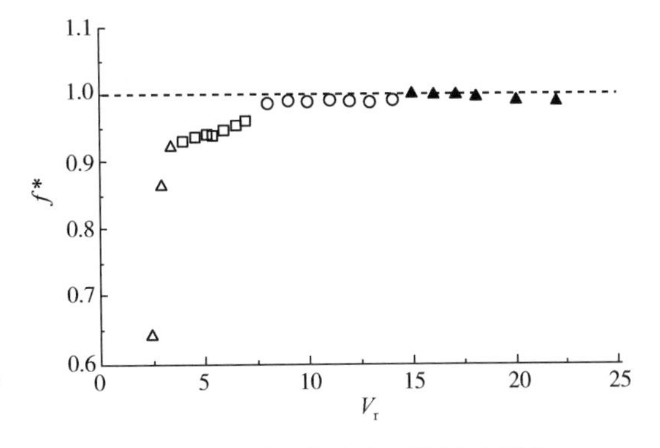

图 4.5 不同约化速度下的振动频率

在 V_r 为 3.5、5.5、9 与 16 四种情形

下，流固耦合迭代稳定后，圆柱的振幅响应时间历程如图 4.6 所示。由图 4.6 可知，在不同的响应分支，圆柱的振幅响应曲线均是规则的正弦曲线，响应频率均是单一的，反映了涡激振动的频率锁定特性。

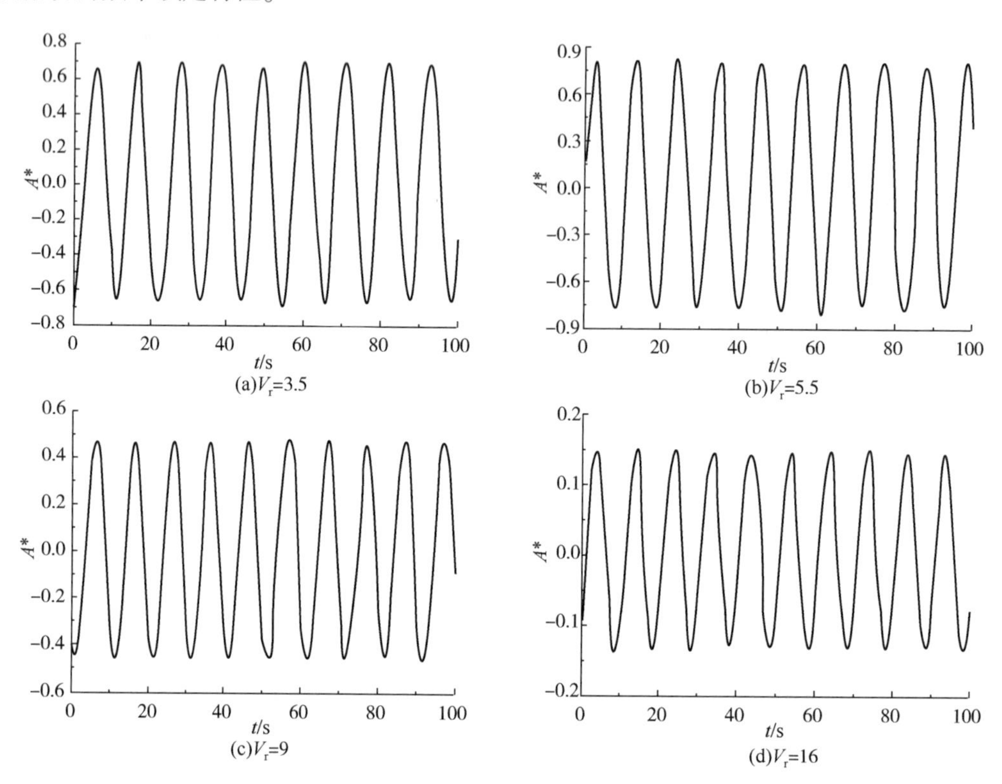

图 4.6　不同响应分支的振幅响应曲线

$\zeta=0.01$ 时，圆柱在不同 V_r 下的振幅响应如图 4.7 所示。通过与 $\zeta=0.035$ 情形进行对比可以发现，大阻尼比圆柱的振幅响应整体偏小，同时锁定区域较窄。圆柱的最大无量纲振幅约为 0.65，出现在 $V_r=4.5$ 处。

4.1.6.2　旋涡泄放模式

响应模式的转变，究其本质源于旋涡泄放模式的转变。Govardhan 和 Williamson 的研究表明，初始分支对应的旋涡泄放模式为 2S 模式，2S 模式表示在一个周期内泄放 2 个单独的旋涡；而高幅与低幅分支则对应 2P 模式，2P 模式表示在一个周期内泄放 2 对旋涡。

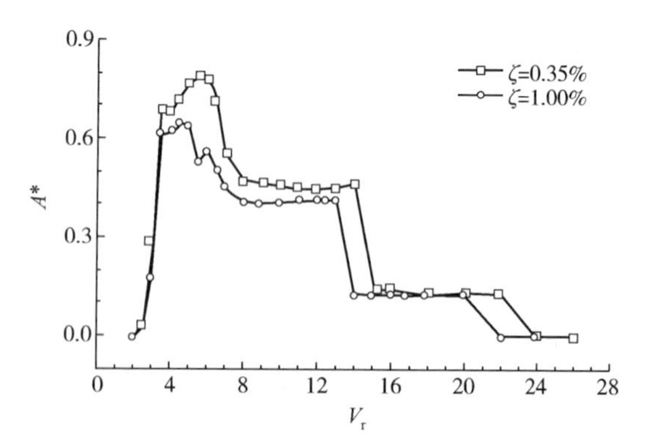

图 4.7　阻尼比对振幅响应的影响

V_r 分别为 3.5、5.5、9 与 16 时的旋涡状态图（$\zeta=0.0035$）如图 4.8 所示，每组 4 图分别为在一个旋涡泄放周期内，圆柱处在两个中间位置及两个极端位置时的涡量等值线图。图 4.8(a) 为初始分支的旋涡状态，从图中可以清晰地观察到每个周期泄放 2 个单独的旋涡，旋涡形状为圆润的椭圆形。图 4.8(b)为高幅分支的旋涡状态，从图中可以清晰地观察到每个周期泄放 2 个涡对，每个涡对都包含一大一小 2 个旋涡，小涡显著小于大涡，大涡形状不规则，类似于蝌蚪形。图 4.8(c)所示为低幅分支的旋涡状态，每个周期泄放 2 个涡对，每个涡对中的 2 个旋涡分离的没有高幅分支明显，涡形变得细长，且 2 个旋涡大小相当。图 4.8(d)为超低幅分支的旋涡状态，每个周期泄放 2 个单独的旋涡，尽管涡形极为细长，但 2 个旋涡并不是对称泄放的。

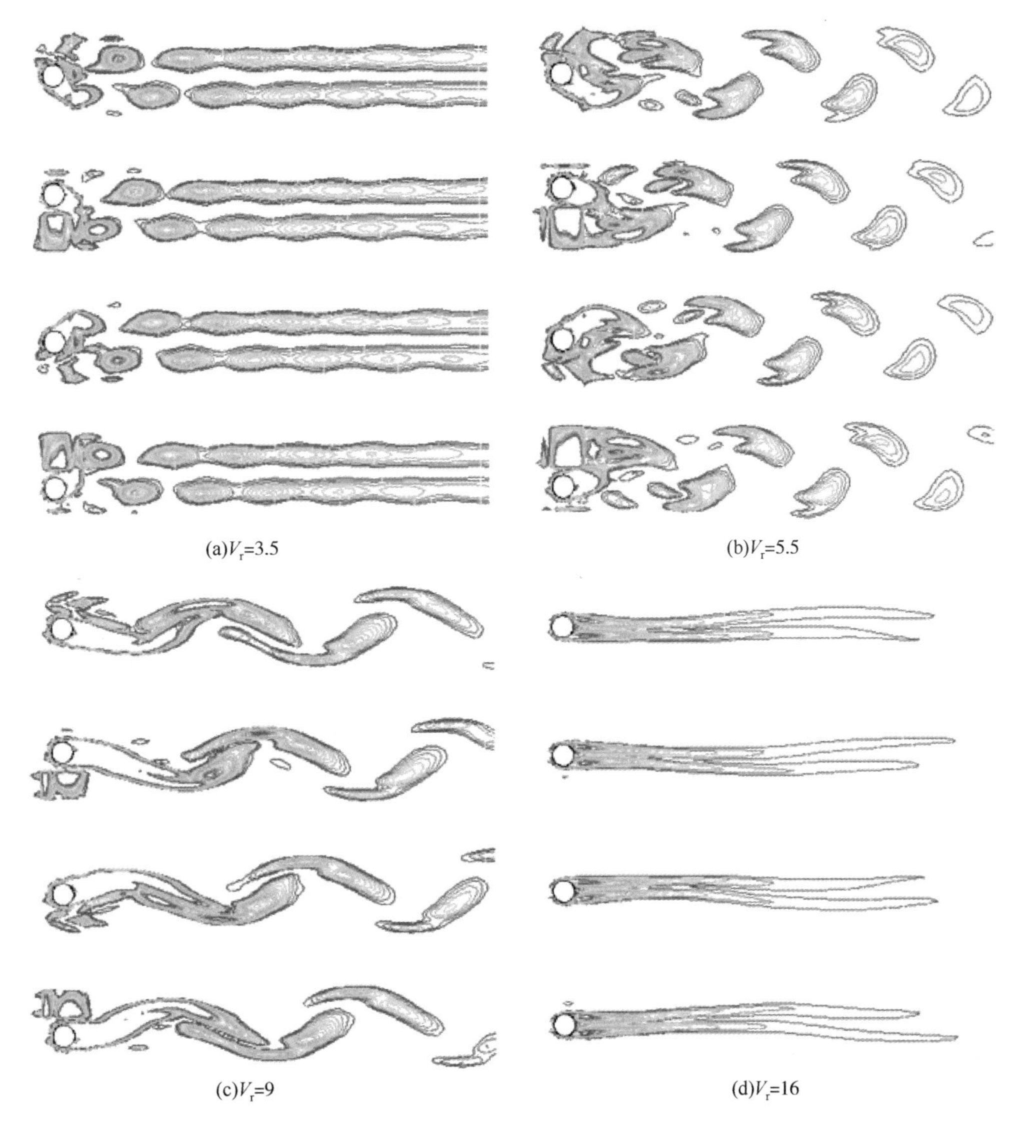

图 4.8　不同响应分支的旋涡泄放形态

初始分支前及超低幅分支后的旋涡状态如图 4.9 所示。由图 4.9 可知，在非锁定区，旋涡是对称泄放的，因此在横流方向不会产生脉动变化的升力，也就不会激励圆柱在横流方向上发生振动。

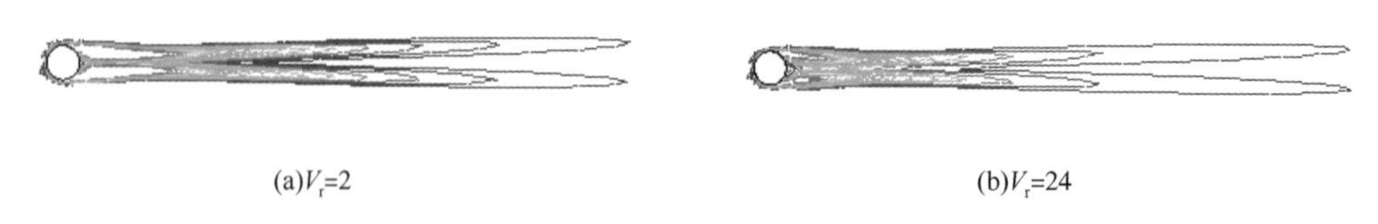

图 4.9　非锁定区的旋涡泄放形态

4.1.6.3　升力系数曲线

ζ=0.0035，V_r 为 3.5、5.5、9 与 16 时，圆柱的升力系数曲线如图 4.10 所示。由图 4.10 可知，V_r=3.5 时，升力系数曲线是规则的正弦曲线；V_r=5.5 时，升力系数曲线不再是规则的正弦曲线，但响应频率是单一的；V_r=9 与 V_r=16 时，升力系数响应是多频的，高阶频率分别约为圆柱固有频率的 2 倍与 3 倍。

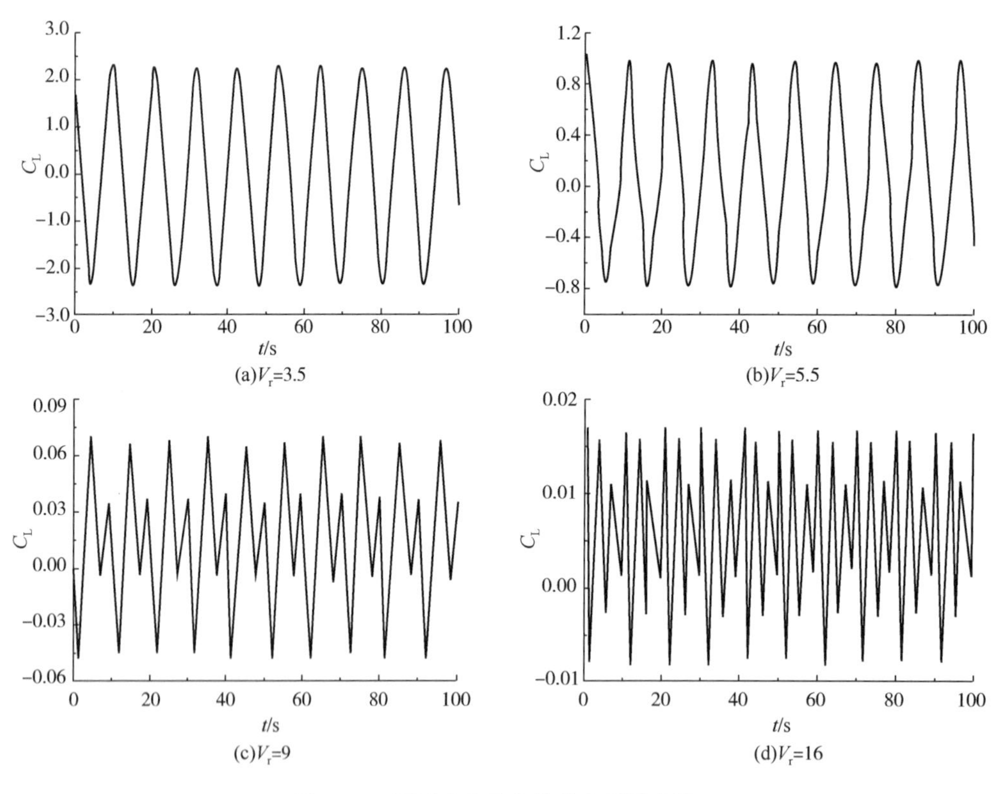

图 4.10　不同响应分支的升力系数曲线

对升力系数曲线进行快速傅里叶变换。V_r 为 3.5、5.5、9 与 16 时，圆柱升力系数的能量谱如图 4.11 所示。由图 4.11 可知，在 V_r=9 时，升力系数约在固有频率 2 倍处具有最大能量；在 V_r=16 时，升力系数约在固有频率 3 倍处具有最大能量。升力系数中高阶频率的出现是导致圆柱响应由高幅分支向低幅分支转变的主要原因。

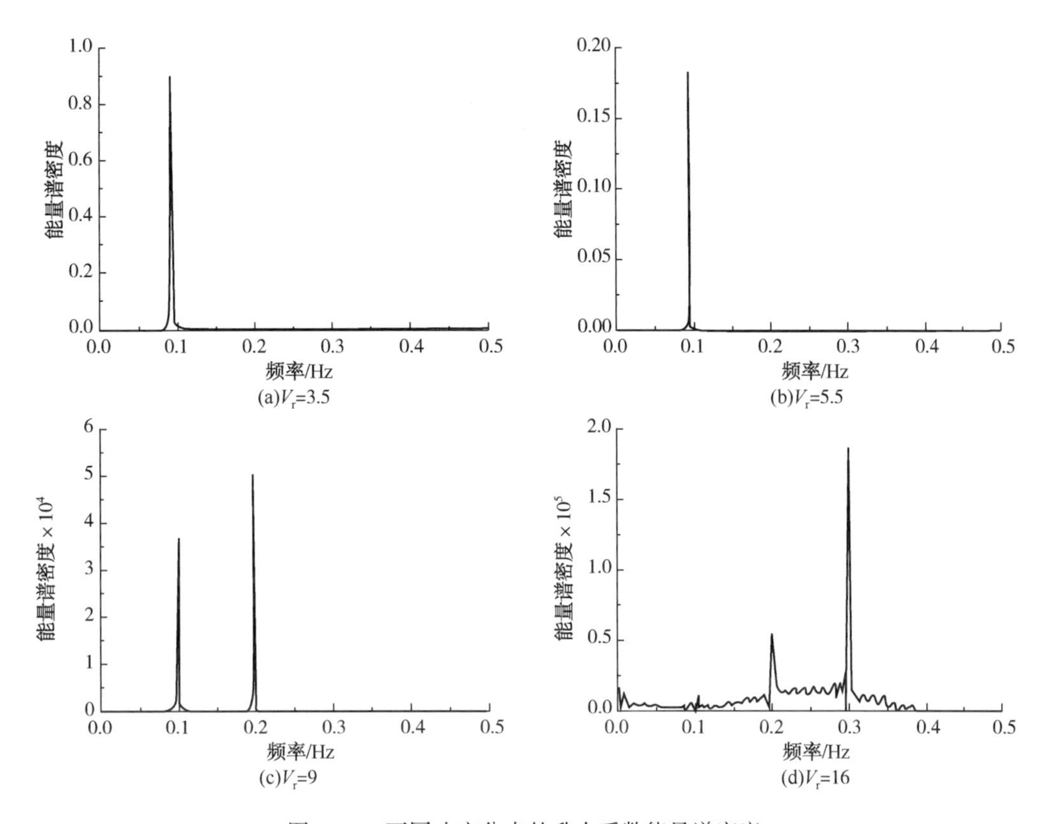

图 4.11　不同响应分支的升力系数能量谱密度

4.2　隔水管涡激疲劳分析

隔水管涡激振动分析方法包括涡激振动试验、CFD 仿真和经验模型，其中，经验模型已在深水钻井隔水管涡激疲劳分析中得到应用。目前，国内外学者基于经验模型已基本完成连接作业模式下的深水钻井隔水管涡激疲劳分析，但在以下两个方面还有待进一步研究。①前期采用单一海流剖面进行隔水管涡激疲劳分析，实际海洋环境条件不断发生变化，需要建立长期海洋环境的预测方法，更准确地计算隔水管涡激疲劳损伤；②深水钻井隔水管作业模式具有多样性，包括连接、安装/回收、软悬挂和硬悬挂，需要进一步研究不同作业模式下的隔水管涡激疲劳分析方法，完善隔水管涡激疲劳分析技术体系。

4.2.1　连接作业模式下隔水管系统涡激疲劳分析

(1) SHEAR7 的分析原理

SHEAR7 是当前国际上应用最为广泛的涡激振动分析软件之一，由麻省理工学院 Vandiver 教授等开发，用于预测细长结构在横流方向上的 VIV 响应。SHEAR7 程序基于能量平衡原理预测结构的各阶模态响应，并采用模态叠加方法计算结构总响应；其升力模型认为在锁定区域内升力系数 C_L 是无量纲振幅 A^* 的函数，如图 4.12 所示。升力系数曲线由 A、B、C 三个点定义，AB 段与 BC 段均为抛物线，该升力模型反映了涡激振动的自激性与自限性；其水动力阻尼模型采用 Venugopal 的经验模型，该模型取决于局部约化速度，且在低约化速度区域（锁定区以下）与高约化速度区域（锁定区以上）不同。

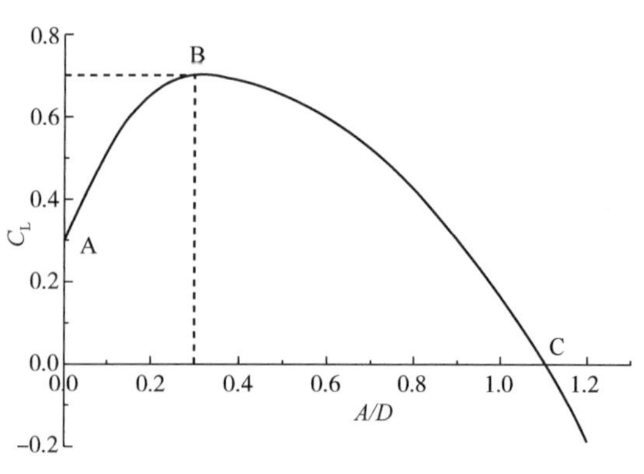

图 4.12 SHEAR7 的保守升力模型

低约化速度阻尼 R_{1v} 由下式确定为

$$R_{1v}=R_{sw}+C_{r1}\rho DV \tag{4.17}$$

式中，R_{sw} 为静水阻尼；C_{rl} 为低流速阻尼系数。

静水阻尼 R_{sw} 可表示为

$$R_{sw}=\frac{\omega\pi\rho D^2}{2}\left[\frac{2\sqrt{2}}{\sqrt{Re_\omega}}+C_{sw}\left(\frac{A}{D}\right)^2\right] \tag{4.18}$$

式中，Re_ω 为振动雷诺数，$Re_\omega=\omega D^2/v$；ω 为振动频率；v 为运动黏滞系数；C_{sw} 为静水阻尼系数。

高约化速度阻尼 R_{hv} 由下式确定为

$$R_{hv}=C_{rh}\rho V^2/\omega \tag{4.19}$$

式中，C_{rh} 为高流速阻尼系数。

静水阻尼取决于振动幅值与振动频率。低约化速度阻尼随着局部流速的增大而线性增大，当流速为零时，低约化速度阻尼等同于静水阻尼。高约化速度阻尼由振动频率与局部流速决定，但不受振幅影响。

（2）标准 VIV 疲劳分析

以 1272m 水深钻井隔水管系统为例，系统配置参数见表 4.1，基于此海域长期海流分布进行隔水管 VIV 疲劳分析。长期海流分布共包含 16 个不同发生概率的流剖面，分别标记为 C1～C16，具体参数见表 4.2。疲劳损伤计算采用的 S-N 曲线为 DNV E 曲线（阴极保护），应力集中系数取为 1.2。隔水管在各流剖面作用下的 VIV 分析统计结果见表 4.2。

表 4.1 隔水管系统配置

隔水管部件	数量	长度/m	应力外径/m	应力壁厚/m	水动力外径/m
伸缩节外筒	1	21.336	0.6604	0.0254	0.6604
短节	1	1.524	0.5461	0.0254	0.5461
短节	1	6.096	0.5461	0.0254	0.5461
裸单根	8	24.384	0.5334	0.0191	0.5334
浮力单根(2000ft)	16	24.384	0.5334	0.0175	1.2446
浮力单根(3000ft)	13	24.384	0.5334	0.0175	1.2446
浮力单根(4000ft)	5	24.384	0.5334	0.0175	1.2446
裸单根	9	24.384	0.5334	0.0191	0.5334

隔水管基频很低(0.0127Hz)，理论上各流剖面均可激励隔水管发生 VIV。在流剖面 C2~C16 作用下，当隔水管 VIV 由低流速区海流激励时，隔水管的主导振动模态由低流速区流速及浮力块外径决定，但在流剖面 C1 作用下，低流速区海流则不足以激励隔水管发生 VIV；当隔水管 VIV 由高流速区海流激励时，其振动模态由高流速区流速及隔水管外径决定。在流剖面 C1~C8 作用下，隔水管 1~3 阶模态被激励发生响应；在流剖面 C9~C16 作用下，隔水管 4~6阶模态被激励发生响应。

表 4.2 各海流工况下的疲劳分析统计结果

流剖面	发生概率	主导响应模态	最大疲劳损伤/a^{-1}	疲劳贡献度
C1	10%	3	0.218E-12	—
C2	10%	1	0.132E-08	—
C3	10%	1	0.460E-08	—
C4	10%	2	0.366E-06	—
C5	10%	2	0.140E-05	0.01
C6	10%	2	0.212E-05	0.02
C7	10%	3	0.201E-04	0.11
C8	10%	3	0.160E-03	0.84
C9	10%	4	0.180E-02	7.31
C10	2%	4	0.598E-03	2.43
C11	2%	4	0.943E-03	3.85
C12	2%	4	0.154E-02	6.31
C13	2%	5	0.559E-02	20.37
C14	1%	5	0.421E-02	15.82
C15	0.5%	6	0.297E-02	10.39
C16	0.5%	6	0.823E-02	32.53
全部	100%	—	2.525E-02	100%

由表 4.2 可知，海流工况 C9~C16 对总体疲劳损伤的贡献为 99.01%；海流工况 C5~C8 对总体疲劳损伤的贡献为 0.98%；海流工况 C1~C4 对总体疲劳损伤的贡献不足 0.01%。分析表明，隔水管疲劳损伤主要由发生概率低于 20%的高流速海流导致。进行 VIV 疲劳评估时，选择一个低超越概率(如 1 年 1 遇)海流剖面作为代表性疲劳工况预测疲劳损伤是过于保守的，为避免预测结果过于保守，从而导致不合理的设计出现，应对海流工况尤其是高流速工况按发生概率进行细致划分。

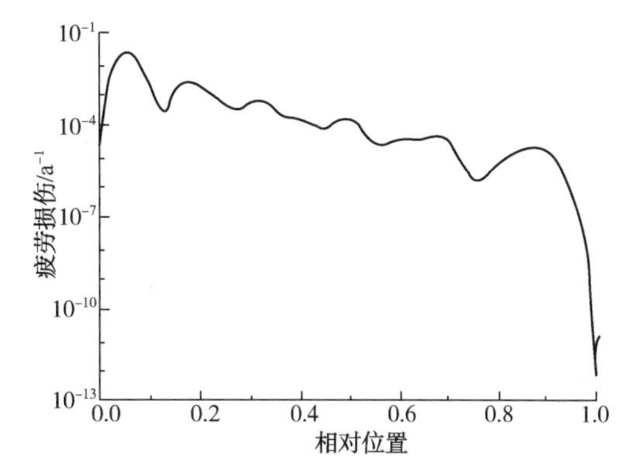

图 4.13 隔水管的总体疲劳损伤曲线

隔水管在各海流工况作用下的总体疲劳损伤曲线如图 4.13 所示，图中相对位置零点($z/L=0$)对应隔水管底端。隔水管最大疲劳损伤为 $2.525\times10^{-2}\,a^{-1}$，出现在隔水管底部

(z/L=0.052 处)。隔水管轴向有效张力自下而上逐渐增大，导致隔水管最大曲率出现在底部，进而导致底部易于出现最大疲劳损伤。隔水管局部疲劳损伤自下而上有减小趋势(但并非单调减小)，z/L 在 0.8~1.0，最大疲劳损伤为 $1.891\times10^{-5}\mathrm{a}^{-1}$，远低于整体最大疲劳损伤。

(3) 基于风险增强的疲劳准则

隔水管疲劳设计时应满足以下准则

$$D_{\mathrm{fat}} \cdot DFF \leqslant 1 \tag{4.20}$$

式中，D_{fat} 为累积疲劳损伤；DFF 为设计疲劳系数。

设计疲劳系数 DFF 又称为疲劳安全系数，用来增加防止疲劳失效的可能性。DFF 取决于结构组件对于结构完整性以及检测、维修的重要性。DFF 用于使用寿命，理论疲劳寿命应大于使用寿命和 DFF 的乘积。标准 DFF 可用于已具备足够可靠度的传统隔水管概念。DNV 给出的标准 DFF 见表 4.3，表中数值适用于钢质隔水管。由于涡激振动问题的复杂性，目前尚无一致方法进行 VIV 疲劳预测，且基于不同方法得到的预测结果大不相同，标准 DFF 的使用具有很大的局限性。

表 4.3　标准疲劳设计系数

安全等级		
低	中	高
3.0	6.0	10.0

基于风险增强的疲劳准则最早由 DNV 在 2002 年提出，目标是建立一个普遍适用的设计准则，应用符合 DNV-OS-F201 的统一安全水平来进行疲劳设计。VIV 疲劳接受准则表示为

$$D_{\mathrm{VIV}}(T) \leqslant \frac{\alpha}{\gamma} \tag{4.21}$$

式中，α 为偏差因子；γ 为 VIV 疲劳安全因子；T 为设计使用寿命。

偏差因子 α 为预测疲劳与实际疲劳损伤的比值，说明疲劳分析方法的预定系统偏差。隔水管实际疲劳损伤应当基于全尺度测量计算得到。

疲劳安全因子 γ 通过结构可靠性分析预先校核为可接受的安全水平，可由下式进行计算

$$\log_{10}\gamma = (30+\gamma_{\mathrm{SC}})\,T^{\,a(30+\gamma_{\mathrm{SC}})+b}(c\sigma_{X_{\mathrm{D}}}+d)(\sigma_{X_{\mathrm{a}}})^{(e\sigma_{X_{\mathrm{D}}}+f)} \tag{4.22}$$

式中，γ_{SC} 为计及失效后果的安全等级因子，在高、中、低三种安全等级(失效概率分别小于 10^{-5}、10^{-4} 与 10^{-3})下，分别取为 10、7、2；$\sigma_{X_{\mathrm{D}}}$ 为疲劳损伤不确定度；$\sigma_{X_{\mathrm{a}}}$ 为对数坐标下的疲劳常数不确定度，对于双线性 S-N 曲线，$\sigma_{X_{\mathrm{a}}}$ 取 0.2；a、b、c、d、e、f 为预先校核的系数，见表 4.4，并通过 $\sigma_{X_{\mathrm{D}}}$ 的两个特殊范围 $0.1<\sigma_{X_{\mathrm{D}}}<0.3$、$0.3<\sigma_{X_{\mathrm{D}}}<0.5$ 来校准。

表 4.4　式(4.22)中用到的系数

系数	$0.1<\sigma_{X_{\mathrm{D}}}<0.3$	$0.3<\sigma_{X_{\mathrm{D}}}<0.5$
a	0.0205	0.0181
b	-0.8998	-0.8049
c	0.0218	0.0730
d	0.0242	0.0084

续表

系数	$0.1<\sigma_{X_D}<0.3$	$0.3<\sigma_{X_D}<0.5$
e	−1.2802	−0.1711
f	0.2894	−0.0445

疲劳损伤不确定度 σ_{X_D} 通过标准疲劳分析建立。标准疲劳利用率 X_D 定义为

$$X_D = \log\left[\frac{D_s(x)}{D(\mu_x)}\right] \tag{4.23}$$

式中，$D_s(x)$ 为随机疲劳损伤，通过随机参数计算得到；$D(\mu_x)$ 为基本疲劳损伤，通过确定性参数(随机参数的最佳估计值或者平均值)计算得到。对于不相关的随机变量，σ_{X_D} 可由下式进行计算

$$\sigma_{X_D} = \sqrt{\sum\left(\frac{\partial X_D}{\partial X_i}\right)^2 \sigma_{X_i}^2 + \sigma_{X_{mod}}^2} \tag{4.24}$$

X_{mod} 说明 X_D 评估中未涉及的不确定性来源，反映了分析工具对实际寿命的置信度。一般假设 X_{mod} 及其标准差 $\sigma_{X_{mod}}$ 具有无偏性。$\sigma_{X_{mod}}$ 的取值范围为 0.05~0.10，构成了 σ_{X_D} 的下限。

(4) 随机变量模型

随机变量 X_i 控制疲劳损伤的不确定度，需要予以确定。涉及的随机变量一般认为是非相关的，分析模型不同，随机变量可能有所不同。SHEAR7 程序中所涉及的随机变量及其分布形式见表 4.5。表中零升力振幅对应图 4.12 中的 C 点，最大升力系数对应图 4.12 中的 B 点，斯脱哈尔数 St 的最佳估计值对于裸单根和浮力单根分别取 0.2 与 0.24，海流模型的最佳估计值对应海流剖面 C1~C16。

表 4.5 随机变量的概率模型

随机变量	分布类型	COV	最佳估计值
附加质量系数	对数正态	0.20	1.0
斯脱哈尔数	对数正态	0.072	0.2/0.24
零升力振幅	正态	0.10	1.1
最大升力系数	正态	0.15	0.7
静水阻尼系数	正态	0.15	0.2
低流速阻尼系数	正态	0.15	0.18
高流速阻尼系数	正态	0.15	0.2
海流模型	对数正态	0.05	1
分析模型	正态	0.10	—

(5) 标准疲劳灵敏度研究

对于影响隔水管响应模态的随机变量，取值不同时，对隔水管破坏最大的疲劳海况可能发生变化，因此不能针对少数疲劳海况进行标准疲劳灵敏度研究。依据前面分析，隔水管基本疲劳损伤主要由海流工况 C9~C16 导致。为合理确定各随机变量 X_i 对疲劳损伤不确定度 σ_{X_D} 的贡献，针对海流工况 C9~C16 进行随机变量的标准疲劳灵敏度研究。

灵敏度研究应包括 $\mu_{X_i}\pm2\sigma_{X_i}$ 范围内的参数变量。根据分析结果生成响应曲线，响应曲线由式(4.23)建立，以 X_D 为纵坐标，X_i 为横坐标。对偏导数 $\partial X_D/\partial X_i$ 进行数值近似。在实际计算中用 $\Delta X_D/\Delta X_i$ 代替 $\partial X_D/\partial X_i$，其中 ΔX_D 是 X_D 的单位增量，由 X_i 的单位增量 ΔX_i 引起。以下式计算最终的 σ_{X_D}

$$\sigma_{X_D}=\sqrt{\sum\left(\frac{\Delta X_D}{\Delta X_i}\right)^2\sigma_{X_i}^2+\sigma_{X_{\mathrm{mod}}}^2} \tag{4.25}$$

各参数的疲劳灵敏度分析结果见表4.6。各参数 X_i 分别取为 $\mu_{X_i}-2\sigma_{X_i}$、μ_{X_i} 与 $\mu_{X_i}+2\sigma_{X_i}$ 时，隔水管的疲劳损伤曲线如图4.14所示。

表 4.6　随机变量的疲劳灵敏度分析结果

随机变量	分布类型	$\Delta X_D/\Delta X_i\cdot\sigma_{X_i}$	ζ
附加质量系数	对数正态	0.1438	0.1783
斯脱哈尔数	对数正态	0.1729	0.2578
零升力振幅	正态	0.0349	0.0105
最大升力系数	正态	0.1294	0.1444
静水阻尼系数	正态	−0.0368	0.0117
低流速阻尼系数	正态	−0.0219	0.0041
高流速阻尼系数	正态	−0.0480	0.0199
海流模型	对数正态	0.1825	0.2872
分析模型	正态	—	0.0862

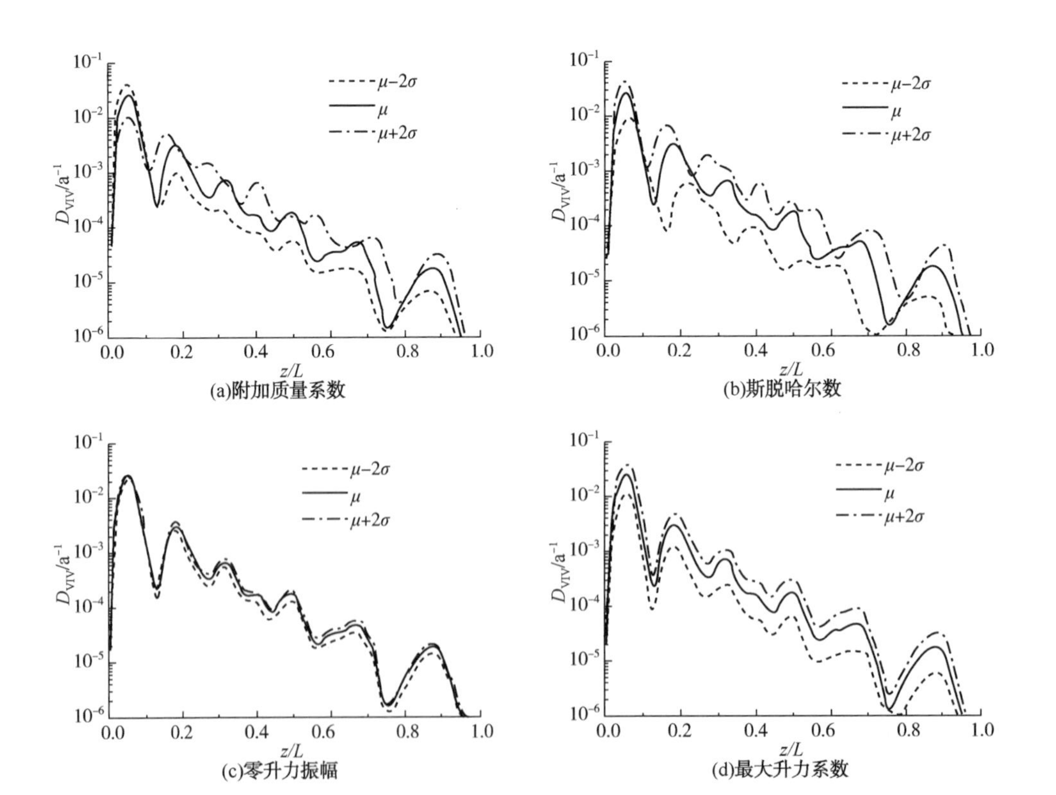

(a)附加质量系数
(b)斯脱哈尔数
(c)零升力振幅
(d)最大升力系数

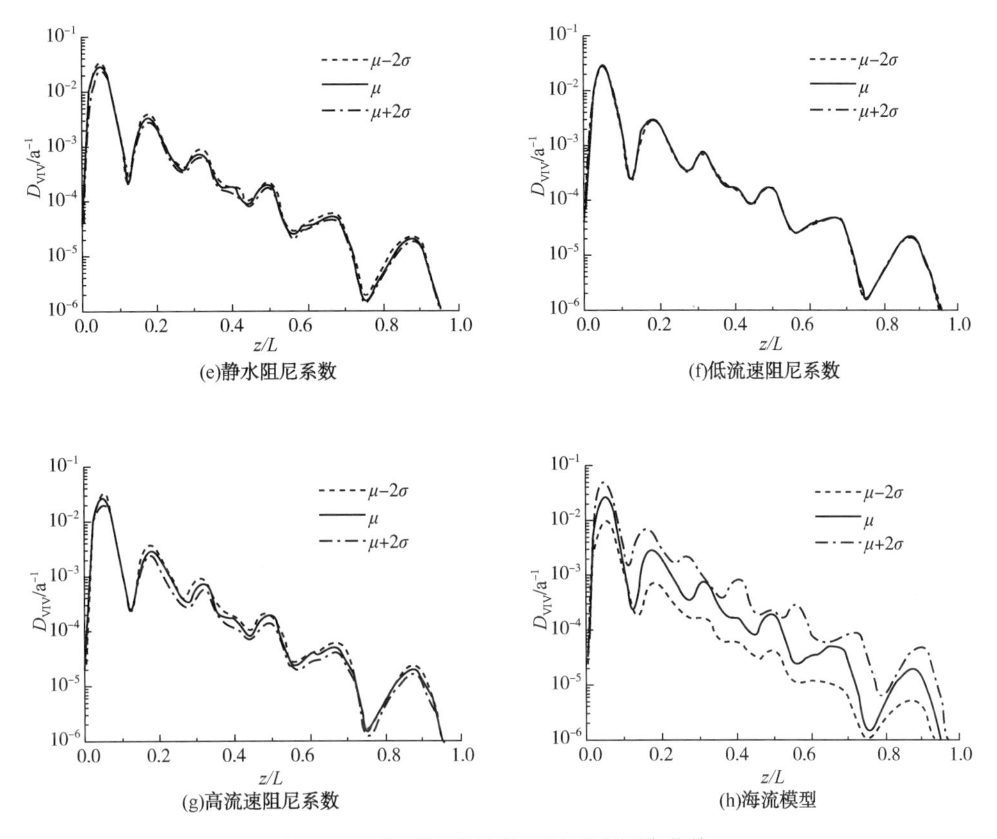

图 4.14 不同变量取值下的疲劳损伤曲线

当随机变量 X_i 取值不同时，隔水管的最大疲劳损伤位置略有不同。针对最大疲劳损伤位置，根据式(4.25)计算不确定度 $\sigma_{X_{\mathrm{D}}}=0.3406$。

不同随机变量的不确定度 σ_{X_i} 对 $\sigma_{X_{\mathrm{D}}}$ 所产生的贡献不同。以相对重要因子 ξ 表征 σ_{X_i} 对 $\sigma_{X_{\mathrm{D}}}$ 的相对重要性，ξ 表示为

$$\xi=\left(\frac{\partial X_{\mathrm{D}}}{\partial X_i}\right)^2\frac{\sigma_{X_i}^2}{\sigma_{X_{\mathrm{D}}}^2}\text{或}\ \xi=\frac{\sigma_{X_{\mathrm{mod}}}^2}{\sigma_{X_{\mathrm{D}}}^2} \tag{4.26}$$

由图 4.14 和表 4.6 可知，海流模型、斯脱哈尔数以及附加质量系数三个变量的不确定度对于 $\sigma_{X_{\mathrm{D}}}$ 评估贡献最大，由于这三个变量均可改变隔水管的振动模态，因而可对疲劳损伤预测产生重大影响。零升力振幅与最大升力系数决定着分析方法的升力模型，但并不影响隔水管的振动模态，其中最大升力系数的不确定度对于 $\sigma_{X_{\mathrm{D}}}$ 评估具有重要贡献，而零升力振幅的不确定度对于 $\sigma_{X_{\mathrm{D}}}$ 评估贡献不大。静水阻尼系数、低流速阻尼系数以及高流速阻尼系数决定着分析方法的水动力阻尼模型，亦不影响隔水管的振动模态，这三个变量的不确定度对于 $\sigma_{X_{\mathrm{D}}}$ 评估均贡献不大。综上所述，海流模型、斯脱哈尔数、附加质量系数与最大升力系数对于 $\sigma_{X_{\mathrm{D}}}$ 评估至关重要，是关键性的随机变量，应谨慎确定这些变量的不确定度等级，或通过更改设计将这些变量的影响降至最低。

(6) VIV 疲劳强度校核

疲劳安全因子 γ 是安全等级因子 γ_{SC}、设计寿命 T、疲劳损伤不确定度 σ_{X_D} 与 S-N 曲线不确定度 σ_{X_a} 的函数。取 $T=30a$，在低、中、高三种安全等级下，γ 随 σ_{X_D} 的变化关系曲线如图 4.15。由 $\sigma_{X_D}=0.3406$，在低、中、高三种安全等级下，根据式(4.22)计算得到 γ 分别为 3.8271、8.2578、15.5689。

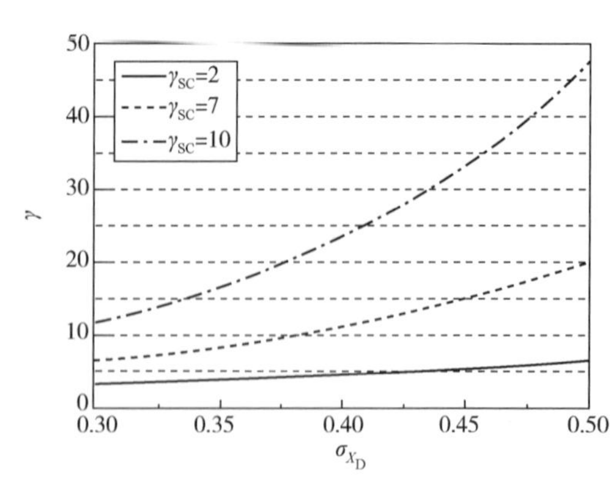

图 4.15 不同安全等级下的疲劳安全因子

VIV 分析模型的偏差因子 α 需要与疲劳安全因子 γ 一起考虑，以建立对 VIV 疲劳的接受准则。α 需通过全尺度实验进行测定。在隔水管设计阶段不可能进行全尺度测量，因而只能根据以往经验来确定 α 大小。在本次分析中，保守地取 $\alpha=1$。

由式(4.21)计算得到低、中、高三种安全等级下隔水管的许用 VIV 疲劳损伤分别为 0.2613、0.1211 与 0.0642。隔水管在设计寿命内的最大疲劳损伤为 0.7575，高于最低安全等级，隔水管的 VIV 疲劳强度不满足设计标准。

4.2.2 不同作业模式下隔水管系统涡激疲劳分析

(1) 海流工况模拟

根据我国的海洋环境统计数据，已知百年一遇下的海流流速及剖面，需预测长期海况下的海流流速及剖面。一般认为海流流速为两参数威布尔分布形式，其概率密度函数为

$$f(u_c)=\frac{\beta_c u_c^{\beta_c-1}}{\theta_c^{\beta}}\exp\left[-\left(\frac{u_c}{\theta_c}\right)^{\beta_c}\right] \tag{4.27}$$

式中，β_c 为形状参数；θ_c 为尺度参数。

则不同海流流速下的概率累积分布函数为

$$F(u_c)=1-\exp\left[-\left(\frac{u_c}{\theta_c}\right)^{\beta_c}\right] \tag{4.28}$$

任意海流流速下的超越概率表达式为

$$P_{exceed}=1-F(u_c)=\exp\left[-\left(\frac{u_c}{\theta_c}\right)^{\beta_c}\right] \tag{4.29}$$

已知百年一遇海况下的海流流剖面，百年一遇海流的超越概率 $P_{exceed-100}$ 为

$$P_{exceed-100}=1-F(u_{100})=\exp\left[-\left(\frac{u_{100}}{\theta_c}\right)^{\beta_c}\right] \tag{4.30}$$

式中，u_{100} 为百年一遇流剖面下的表面海流流速。

联合式(4.29)和式(4.30)，消去尺度参数，可得

$$\frac{\ln P_{exceed}}{\ln P_{exceed-100}}=\left(\frac{u_c}{u_{100}}\right)^{\beta_c} \tag{4.31}$$

则超越概率为

$$P_{\text{exceed}} = \exp\left[\left(\frac{u_c}{u_{100}}\right)^{\beta_c} \ln P_{\text{exceed-100}}\right] \tag{4.32}$$

(2) 算例分析

以南海某井 1342m 水深的隔水管系统配置(见表 4.7)、百年一遇流剖面为例，分别进行隔水管系统连接模式、安装模式、硬悬挂模式和软悬挂模式下的模态分析。

表 4.7 隔水管系统配置

隔水管部件	数量	外径/m	壁厚/mm	单根长度/m	单根湿重/kg
伸缩节外筒	1	0.6096	25.4	24.38	24431
裸单根	2	0.5334	25.4	22.86	12780
浮力单根Ⅰ	2	0.5334	23.8125	22.86	330
浮力单根Ⅱ	25	0.5334	22.225	22.86	1660
浮力单根Ⅲ	18	0.5334	22.225	22.86	3528
裸单根	8	0.5334	25.4	22.86	12780
浮力单根	2	0.5334	22.225	22.86	2105

根据式(4.32)和百年一遇下的流剖面即可进行不同超越概率下的海流流速计算，以我国南海的海流流速数据为例，在威布尔分布曲线上选取 20 组合适的超越概率值，计算出与这些超越概率相对应的表面流速，如图 4.16 所示。

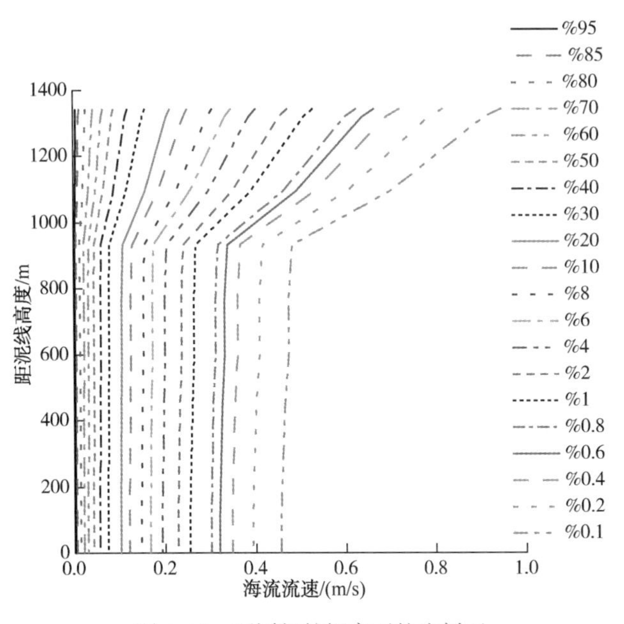

图 4.16 不同超越概率下的流剖面

由图 4.16 可知，随着超越概率的增大海流流速逐渐减小，不同超越概率下的海流工况

发生概率为

$$P_i=\begin{cases}1-P_{\text{exceed},1} & i=1\\ P_{\text{exceed},i}-P_{\text{exceed},i-1} & i>1\end{cases} \tag{4.33}$$

式中，$P_{\text{exceed},i}$为第 i 个海况的超越概率。

根据式(4.33)可以确定不同超越概率流剖面下的发生概率，如图 4.17 所示。然后，可以进行不同超越概率海况下的隔水管涡激疲劳损伤计算，并根据不同超越概率海况的发生概率采用 Miner 线性疲劳损伤累积准则计算隔水管长期涡激疲劳损伤。

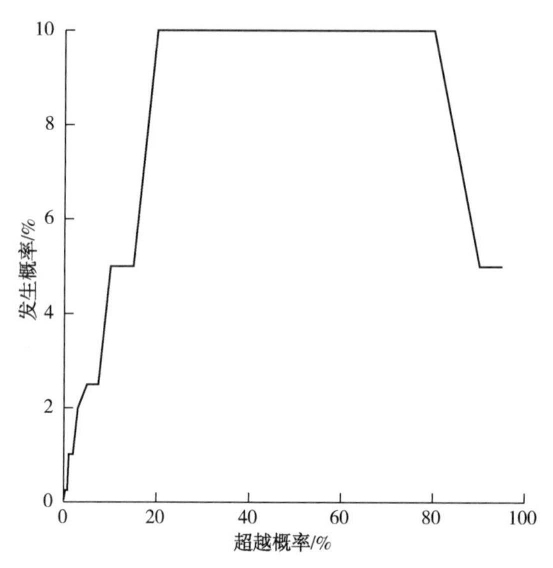

图 4.17　不同超越概率流剖面的发生概率

隔水管系统连接模式、安装模式、硬悬挂模式和软悬挂模式下的模态分析结果如图 4.18所示。分析表明，连接模式、硬悬挂模式和软悬挂模式下隔水管系统模态频率基本相同，安装模式下隔水管系统模态频率较大，安装模式下隔水管系统底部悬挂 BOP，其增大隔水管轴向载荷导致隔水管系统模态频率增大。

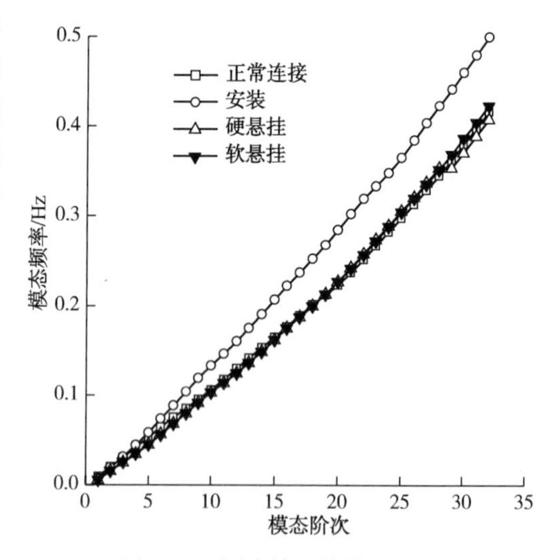

图 4.18　隔水管系统模态分析

在隔水管模态分析的基础上，结合确定的隔水管涡激疲劳分析海况，参照隔水管涡激疲劳分析方法进行不同作业模式下的隔水管系统涡激疲劳损伤计算。隔水管安装和连接作业模式对应的环境工况一般较好，可采用不同超越概率下的海况进行隔水管系统连接模式和安装模式下涡激疲劳分析，分析结果分别如图 4.19 和图 4.20 所示。

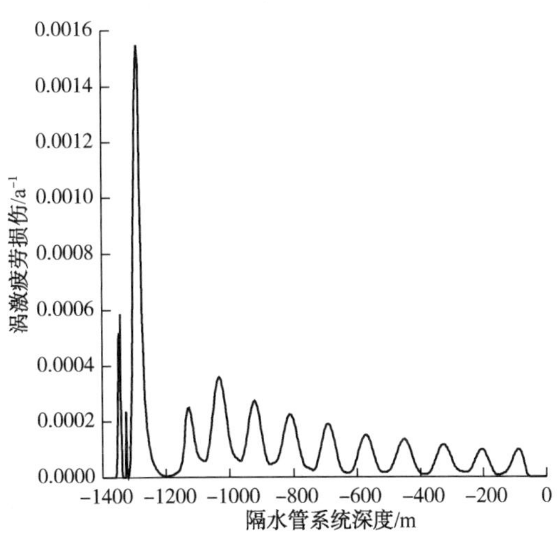

图 4.19 连接模式下的隔水管系统涡激疲劳损伤

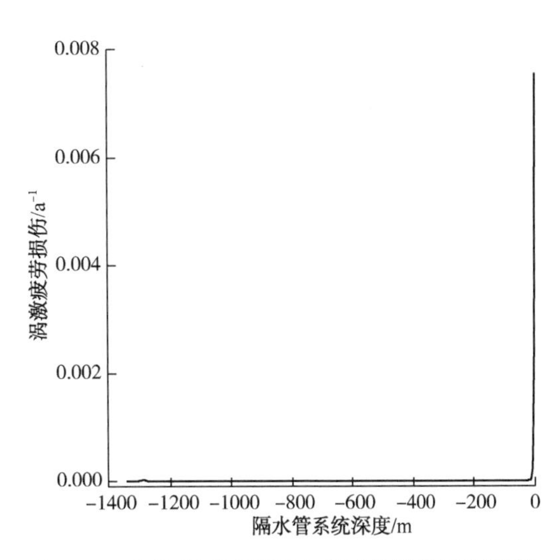

图 4.20 安装模式下的隔水管系统涡激疲劳损伤

由图 4.19 可知，连接作业模式下隔水管系统底部以及泥线附近导管的涡激疲劳损伤较大，最大值发生在隔水管底部，年度疲劳损伤为 0.00157a^{-1}，取涡激疲劳安全系数为 10，则隔水管涡激疲劳寿命为 64 年。

由图 4.20 可知，安装作业模式下隔水管系统顶部的涡激疲劳损伤较大，其余位置较小，主要由于安装作业模式下隔水管顶部与钻井平台硬性连接，隔水管振动过程中导致顶部可能出现较大的弯曲曲率。安装模式下隔水管系统涡激疲劳损伤最大值为 0.0075a^{-1}，取涡激疲劳安全系数为 10，则隔水管涡激疲劳寿命为 13 年。

悬挂作业一般发生在较为恶劣的海况，此时采用不同超越概率海况会导致隔水管涡激疲劳损伤分析结果偏低。选用我国南海一年一遇的海况进行悬挂模式下的隔水管涡激疲劳分析，硬悬挂和软悬挂模式下的隔水管系统涡激疲劳损伤分别如图 4.21 和图 4.22 所示。

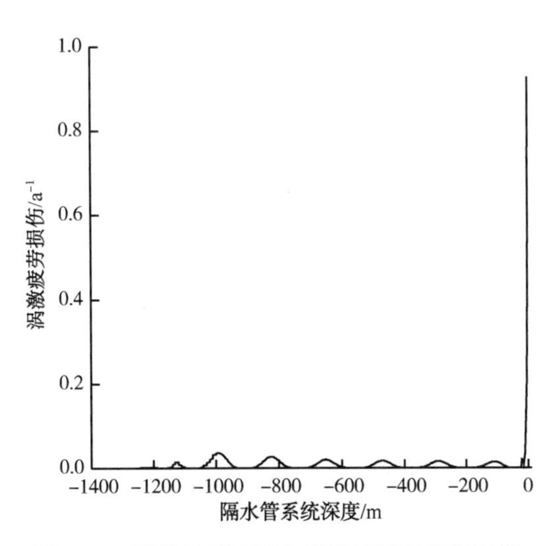

图 4.21 硬悬挂下的隔水管系统涡激疲劳损伤

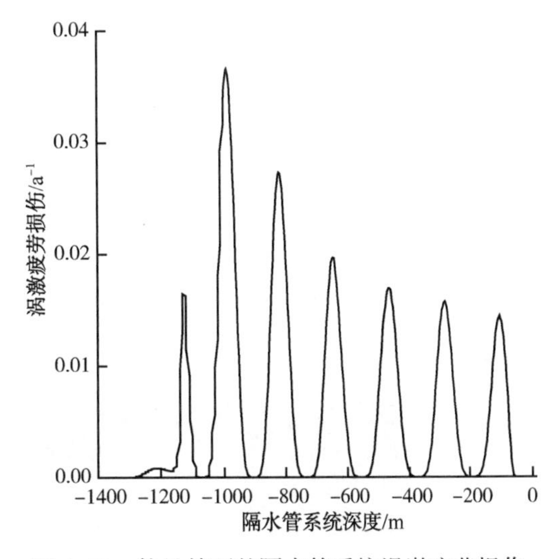

图 4.22 软悬挂下的隔水管系统涡激疲劳损伤

由图 4.21 可知，硬悬挂模式下隔水管系统涡激疲劳损伤分布规律与隔水管安装模式类似，最大值发生在隔水管系统顶端，年度疲劳损伤为 0.92a^{-1}，取安全系数为 10，硬悬挂模式下隔水管涡激疲劳寿命为 0.11 年，一般恶劣海况下悬挂作业时间较短，否则有可能造成隔水管涡激疲劳失效。

由图 4.22 可知，软悬挂模式下隔水管系统涡激疲劳损伤最大值发生在中下部，最大值为 0.036a^{-1}，取安全系数为 10，则软悬挂模式下隔水管系统涡激疲劳寿命为 2.8 年。对比硬悬挂和软悬挂下的隔水管系统涡激疲劳损伤可知，软悬挂可以大大改善隔水管系统涡激疲劳性能，建议隔水管悬挂作业时采用软悬挂模式。

4.3 隔水管涡激疲劳抑制技术

4.3.1 VIV 抑制装置类型概述

关于 VIV 抑制装置，前人已做了大量研究工作，并研发了多种类型的装置。BP 公司根据是否需要动力将 VIV 抑制装置分为被动装置与主动装置，主动装置需要动力，多采用气泵或水泵通过喷射气泡或水来扰乱旋涡泄放，目前研究尚处于起步阶段且面临额外的操作复杂性与操作成本问题；被动装置不需动力，安装在隔水管上后被动改变尾流，即常规的 VIV 抑制装置，目前此种装置的研究已较为成熟。

(1) 刚性减振器

减振器已被证实对于抑制 VIV 和减小曳力均是有效的，目前已有多种减振器产品用于实际作业，但由于设计形式不同，对 VIV 抑制效果也有所不同。减振器性能主要受弦厚比(弦长与外径的比值，$C^*=C/D$)和形式的影响，短减振器($C^*<1.7$)的减振性能卓越，是当前主流的隔水管 VIV 抑制装置，从形式上看，减振器包括全包裹减振器和尾翅减振器两种，分别如图 4.23 与图 4.24 所示，BP 的现场监测发现全包裹减振器的 VIV 抑制效果优于尾翅减振器。减振器性能受海生物附着的影响不大，SHELL 公司的实验结果显示附着有柔软海生物的减振器具有与光滑减振器相当的减振功效。但安装与卸载减振器将使隔水管的下放与回收复杂化，导致作业时间延长，这也是许多 VIV 抑制装置面临的共同问题，SHELL 公司的快速减振器产品能够在海上实现快速安装，在某种程度上缓解了这一问题。

图 4.23　全包裹减振器

图 4.24　尾翅减振器

（2）柔性减振器

柔性减振器是顺应式的，可在来流下游发生膨胀，其减振和降曳性能已在实验室内得到证实，目前正处于原型制造与现场测试阶段。与减振器类似，这种装置对海生物的影响不敏感；与减振器不同，此装置在隔水管下放与回收过程中的安装与拆除更简单、更快捷，在操作上更为有利。

（3）交错浮力块分布

在操作上，交错的浮力块或裸单根与浮力单根的交错排列有时用来作为一种减缓 VIV 的措施，但关于其实际减振性能的数据非常有限。浮力块是深水钻井隔水管系统的基本组成部分，如果交错浮力块分布的功效能够得到证实，这种方法的最大优点在于它的安装与拆除不会带来时间损失。

（4）浮力块-螺旋槽反向列板

这种装置是在浮力块上切出螺旋形沟槽，并将反向列板与浮力块装配为一体，经过测试证实此装置对于 VIV 抑制效果显著，且能够实现适时下放与回收，但装置性能对沟槽内海生物的影响敏感。对于此装置，改进沟槽尺寸并吸引浮力块制造厂商使其产品化是进一步的发展方向。

（5）螺旋列板或螺旋缠绕的绳索

处于辅助管线内部或外部的螺旋列板在模型测试方面已取得一定进展，但当前尚无产品用于实际应用，关键问题在于螺旋列板材料的稳健性及在隔水管下放与回收过程中导致的时间损失；螺旋缠绕的绳索作为临时性的 VIV 抑制装置用在钻井时隔水管发生意外振动的情况下。

（6）翅片缓冲器

这类装置当前用于多套钻井隔水管系统，其原定目的是存储隔水管时用于保护裸单根的辅助管线，如图 4.25所示。尽管如此，实验室与现场测试均证实该装置有助于抑制 VIV。尽管会带来轻微的曳力增大（永久安装在裸单根上），但不会在隔水管下放与回收中带来时间损失。

图 4.25　翅片缓冲器

（7）具有隆起或波状外形的浮力块

波状浮力块是一种新型概念涡激抑制装置，如图 4.26所示。模型测试证实其对于 VIV 具有抑制功效，且此装置在隔水管下放与回收过程中不会带来额外的时间损耗。

综上所述，目前在用的钻井隔水管 VIV 抑制装置主要有减振器和翅片缓冲器两种。减振器具有良好的减振与减阻功效，是当前主流的隔水管 VIV 抑制装置。此外，交错的浮力块分布形式可见于墨西哥湾的多个钻井隔水管配置。

我国南海的气候与环境条件与墨西哥湾相似，受台风的威胁大，海流流速高，此外还

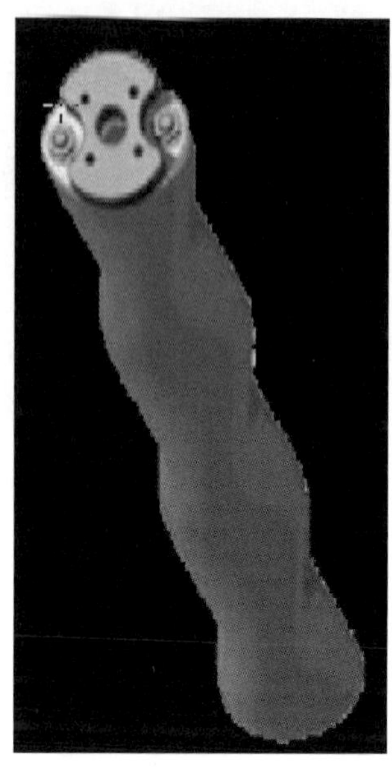
图 4.26　波状浮力块

有内波流等潜在危害。因易受台风影响，且海流流速高，对隔水管的下放与回收效率有较高要求，因此要求 VIV 抑制装置在保证减振功效的情况下，在隔水管下放与回收过程中，能够方便快捷地实现安装与拆除，且要具有良好的曳力性能。总的来说，能够实现快速安装且具有良好减阻性能的装置更易得到青睐。

4.3.2　减振器装置 CFD 分析

从外形上看，减振器有多种形式，其侧面有平缘和凸缘两种，尾翼分扁平尾翼、钝尾翼(垂直尾翼)两种，根据弦厚比大小则可分为短减振器与长减振器两种。Allen、Henning、Lee 等人对图 4.27 所示的三类典型减振器做了实验研究，研究发现，具有平缘、扁平尾翼的减振器可导致小振幅和低曳力，且曳力与 C^* 成反比，而具有钝尾翼的平缘短减振器，减振效果很不理想；$C^*>2.0$ 的平缘长减振器，无论具有扁平尾翼还是钝尾翼，均具有卓越的抑制功效和很低的曳力；凸缘、尖尾的减振器，其减振与减阻效果均低于平缘、扁平尾翼的减振器。总的来说，平缘、钝翼的长减振器具有最为优越的减振与减阻性能，但长减振器耗材多且重量大，导致制造与安装成本高昂。平缘、扁平尾翼的短减振器因具有足够好的减振与减阻性能，成为当前最为流行的隔水管 VIV 抑制装置。下面将对这类短减振器的涡激振动进行数值模拟，研究其减振原理，并对尾角进行优化。

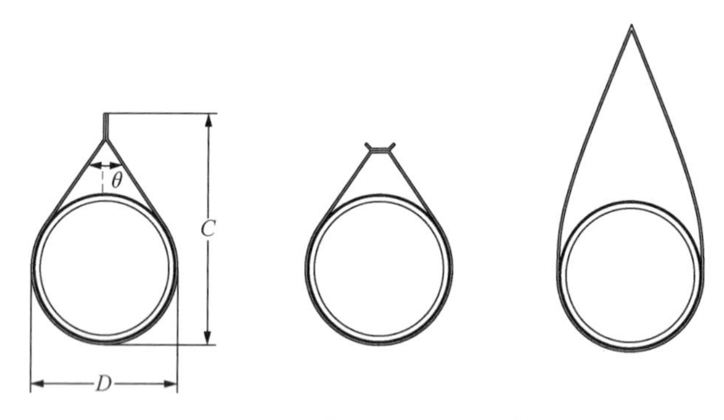

图 4.27　典型的减振器轮廓

为便于进行模拟，忽略减振器尾翼结构，针对尾角 θ 分别为 45°、60°、75°与 90°的短减振器进行数值模拟。取单位长度钻井隔水管在海水中的振动质量 $m+m_A=1000$kg，$m^*=3.4$；主管外径 $D=0.5334$m；海水中的自振频率为 $f_n=0.1$Hz。隔水管结构的结构阻尼比在 0.3%~2%，动态分析时一般取 0.5%~1.5%，而在 VIV 分析时一般取 0.3%~1%。数值模拟时，针对 ζ 取 0.35%，流场条件为 $Re=1.45\times10^5$、$V_r=5$，所采用的流固耦合运动模拟方法、湍流模型及动网格模型均与 4.1 节相同。$\theta=60°$的分析网格如图 4.28 所示。

尾角 θ 为 45°、60°、75°与 90°的减振器的最大无量纲振幅 A^* 分别为 0.12、0.09、0.16

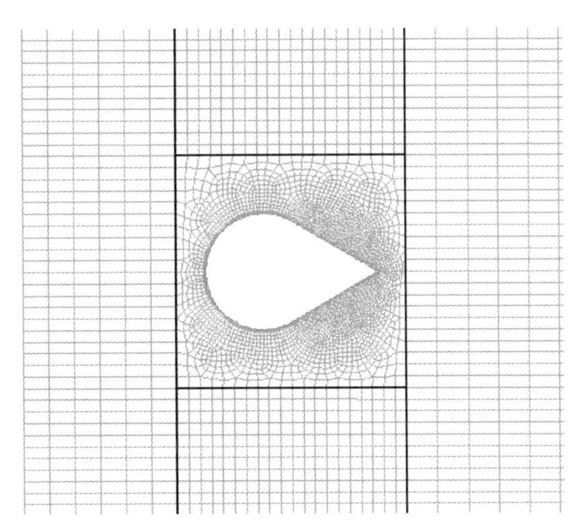

图 4.28　尾角为 60°减振器的计算网格

与 0.37，分别为裸圆柱($A^*=0.77$)的 16%、12%、21%、48%。四种尾角减振器的振幅响应曲线如图 4.29 所示。因未考虑尾翼的作用效果，预测振幅是偏大的，θ 为 45°、60°的减振器振幅预测结果与凸缘、尖尾减振器的测量振幅相当。分析表明，如无尾翼结构，$\theta>75°$ 的短减振器的减振功效是不理想的；减振器的振幅响应并非与 θ 成正比，$\theta=60°$时，减振器的减振功效最好。

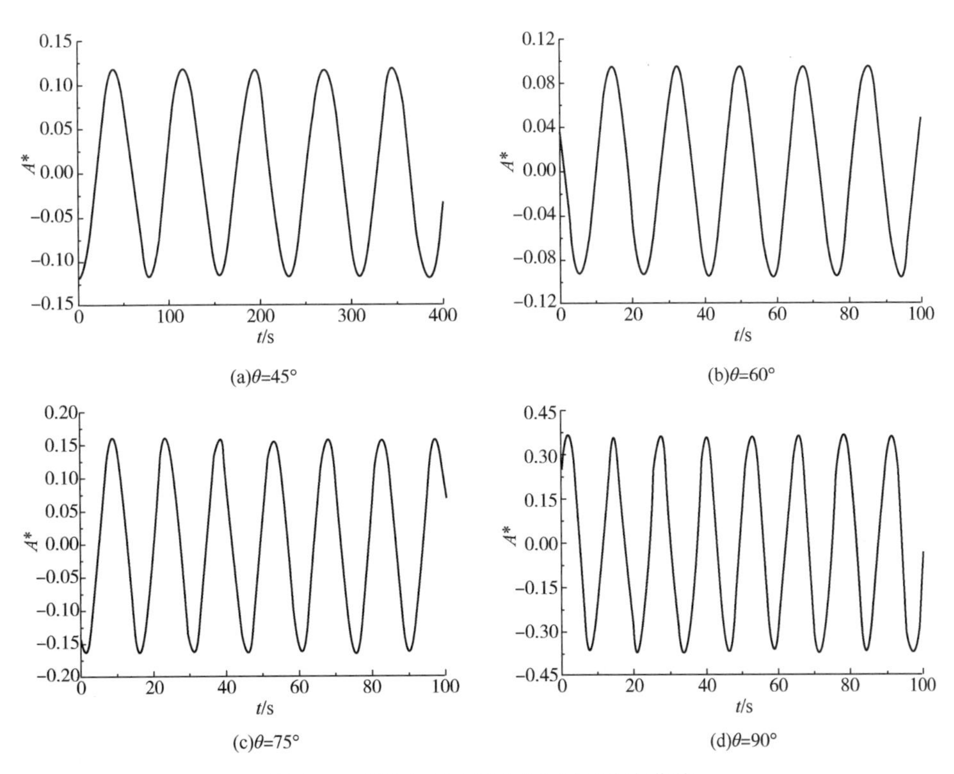

图 4.29　不同尾角减振器的振幅响应曲线

尾角 θ 为 45°、60°、75°与 90°的减振器的响应频率 f 分别为 0.013Hz、0.055Hz、0.067Hz 与 0.078Hz，分别为裸圆柱(0.094Hz)的 14%、59%、71%与 83%。可见，减振器降低了圆柱的响应频率，且响应频率随着减振器尾角的增大而增大。减振器使得圆柱响应频率不再锁定在固有频率上，从而避免了涡激共振的发生，这与裸圆柱响应具有本质不同。显然，低频的结构振动必然导致较小的疲劳损伤。

尾角 θ 为 45°、60°、75°与 90°的减振器旋涡泄放形态如图 4.30 所示。由图 4.30 可知，随着 θ 的减小，旋涡形态越来越细长，由于减振器使得来流趋于流线性，而大幅削弱了交替泄放的旋涡强度，这也是减振器可以降低圆柱振幅的主要原因。

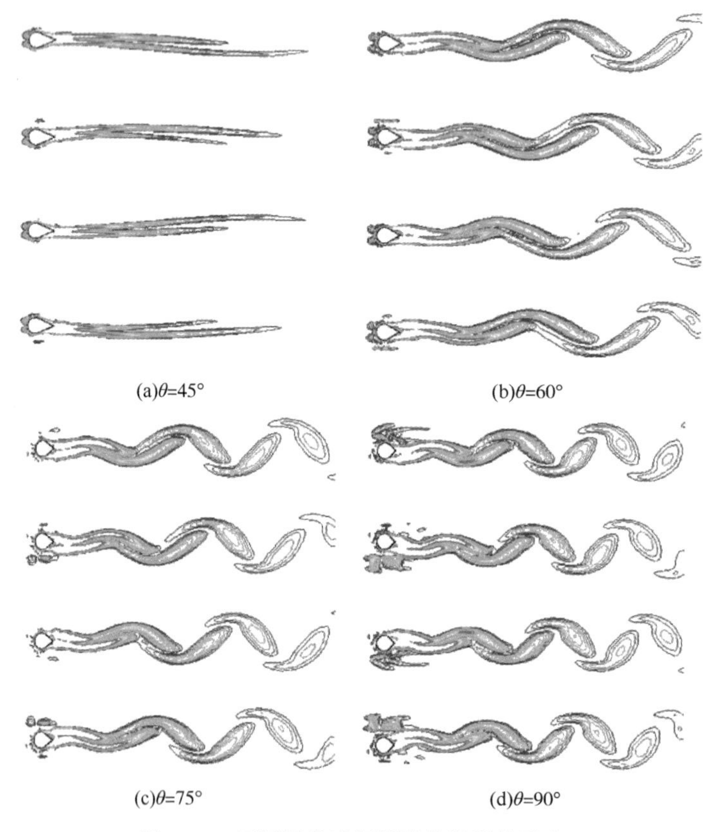

图 4.30 不同尾角减振器的旋涡泄放形态

曳力性能是 VIV 抑制装置的又一重要性能指标。尾角 θ 为 45°、60°、75°与 90°的减振器的平均曳力系数 $\overline{C}_d$ 分别为 0.251、0.365、0.404 与 0.449，分别为振动裸圆柱($\overline{C}_d$ = 0.933)的 27%、39%、43%与 48%，分别为静止裸圆柱(0.419)的 60%、87%、96%与 107%。四种尾角减振器的曳力系数曲线如图 4.31 所示。分析表明，相对于静止圆柱，θ = 45°与 θ = 60°的减振器可降低圆柱的曳力系数；曳力系数随着 θ 的减小而降低，与 Allen 等的实验结果是相符的。

综上所述，减振器既可降低圆柱的响应振幅，又可降低圆柱的响应频率，因而可有效降低圆柱的疲劳损伤；良好设计的减振器亦可降低圆柱的曳力系数。综合考虑减振器的减振性能与曳力性能，减振器尾角应小于 60°。

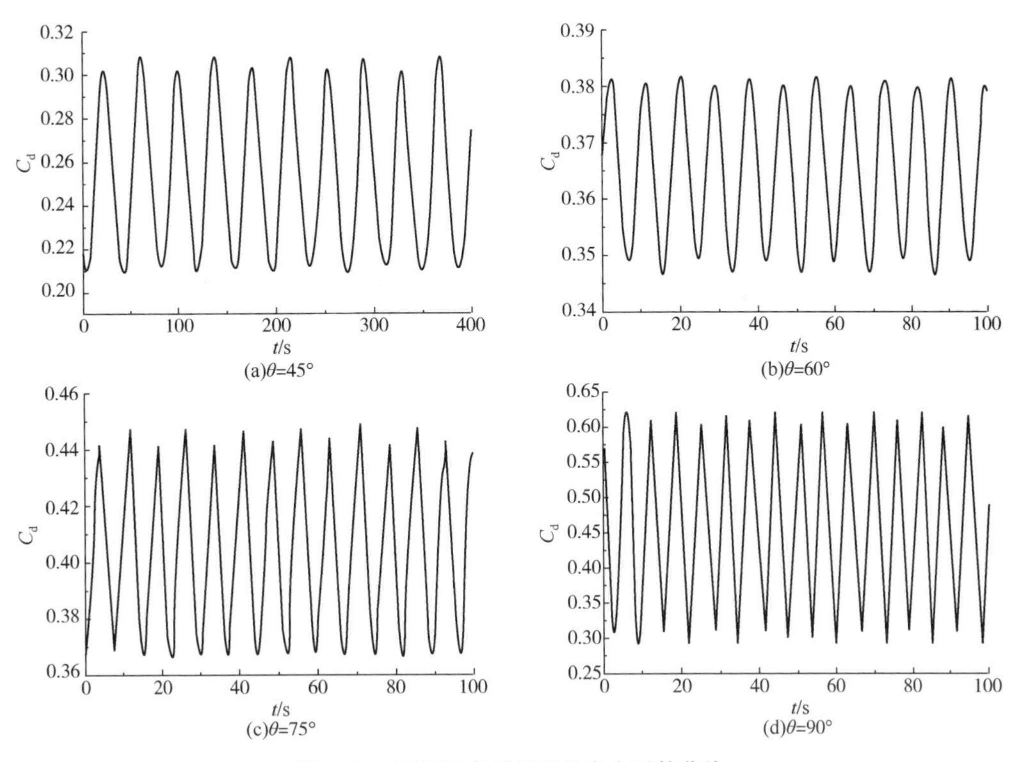

图 4. 31　不同尾角减振器的曳力系数曲线

4. 3. 3　螺旋列板装置 CFD 分析

根据螺旋列板的结构特点，利用 Pro/E 建立的螺旋列板几何模型及其外部绕流场区域网格的划分情况如图 4. 32 所示，并对其进行分析计算。为了便于与其他减振器比较，取海流流速和隔水管结构的外径(D)与先前的计算模型相同，来流的雷诺数为 2.5×10^5，螺高 $0.15D$，螺距 $15D$。通过分析得到不同截面流场矢量图如图 4. 33(a)～(d)所示，螺旋列板和钝体隔水管绕流升力与曳力系数见表 4. 8，螺旋列板升力系数与曳力系数时间历程如图 4. 34、图 4. 35 所示。

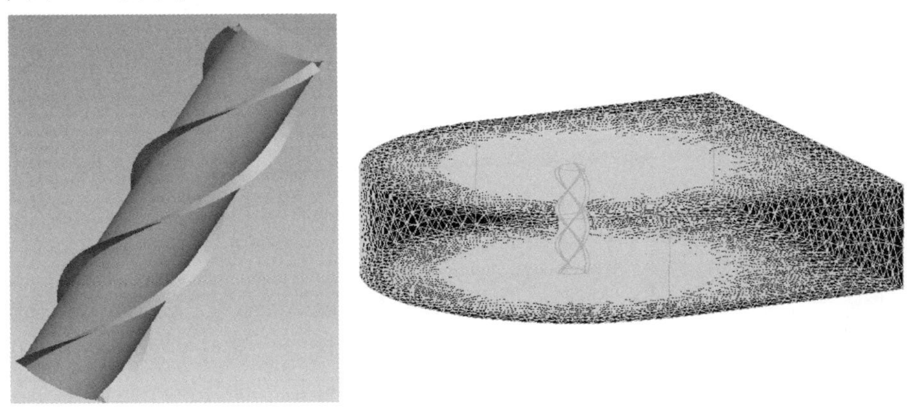

图 4. 32　螺旋列板几何模型及其外部流场区域网格

由图 4.33(a)~(d)可知，在螺旋列板的作用下，隔水管表面的流体沿着列板方向流动，在尾流区，旋涡被列板限定在列板之间的空间内，并沿着列板延伸方向传播，并没有脱离隔水管，因此不会产生横向升力。从速度矢量图中可以发现，沿 z 方向(轴向)截面的速度矢量图，速度旋涡被限制在列板之间，随着列板位置的变化，旋涡位置也随之改变。

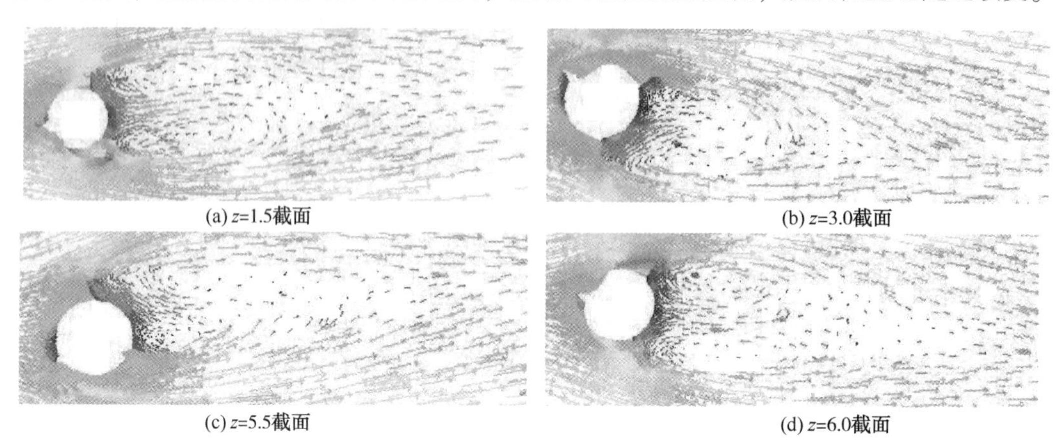

图 4.33　不同截面流场矢量图

由表 4.8 和图 4.34 可知，采用螺旋列板可以明显减小横向涡激升力幅值，但同时由于其结构形状的突变，引起列板后方压力突降，因此导致曳力系数明显增加，由钝体隔水管的 0.512~0.594 增至螺旋列板的 1.443~1.503(图 4.35)。

表 4.8　螺旋列板和钝体隔水管绕流升力与曳力系数

	升力 C_l 系数	曳力 C_d 系数
使用螺旋列板的隔水管	0.098	1.503
钝体隔水管	0.3680	0.6252

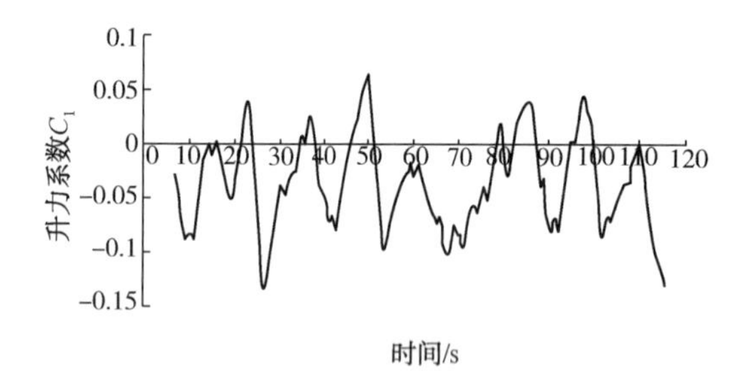

图 4.34　螺旋列板升力系数时间历程

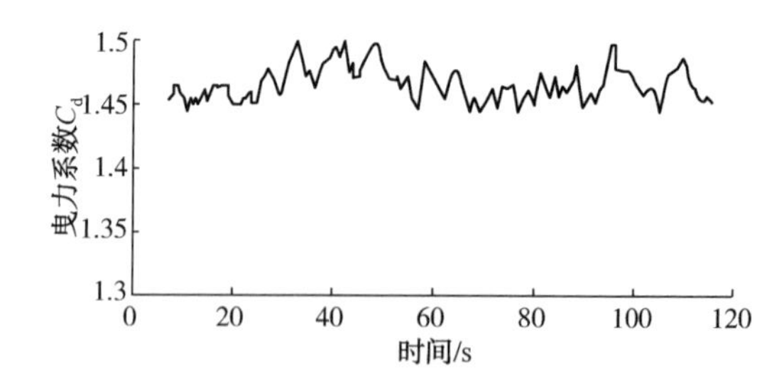

图 4.35　螺旋列板曳力系数时间历程

4.3.4　涡激屏蔽装置 CFD 分析

涡激屏蔽装置是在隔水管外围布置一系列尺寸相对较小的管柱，如图 4.36 所示。隔水管前端的屏蔽管柱可以起到阻流作用，降低隔水管来流流速，尾部屏蔽管柱则可以破坏尾流旋涡的形成，影响旋涡泄放。邵传平等通过在圆柱表面沿展向每隔一定间距布置一小柱抑制圆柱尾流旋涡脱落，在室内水槽中进行了低雷诺数(300~1600)条件下的实验，用激光测速仪测量尾流速度脉动情况，实验结果表明，通过适当调整抑制棒间距，以及小柱与来流的方向夹角，可以抑制旋涡的脱落。李椿萱等人指出在主圆柱的尾流区放置小圆柱可以改变流场尾迹结构，减弱涡激的产生，甚至完全抑制，流场达到准定常状态；同时，曳力系数也显著下降。随小圆柱直径增加，主圆柱涡激更易抑制。随着雷诺数增加，尾流区域变窄，小圆柱放置的最佳范围缩小，主圆柱尾流控制难度增大。

图 4.36 涡激屏蔽装置

为了便于比较，流场分析过程中对来流及流体特征采用前面分析中相同的参数，且屏蔽管柱均匀布置在隔水管周围。涡激屏蔽装置绕流流场区域的网格布置情况如图 4.37 所示，分析得涡激屏蔽装置及隔水管附近流场速度矢量图如图 4.38 所示。

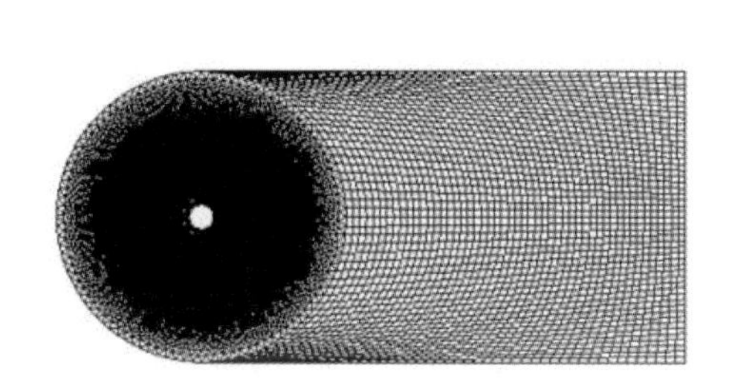
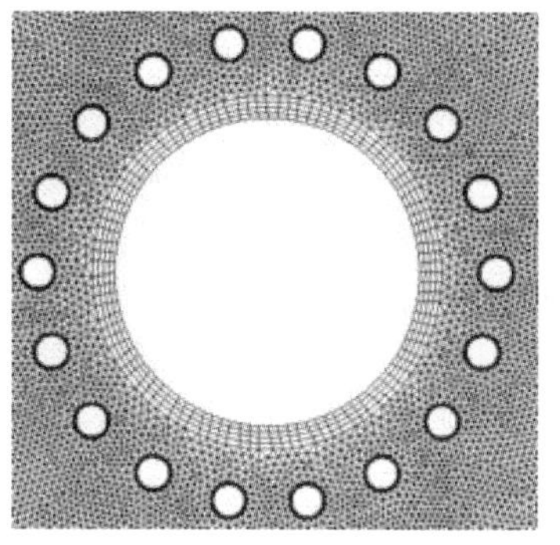

图 4.37 屏蔽管柱隔水管周围网格

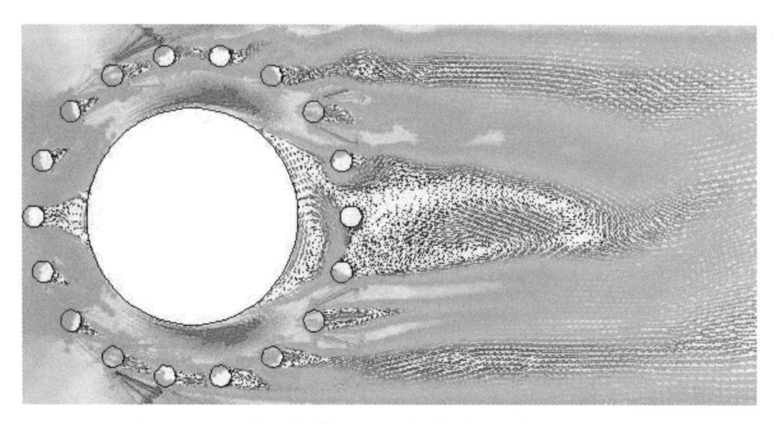

图 4.38 涡激屏蔽装置及隔水管附近流场速度矢量图

由图 4.38 可知，虽然结构是对称的，但流场却不具备对称性，涡激屏障装置之间的缝隙流，主导了流场的偏移，抑制了隔水管尾流剪切层分离和旋涡发放，使尾流分离点向后延伸，或者分离后又重新附着在屏蔽管柱上，故隔水管受到的升力幅值减小。

尾流旋涡的稳定存在和向外传播都是需要一定的空间，间距较小时，无法形成旋涡泄放。相邻柱体之间的缝隙流动类似于导流片，从缝隙两侧剪切层脱落的旋涡很快与相邻管柱的旋涡互相消散，无法稳定存在并向外传播。隔水管尾流受到屏蔽管柱的干扰，很快就原地消散了，没有向外传播形成旋涡泄放，没有了旋涡的泄放也就减小了横向升力；尾部由于屏蔽管柱的干扰无法形成回流，因此，尾部压力可以恢复到很高的水平，于是隔水管前后压差降低，即隔水管受到的曳力减小。曳力系数的动态变化过程如图 4.39 所示，升力系数时间历程如图 4.40 所示。

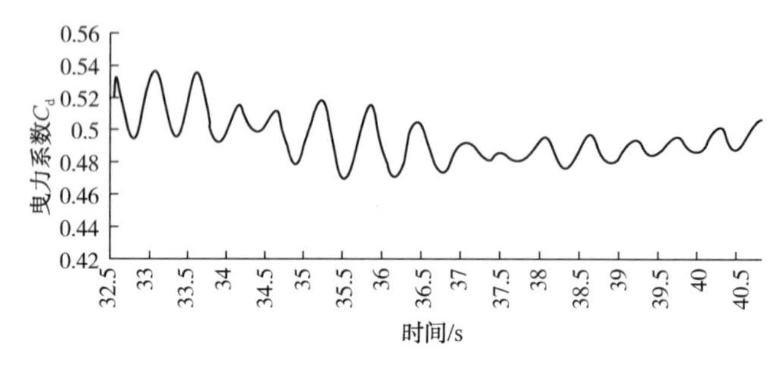

图 4.39　曳力系数时间历程

由图 4.40 可知，升力系数幅值具有非对称性，证明流场的偏移。在涡激屏蔽装置的“庇护下”，隔水管升力系数幅值明显减小，与钝体隔水管(0.368)相比，最大升力系数幅值仅为 0.09，同时可以发现安装了涡激屏蔽装置的隔水管，其升力系数(旋涡泄放频率)具有明显的多频特性，屏蔽管柱和隔水管自身旋涡泄放都会对隔水管的受力产生影响。屏蔽隔水管和钝体隔水管绕流的升力系数与曳力系数见表 4.9。

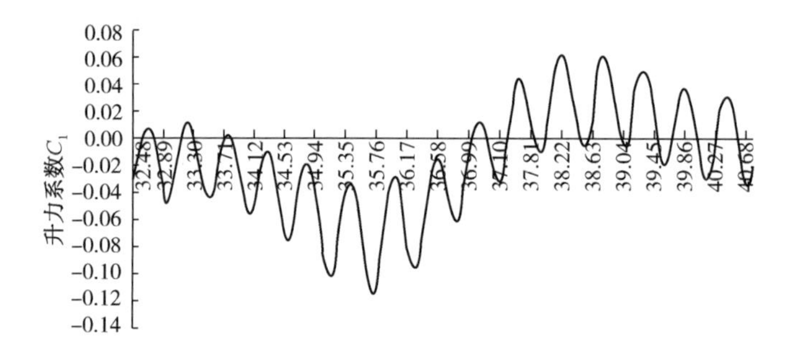

图 4.40　升力系数时间历程

由表 4.9 可知，涡激抑制装置使升力系数减小了 86.36%，曳力系数减小了 16.22%。效果和正常工作条件下的减阻装置($a=2D$)相比效果要逊色一点，但与减振器相比较，涡激屏蔽装置是中心对称的，不受来流方向的影响，性能比较稳定。

表 4.9　屏蔽隔水管和钝体隔水管绕流的升力系数与曳力系数

	升力系数 C_l	曳力系数 C_d
使用涡激屏蔽的隔水管	0.0502	0.5238
钝体隔水管	0.3680	0.6252
系数比值	13.64%	83.78%

第 5 章　极端工况下隔水管柱安全分析

发生在北太平洋西部的强烈热带气旋称为台风。中国是世界上登陆台风最多、遭受灾害最严重的国家之一，每年进入中国南海和东海的台风平均有 29 次，约占西太平洋年平均台风次数的 71%。在台风的移动过程中伴随有狂风、暴雨、巨浪和风暴潮，严重威胁海洋油气钻采装备的安全。

内孤立波是一种发生于海洋内部的具有非线性、高能量波动的特殊高频海洋内波，其特征波长为几百米到上千米，持续时间一般为十几分钟到几十分钟，可对各种海上结构物、设备和船只产生强的冲击载荷，对其安全性造成威胁。因此，内孤立波将是对我国南海油气开发影响最为严重的一类海洋内波，为保证隔水管系统作业安全，需要针对台风、内波海况，对隔水管系统的动力学特性以及作业窗口进行充分研究。

5.1　台风环境下隔水管安全分析

5.1.1　台风对南海深水钻井作业的挑战

频繁的台风使得我国南海深水油气资源开发难度加大。南海海域是热带气旋的频发区，台风季节一般集中在 7~10 月份，每年仅达到热带风暴等级以上的就有约 28.8 个，严重影响了海上钻井作业安全。1958~2010 年南海每月台风数的统计结果如图 5.1 所示。

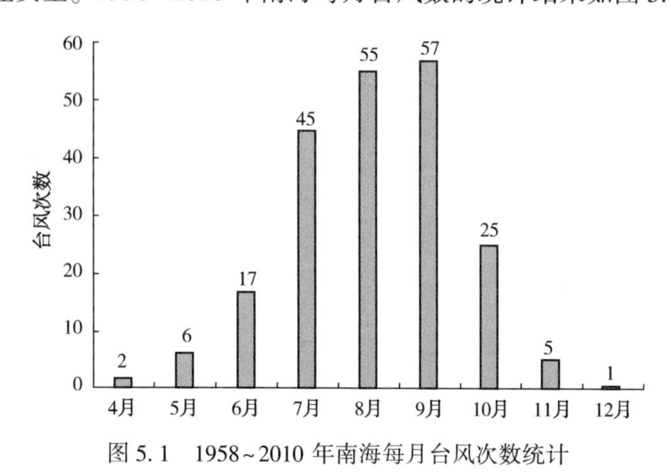

图 5.1　1958~2010 年南海每月台风次数统计

南海台风频发对深水钻井作业带来了极大的风险，主要表现在以下几方面：

① 台风强度和危害预测不准确。如 2009 年对“巨爵”台风强度的预测失准，导致了抗台决策部署失策。

② 台风形成和发展速度较快，反应决策时间较短。如类似土台风的“巨爵”形成后快速

接近黄红警戒区域，并在移动中不断加强，于 30h 内从热带低压增强为台风。图 5.2 为南海土台风加强到各等级的平均时间统计结果。

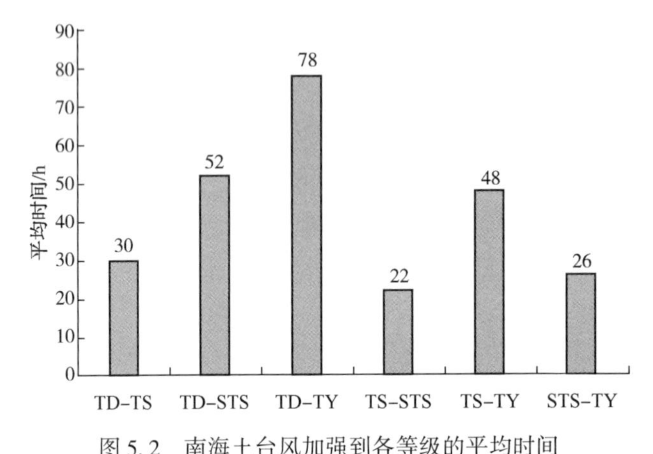

图 5.2　南海土台风加强到各等级的平均时间

注：TD 表示热带低压，TS 表示热带风暴，STS 表示强热带风暴，TY 表示台风。

③ 深水钻井作业应对南海台风的经验不足。例如，2006 年作业者在 LW3-1-1 井遭遇台风袭击时没有启动防台程序；2009 年作业者对台风“巨爵”没有足够重视，采取措施不恰当，造成隔水管下部总成(LMRP)撞碰海底事故。

④ 台风易导致深水钻井作业发生危险。如果防台不当，轻则影响钻井作业时间，增加作业费用，重则造成设备的严重损坏，甚至是人员伤亡(即使按照正常的防台程序，也会影响钻井作业的效率，造成钻井成本的增加)。除“爪哇海”号钻井船沉没事故外，2006 年，Transocean Discoverer 534 号钻井船在 LW 3-1-1 井作业时突遇台风，强风和恶劣的钻井船运动导致隔水管回收作业无法继续进行，隔水管自分流器处断开，导致 52 节隔水管单根和 LMRP、BOP 落入海底，仅打捞 BOP 的费用就达到了 2400 万美元。

目前为了减轻台风对钻井工况造成的损伤，在遭遇台风之前，一般优先选择将隔水管回收并存放在甲板上。在深水海域，将隔水管整体回收将消耗数日的钻井时间，台风过后，将隔水管重新连接又将消耗数日的钻井时间。同时，回收或下放作业必须在温和的环境条件下进行。在我国南海或墨西哥湾，热带天气系统发展迅速，留给关井和回收隔水管的时间很少，特别是在非常深的海域，放任钻井船(或平台)自存前将隔水管完全回收是不可能的。

为了减少停工时间，并降低在恶劣环境下的操作风险，选择将隔水管悬挂在钻井船上实现自存是当前工业上探讨的热点问题。在北海海域，实践证实悬挂自存对于短隔水管而言是一种符合要求的操作模式。在深水尤其是超深水海域，放任钻井船自存前将隔水管完全回收是不必要的，部分回收隔水管并放任剩余部分悬挂在钻井船上，是一种经济可行的方案。确认回收长度以保证剩余部分的安全，需要对悬挂管柱进行详尽地分析。

针对钻井船与半潜式钻井平台两种载体和软、硬悬挂两种模式进行分析，确定隔水管台风自存的环境作业窗口并推荐合适的悬挂长度。悬挂状态下隔水管的主要安全问题包括：①钻井船或半潜平台升沉运动激励隔水管发生轴向振动，可能导致出现动态压缩或极端张力；②大海流导致隔水管出现大变形，可能导致隔水管顶端屈服或与月池发生碰撞。

5.1.2 隔水管自存分析模型

采用某钻井船与半潜式钻井平台，对水深1829m的钻井隔水管进行分析，隔水管系统配置见表5.1所示。钻井船与半潜式钻井平台的升沉运动RAO分别如图5.3与图5.4所示。对比图5.3和图5.4可知，钻井船与半潜平台的升沉运动RAO具有明显不同的特征。钻井船的升沉运动RAO与浪向角密切相关，横浪时钻井船的升沉运动最为剧烈，顺浪或逆浪时钻井船的升沉运动最为平缓；而半潜平台的升沉运动RAO对浪向角并不敏感。

表5.1 隔水管系统配置

名称	数量	名称	数量
伸缩节	1	浮力单根3	17
裸单根	2	浮力单根4	18
浮力单根1	4	浮力单根5	15
浮力单根2	15	裸单根	8

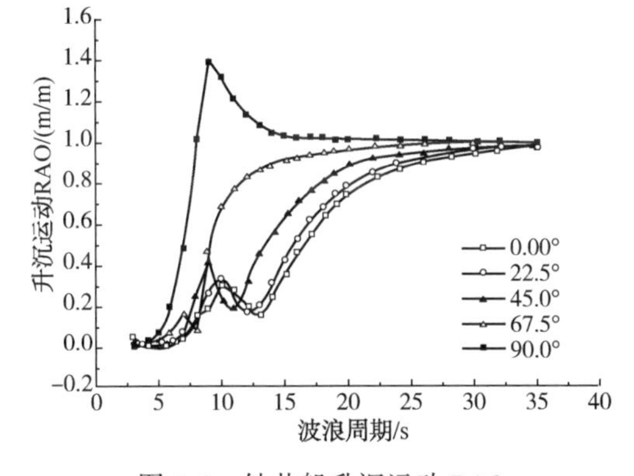

图5.3 钻井船升沉运动RAO

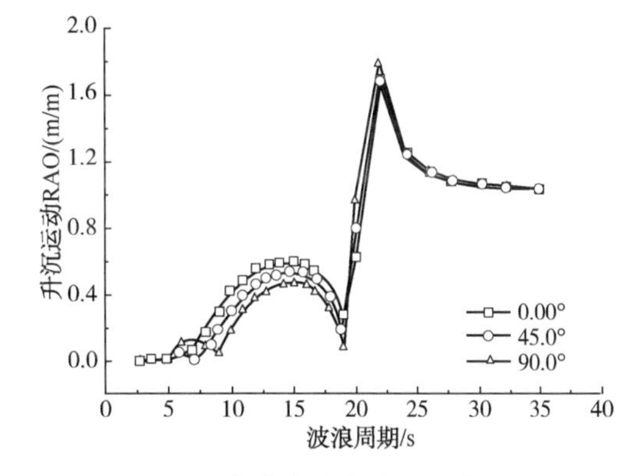

图5.4 半潜式平台升沉运动RAO

波浪环境条件如图5.5所示。50%、90%、99%与99.9%的非超越概率海流表面流速分别为0.34m/s、0.67m/s、1.08m/s与1.46m/s。

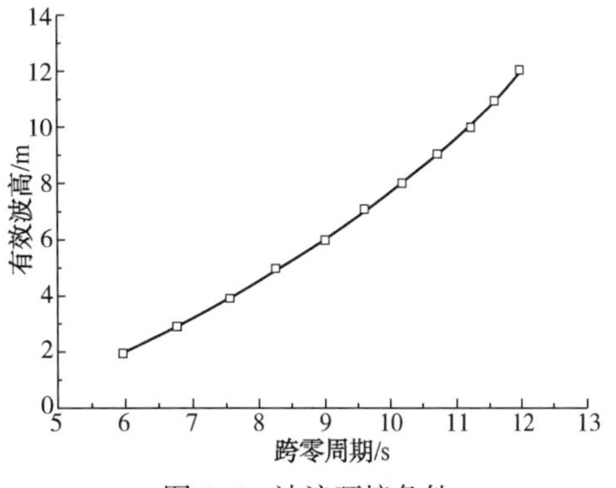

图5.5 波浪环境条件

5.1.3 隔水管自存作业窗口分析

(1) 硬悬挂模式

硬悬挂模式下隔水管的作业限制包括：最小许用张力为100kips(0.4449MN)，最大许用张力为2000kips(8.8984MN)，许用应力为300MPa。

对于悬挂在钻井船上的隔水管，其波浪环境作业窗口见表5.2。由表5.2可知，浪向角在45°以内时，对于所有分析波浪工况，隔水管的有效张力均可满足作业要求；浪向角为67.5°时，在波高7m以内，隔水管的有效张力可满足作业要求；浪向角为90°时，在波高

3m 以内，隔水管的有效张力可满足作业要求。

表 5.2　波浪环境作业窗口(硬悬挂、钻井船)

波高/m	浪向角/(°)				
	0	22.5	45	67.5	90
2	可行	可行	可行	可行	可行
3	可行	可行	可行	可行	可行
4	可行	可行	可行	可行	不可行
5	可行	可行	可行	可行	不可行
6	可行	可行	可行	可行	不可行
7	可行	可行	可行	可行	不可行
8	可行	可行	可行	不可行	不可行
9	可行	可行	可行	不可行	不可行
10	可行	可行	可行	不可行	不可行
11	可行	可行	可行	不可行	不可行
12	可行	可行	可行	不可行	不可行

可行　　不可行

对于悬挂在半潜平台上的隔水管，其波浪环境作业窗口见表 5.3。由表 5.3 可知，所有工况下，仅在浪向角为 0°、波高为 12m 时，隔水管的有效张力不满足作业要求。由于半潜平台在波浪中的升沉运动特性显著优于钻井船，故以半潜平台实施钻井作业可显著改善隔水管的轴向动力特性。分析表明，对于硬悬挂模式而言，以半潜平台实施钻井作业可拓展隔水管的作业窗口。

表 5.3　波浪环境作业窗口(硬悬挂、半潜平台)

波高/m	浪向角/(°)				
	0	22.5	45	67.5	90
2	可行	可行	可行	可行	可行
3	可行	可行	可行	可行	可行
4	可行	可行	可行	可行	可行
5	可行	可行	可行	可行	可行
6	可行	可行	可行	可行	可行
7	可行	可行	可行	可行	可行
8	可行	可行	可行	可行	可行
9	可行	可行	可行	可行	可行
10	可行	可行	可行	可行	可行
11	可行	可行	可行	可行	可行
12	不可行	可行	可行	可行	可行

可行　　不可行

隔水管悬挂在钻井船上且浪向角为 90°时，各波浪工况下隔水管的最大张力与最小张力如图 5.6 所示。隔水管悬挂在半潜平台上且浪向角为 0°时，各波浪工况下隔水管的最大张力与最小张力如图 5.7 所示。隔水管的张力波动由钻井船升沉运动幅值和周期共同控制，高幅值、小周期的钻井船升沉运动将导致隔水管出现更为严重的张力波动。硬悬挂模式下，轴向振动易导致隔水管出现动态压缩，则潜在动态压缩是制约硬悬挂操作的一项因素。

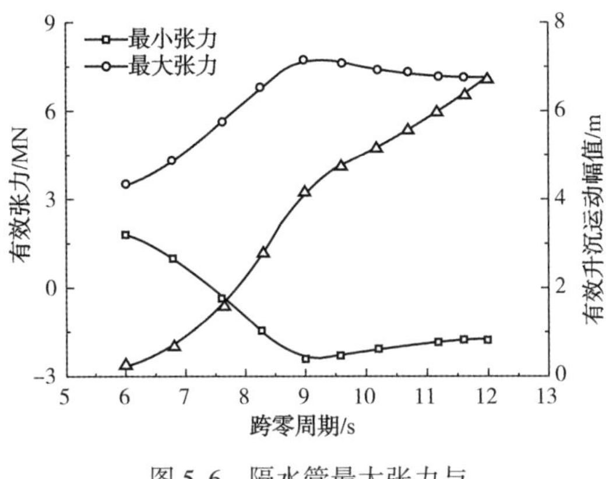

图 5.6 隔水管最大张力与最小张力（钻井船、浪向角 90°）

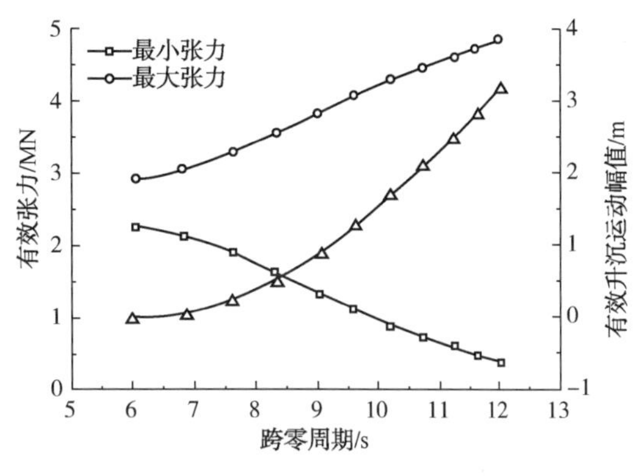

图 5.7 隔水管最大张力与最小张力（半潜平台、浪向角 0°）

硬悬挂模式下，隔水管顶部与卡盘刚性连接，高流速海流对隔水管施加极大的弯曲与剪切载荷，易对隔水管顶部造成大应力。在 50%、90%、99%与 99.9%的非超越概率海流作用下，隔水管的顶部等效应力分别为 93MPa、177MPa、308MPa 与 420MPa，隔水管的等效应力曲线如图 5.8 所示。在低于 99%的非超越概率海流作用下，隔水管可以实施硬悬挂。硬悬挂模式下，极端海流可能造成隔水管顶部屈服，则顶部大应力亦是制约硬悬挂操作的一项因素。

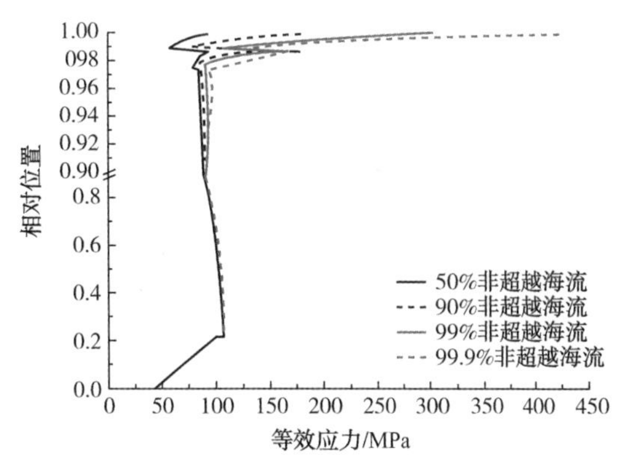

图 5.8 不同海流作用下的隔水管等效应力曲线

（2）软悬挂模式

软悬挂模式下隔水管的作业限制包括：最小许用张力为 100kips（0.4449MN），最大许用张力为 2000kips（8.8984MN），许用应力为 300MPa，上球铰最大转角为 9°，最大有效升沉运动幅值为 6.096m（保守起见取张紧器或伸缩节半冲程的 80%）。

对于悬挂在钻井船上的隔水管，其波浪环境作业窗口见表 5.4。由表 5.4 可知，所有工况下，隔水管的最大张力与最小张力均可满足作业要求。浪向角在 67.5°以内时，对于所有分析波浪工况，钻井船的有效升沉运动幅值均可满足作业要求；浪向角为 90°时，在波高 10m 以内，钻井船的有效升沉运动幅值可满足操作要求。

表 5.4　波浪环境作业窗口(软悬挂、钻井船)

波高/m	浪向角/(°)				
	0	22.5	45	67.5	90
2	可行	可行	可行	可行	可行
3	可行	可行	可行	可行	可行
4	可行	可行	可行	可行	可行
5	可行	可行	可行	可行	可行
6	可行	可行	可行	可行	可行
7	可行	可行	可行	可行	可行
8	可行	可行	可行	可行	可行
9	可行	可行	可行	可行	可行
10	可行	可行	可行	可行	可行
11	可行	可行	可行	可行	不可行
12	可行	可行	可行	可行	不可行

可行　　不可行

对于悬挂在半潜平台上的隔水管，其波浪环境作业窗口见表5.5。由表5.5可知，所有工况下，隔水管的最大张力与最小张力以及钻井船有效升沉运动幅值均可满足作业要求。对于软悬挂模式而言，以半潜平台实施钻井作业亦可拓展隔水管的作业窗口。软悬挂模式下，轴向振动不易导致隔水管出现动态压缩或顶部极端张力，则极端钻井船升沉运动是制约软悬挂操作的主要因素。

表 5.5　波浪环境作业窗口(软悬挂、半潜平台)

波高/m	浪向角/(°)				
	0	22.5	45	67.5	90
2	可行	可行	可行	可行	可行
3	可行	可行	可行	可行	可行
4	可行	可行	可行	可行	可行
5	可行	可行	可行	可行	可行
6	可行	可行	可行	可行	可行
7	可行	可行	可行	可行	可行
8	可行	可行	可行	可行	可行
9	可行	可行	可行	可行	可行
10	可行	可行	可行	可行	可行
11	可行	可行	可行	可行	可行
12	可行	可行	可行	可行	可行

可行　　不可行

在软悬挂模式下，由于上球铰的作用，隔水管顶部不会出现大应力，但需注意在高流速海流下，上球铰转角不宜过大，以免隔水管与月池发生碰撞。在50%、90%、99%与99.9%的非超越概率海流作用下，上球铰转角分别为0.43°、1.39°、2.90°与4.20°。分析表明，即便在极端海流作用下，上球铰转角仍远低于作业限制，亦即隔水管不会与月池发生碰撞。

(3) 悬挂长度优化分析

根据前面的分析，对于水深1829m的钻井隔水管，软悬挂操作模式的主要制约条件是钻井船升沉运动超出伸缩节或张紧器的冲程限制，而因半潜平台的升沉运动幅度小，所分析波浪工况不会影响软悬挂操作的执行；硬悬挂操作模式的主要制约条件则包括：隔水管出现动态压缩而导致屈曲失效、高弯曲和剪切载荷导致隔水管顶部屈服。对于软悬挂模式而言，隔水管本身长度并不起首要制约作用，如钻井船升沉运动过大，则无论悬挂隔水管长度多短都不能执行软悬挂操作。对于硬悬挂模式而言，悬挂隔水管的长度越短，隔水管的轴向张力波动幅度及顶部载荷就越小，即悬挂隔水管长度越短结构越安全。回收长度过短，将使悬挂管柱处于危险状态，回收长度过长，将导致停工时间过长。下面将对硬悬挂在钻井船上的隔水管长度进行优化分析，得到不同波浪工况作用下（浪向角90°），悬挂长度分别为6000ft（1829m）、4800ft（1463m）、3600ft（1097m）、2400ft（732m）与1200ft（366m）的管柱最小张力如图5.9所示，图中虚线为管柱最小许用张力；不同长度悬挂管柱的最大应力见表5.6。

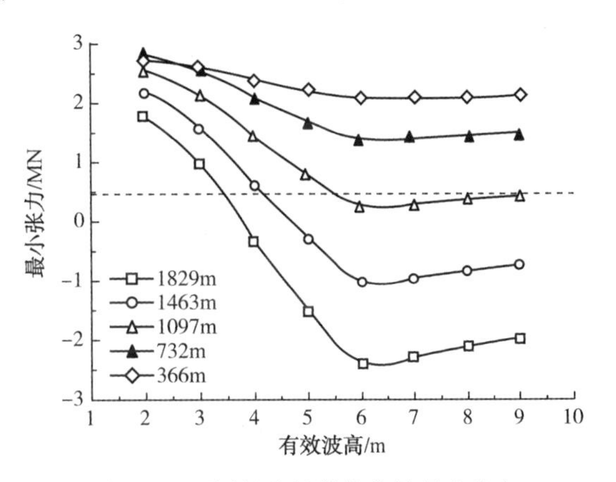

图5.9 不同长度悬挂管柱的最小张力

由图5.9可知，在波高3m及以内、波高4m、波高5m、波高6m及以上的波浪工况作用下，悬挂管柱长度分别为1829m、1463m、1097m与732m，可保证管柱的最小张力大于最小许用张力，即可满足操作要求。悬挂管柱长度不大于732m时，对于全部分析波浪工况均可执行硬悬挂操作。

表5.6 不同长度悬挂管柱的最大应力

海流非超越概率	悬挂管柱长度				
	1829m	1463m	1097m	732m	366m
50%	93.2	92.4	91.6	87.8	73.8
90%	177	170	157	139	101
99%	308	291	261	220	146
99.9%	420	399	354	298	190

由表5.6可知，在非超越概率90%及以内、非超越概率99%、非超越概率99.9%的海流工况作用下，悬挂管柱长度分别为1829m、1463m与732m，可保证管柱的最大应力满足

操作要求。悬挂管柱长度为不大于732m时，对于全部分析海流工况均可执行硬悬挂操作。

5.2 隔水管避台撤离策略研究

对于南海深水油气开发而言，除了面临深水钻井技术本身的挑战外，还面临南海特殊的环境条件挑战，其中对深水钻井的安全和效益影响最大的是南海台风。目前，应对南海台风的主要措施是提前撤离，在台风到来前回收全部隔水管，将平台撤离至安全海域，然而可能因多种原因导致隔水管未被完全回收，如台风预报不及时导致钻井船撤离前的准备时间不多、建井操作阻碍了在最佳时机实施断开并回收隔水管的操作、天气系统发展迅速使回收作业无法继续进行，并且南海土台风预报难度大，路径多变，对于深水尤其是超深水，提前撤离难以实现。在这种情况下，钻井船只能实施悬挂隔水管撤离，而钻井船航行时悬挂隔水管的安全性远较钻井船不航行时差，为保证悬挂隔水管的安全，降低台风对作业带来的挑战与风险，钻井船撤离时选择合理的航速和航向是目前必须要解决的关键技术问题。

5.2.1 避台策略讨论

快速成长的海况及频繁的台风等灾害性天气严重影响深水油气管柱的作业成本与安全。目前，人们已逐渐认识到，为保证台风发生时能够快速有效地采取应对措施，将台风造成的损失降为最低限度，必须未雨绸缪，建立合理、完善的防台应急程序。我国采用的防台应急程序通常以警戒区域的形式表示，主要是根据台风距平台的距离，执行相应的应对措施，平台进行防台风应急处理可划分为三个阶段：

① 以平台为中心，半径为1250~1500km的海域为第一警戒区。台风处于此区域内时，平台可维持正常的作业；需进行防台准备工作，并向平台人员进行防台动员。

② 以平台为中心，半径为750~1250km的海域为第二警戒区。半径的大小由台风至作业平台的时间+36h的安全余量决定，此时需要停止海上油气作业，开始保护井眼并撤离人员。

③ 以平台为中心，半径为750km的海域为第三警戒区。当台风处于该区域时，需要留下必要的操船人员和设备维护人员，并尽快开动平台驶离台风影响区域。

据估算，对于2500m水深的深水钻井而言，躲避一个台风的损失将大于1000万美元，而且在台风频繁的季节也很难实施超深水钻井作业。所以，应针对不同的台风情况采取相应的应对措施，主要有以下几种。

① 抗台，即平台停留在原井位，对抗风暴。如果台风强度和路径对平台影响较小，可以考虑原地抗台。但是考虑到目前南海台风预报的准确性难以保证，这种方式存在极大的人员伤亡和设备损坏的风险。一般而言，动力定位平台不宜采用这种策略，锚链定位钻井平台在台风预报相对准确(台风的强度不大.)或者紧急情况下可以考虑采用这种策略。

② 按照正常的防台风程序撤离隔水管和人员。在提前预测台风路径情况下，可将隔水管自LMRP处断开并回收隔水管到甲板，然后以拖航或自航方式将钻井船驶向安全区域。钻井船可根据台风的动态和强度不失时机地改变航向和航速，使船位与台风中心保持一定

的距离，处于本船所能抗御的风力等级的大风范围以外，这种方式最安全，但应对措施一般要早制定，否则将严重影响钻井作业，增加非生产时间和作业费用，而且也有可能因误判台风而造成“十防九空”的情况，因此在实际防台过程中须综合考虑费用及时效控制方面的因素。正常撤离主要是按照台风预测的结果，根据台风与平台的距离执行相应的应对措施。平台防台风应急处置分为3个阶段，如图5.10所示：蓝色警戒区，此时平台维持正常作业，向平台人员做防台风动员，并开始做防台风准备工作；黄色警戒区，此时停止钻井作业，开始做保护井眼、撤离人员的工作，完成井下处理工作和安全措施；红色警戒区，即台风中心抵达红圈半径剩余时间 $T_{moving}\leq 0$ 时，留下必要的操船和设备维护人员，开动平台驶离台风影响区域。

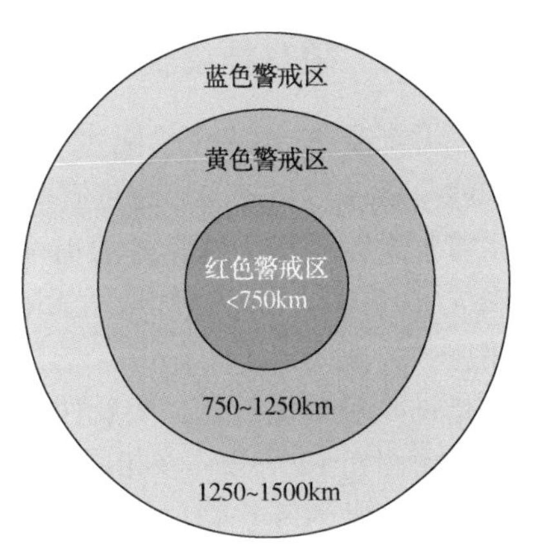

图5.10 防台风应急处置阶段划分

③ 悬挂避台撤离。在实际作业过程中，可能有多种原因导致隔水管未被完全回收，如：超深水条件下在台风预报时间内无法按照要求取出所有隔水管，台风预报不及时导致钻井船撤离前的准备时间不多，建井操作阻碍了在最佳时机实施断开并回收隔水管的操作，天气系统发展迅速使回收作业无法继续进行。在这种情况下，钻井船只能考虑悬挂隔水管实施撤离来保证装备安全。悬挂隔水管撤离时，平台避台航行路线设计须遵循以下原则：远离大风影响范围，航行路线水深须超过悬挂隔水管的长度，避开海上设施、海底障碍物或其他限制区域。为保证悬挂隔水管的结构安全，此时需要进行隔水管撤离防台分析，计算隔水管悬挂撤离安全窗口，并推荐合理的钻井船撤离航速和航向。

5.2.2 避台撤离分析模型与分析方法

完全回收水深1829m的钻井隔水管所需时间大约为72h，与可提前预测台风的时间相当。如能及时预测台风，则可实现对隔水管的完全回收；如台风预测不及时，钻井船只能悬挂着未回收的隔水管柱实施撤离。

以ANSYS为分析平台，对完全或部分悬挂在钻井船上实施撤离的1829m水深隔水管进行强度分析和有限元动力分析，钻井船航速作为隔水管顶部动边界进行考虑，同时考虑海流载荷作用。如隔水管硬悬挂在钻井船上实施撤离，则应注意钻井船高速行驶时可能导致隔水管顶端出现大应力而发生屈服；如隔水管软悬挂在钻井船上实施撤离，则应注意钻井船高速行驶时可能导致隔水管与月池发生碰撞。隔水管悬挂撤离示意图如图5.11所示。

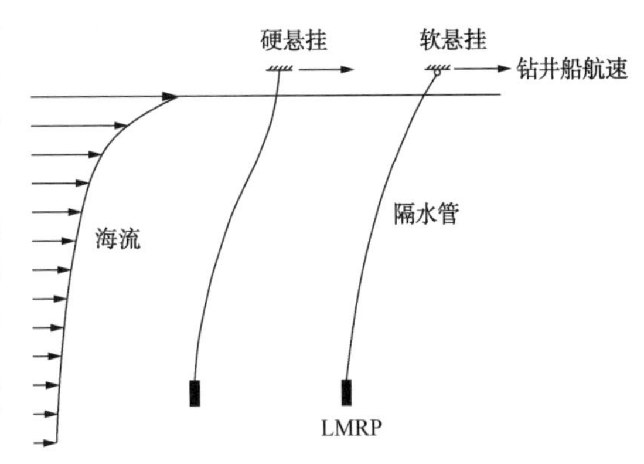

图5.11 隔水管悬挂撤离示意图

5.2.3 硬悬挂模式撤离分析

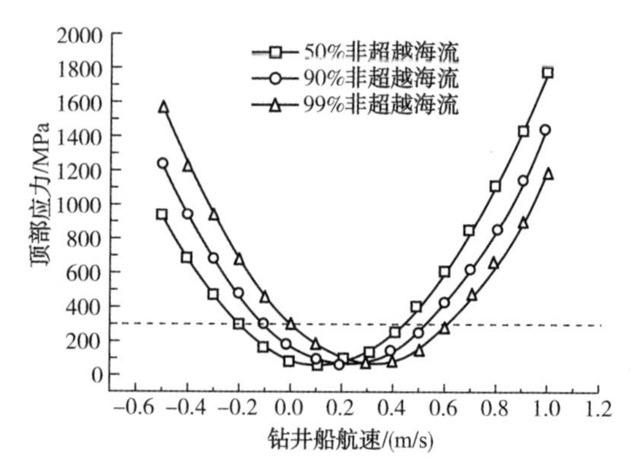

图 5.12 顶部应力随钻井船航速的变化关系

钻井船悬挂 1829m 长隔水管实施撤离时，在 50%、90%与 99%的非超越概率海流作用下，隔水管顶部等效应力随钻井船航速的变化关系如图 5.12 所示，图中虚线所示为隔水管的最大许用应力，虚线以下为钻井船的适宜航速，正航速指钻井船顺流航行，负航速指钻井船逆流航行。由图 5.12 可知，在相同的航速下，钻井船顺流航行时的隔水管顶部应力大大低于钻井船逆流航行，且二者之间的差异随着海流速度的增大而增大；在相同海流作用下，顺流航行时钻井船的适用最大航速要明显大于逆流航行；顺流航行时，钻井船的适用最大航速随着海流速度的增大而增大；逆流航行时，钻井船的适用最大航速随着海流速度的增大而减小。

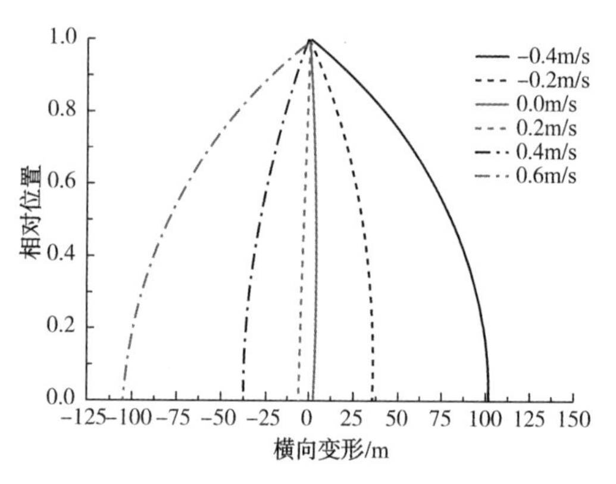

图 5.13 不同航速下的管柱稳态变形曲线

在 50%的非超越概率海流作用下，钻井船分别以 −0.4m/s、−0.2m/s、0m/s、0.2m/s、0.4m/s、0.6m/s 的航速撤离时悬挂隔水管的稳态变形曲线如图 5.13 所示，零航速指钻井船未撤离时。由图 5.13 可知，钻井船撤离前，悬挂管柱的横向变形为顺流方向；钻井船顺流航行时，随着航速增大，悬挂管柱的流向变形逐渐被抑制，航速增大到一定程度后，悬挂管柱的横向变形由顺流向变为逆流向，此后随着航速的继续增大，悬挂管柱的逆流向变形逐渐增大；钻井船逆流航行时，随着航速增大，悬挂管柱的流向变形逐渐增大。研究表明，钻井船顺流航行可以抑制隔水管的横向变形，进而降低隔水管的顶部应力，有效提高钻井船的适用航速。

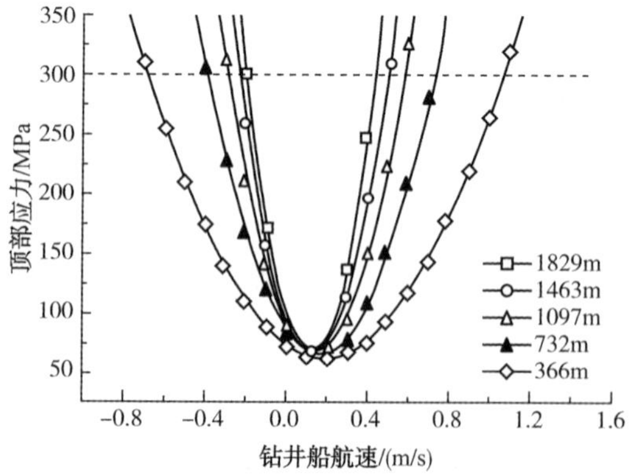

图 5.14 不同长度管柱顶部应力随钻井船航速的变化关系

钻井船分别悬挂 1829m、1463m、1097m、732m 与 366m 长的隔水管柱实施撤离时，在 50%的非超越概率海流作用下，隔水管顶部应力随钻井船航速的变化关系如图 5.14 所示。由图 5.14 可知，在相同的钻井船航速下，悬挂管柱的顶部应力随着长度的变短而逐渐减小。研究表明，随着悬挂管柱长度的变短，钻井船的适用航速范围逐渐变宽。

在 50%、90%与 99%的非超越概率海流作用下，钻井船悬挂长度分别为 1829m、1463m、1097m、732m 与 366m 的隔水管柱实施撤离时的适用航速范围见表 5.7。

表 5.7 硬悬挂模式下不同长度悬挂管柱的适用航速范围

悬挂管柱长度	海流非超越概率		
	50%	90%	99%
1829m	−0.2~0.4m/s	0~0.5m/s	0.1~0.6m/s
1463m	−0.2~0.4m/s	−0.1~0.5m/s	0~0.6m/s
1097m	−0.2~0.5m/s	−0.1~0.6m/s	0~0.7m/s
732m	−0.3~0.7m/s	−0.2~0.8m/s	−0.1~0.9m/s
366m	−0.6~1.0m/s	−0.5~1.2m/s	−0.3~1.3m/s

5.2.4 软悬挂模式撤离分析

钻井船悬挂 1829m 长隔水管实施撤离时，在 50%、90%与 99%的非超越概率海流作用下，上球铰转角随钻井船航速的变化关系如图 5.15 所示，图中虚线所示为上球铰最大许可转角，虚线以下为钻井船的适宜航速。由图 5.15 可知，在相同的航速下，钻井船顺流航行时的上球铰转角要大大低于钻井船逆流航行，且二者之间的差异随着海流速度的增大而增大；在相同海流作用下，顺流航行时钻井船的适用最大航速要明显大于逆流航行；顺流航行时，钻井船的适用最大航速随着海流速度的增大而增大；逆流航行时，钻井船的适用最大航速随着海流速度的增大而减小。分析表明，软悬挂模式下上球铰转角的响应规律与硬悬挂模式下隔水管顶部应力的响应规律是一致的。

钻井船分别悬挂 1828.8m、1463.0m、1097.3m、731.5m 与 365.8m 长的隔水管柱实施撤离时，在 50%的非超越概率海流作用下，上球铰转角随钻井船航速的变化关系如图 5.16 所示。由图 5.16 可知，在相同的钻井船航速下，悬挂管柱的上球铰转角随着长度的变短而逐渐减小。分析表明，随着悬挂管柱长度的变短，钻井船的适用航速范围逐渐变宽。

在 50%、90%与 99%的非超越概率海流作用下，钻井船悬挂长度分别为 1829m、1463m、1097m、732m 与 366m 的隔水管柱实施撤离时的适用航速范围见表 5.8。

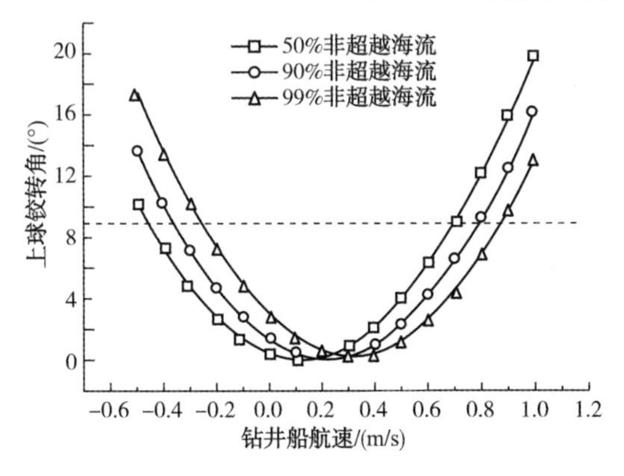

图 5.15 上球铰转角随钻井船航速的变化关系

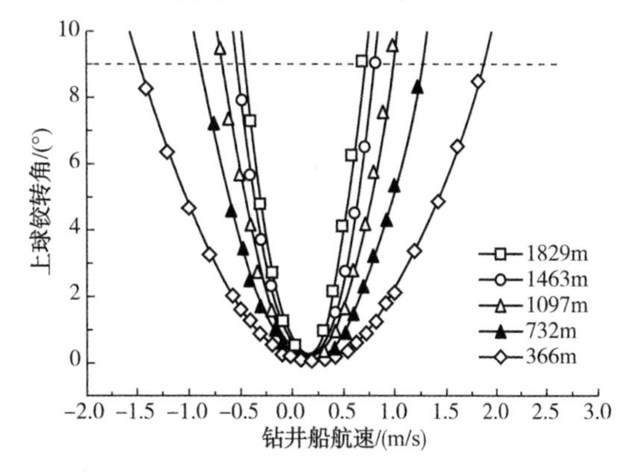

图 5.16 不同长度下上球铰转角随钻井船航速的变化关系

表 5.8 软悬挂模式下不同长度悬挂管柱的适用航速范围

悬挂管柱长度	海流非超越概率		
	50%	90%	99%
1829m	-0.4~0.6m/s	-0.3~0.7m/s	-0.2~0.8m/s
1463m	-0.5~0.6m/s	-0.4~0.9m/s	-0.3~0.9m/s
1097m	-0.6~0.9m/s	-0.5~1.0m/s	-0.4~1.1m/s
732m	-0.9~1.2m/s	-0.7~1.3m/s	-0.6~1.5m/s
366m	-1.4~1.8m/s	-1.3~2.0m/s	-1.1~2.1m/s

5.3 内波环境下隔水管作业安全分析

内孤立波是一种非线性波动，在密度分层海洋中，大多内孤立波生成于内潮的传播过程中，而在陆坡和海槛区域大多是潮流经海底地形影响直接生成或者是斜向传播的内潮波与海底和跃层相互作用产生的。内孤立波在海洋中能够长距离传播而波形保持不变，传播过程中携带巨大能量，对深水钻井系统产生巨大冲击，导致其大幅度的运动，导致钻井作业存在极大危险。

1990 年，在南海流花 11-1 油田的早期延长测试期间，内波经过时引起的突发波致强流导致缆绳拉断，船体碰撞和漂浮软管挤破。2006 年 7 月 19 日，Discoverer 534 平台进行 LW3-1-1 侧钻 Sb 井 ϕ177.8mm 尾管固井作业期间遭遇内波，由于平台偏移过大启动了紧急解脱程序，导致尾管固井失败。2013 年 5 月，海洋石油 981 平台在南海遭遇一次强内孤立波，平台被内孤立波推移 4.9m，通过增大平台动力定位系统推进器运行功率才得以控制平台位置。

5.3.1 内波环境载荷下耦合系统力学模型

隔水管容易受内波环境的影响，内波环境下深水钻井隔水管系统静态平衡方程为

$$\boldsymbol{K}\boldsymbol{\delta} = \boldsymbol{F} \tag{5.1}$$

式中，$\boldsymbol{K}$ 为隔水管系统的整体刚度矩阵；$\boldsymbol{\delta}$ 为隔水管系统的整体位移矩阵；$\boldsymbol{F}$ 为隔水管系统的整体载荷矩阵，内波环境下的隔水管系统载荷见公式(1.28)。

内波环境对平台-隔水管耦合系统也具有明显的动态冲击作用，以锚泊平台为例开展内波环境下深水锚泊平台-隔水管耦合系统动力学分析。深水锚泊平台-隔水管耦合系统主要包括深水浮式平台、锚泊系统以及钻井隔水管系统，其中平台可视为刚性体，锚泊系统和隔水管系统为大变形非线性柔性体，需采用有限单元法进行单元划分。将系统矩阵分成浮式平台与细长结构(锚泊系统和隔水管系统)两部分进行描述，则深水锚泊平台-隔水管耦合系统动力学分析方程可表示为

$$\begin{bmatrix} \boldsymbol{M}_{\mathrm{F}} & 0 \\ 0 & \boldsymbol{M}_{\mathrm{L}} \end{bmatrix} \begin{bmatrix} \ddot{\boldsymbol{x}}_{\mathrm{F}} \\ \ddot{\boldsymbol{x}}_{\mathrm{L}} \end{bmatrix} + \begin{bmatrix} \boldsymbol{B}_{\mathrm{F}} & 0 \\ 0 & 0 \end{bmatrix} \begin{bmatrix} \dot{\boldsymbol{x}}_{\mathrm{F}} \\ \dot{\boldsymbol{x}}_{\mathrm{L}} \end{bmatrix} + \begin{bmatrix} \boldsymbol{K}_{\mathrm{F}} & 0 \\ 0 & K_{\mathrm{L}} \end{bmatrix} \begin{bmatrix} \boldsymbol{x}_{\mathrm{F}} \\ \boldsymbol{x}_{\mathrm{L}} \end{bmatrix} = \begin{bmatrix} \boldsymbol{F}_{\mathrm{F}} \\ \boldsymbol{F}_{\mathrm{L}} \end{bmatrix} \tag{5.2}$$

式中，$\boldsymbol{M}_{\mathrm{F}}$ 为浮式平台的质量矩阵；$\boldsymbol{M}_{\mathrm{L}}$ 为细长结构的质量矩阵；$\boldsymbol{B}_{\mathrm{F}}$ 为浮式平台阻尼矩阵；

$\boldsymbol{K}_{\mathrm{F}}$ 为浮式平台的刚度矩阵；$\boldsymbol{K}_{\mathrm{L}}$ 为细长结构的刚度矩阵；$\boldsymbol{x}_{\mathrm{F}}$ 为浮式平台的位移向量；$\boldsymbol{x}_{\mathrm{L}}$ 为细长结构的位移向量；浮式平台和细长结构的外部力向量 $\boldsymbol{F}_{\mathrm{F}}$ 、$\boldsymbol{F}_{\mathrm{L}}$ 可表示为

$$\boldsymbol{F}_{\mathrm{F}} = \boldsymbol{F}_{\mathrm{sw}} + \boldsymbol{F}_{\mathrm{wd}} + \boldsymbol{F}_{\mathrm{cu}} + \boldsymbol{F}_{\mathrm{in}} + \boldsymbol{F}_{\mathrm{mr}} \tag{5.3}$$

$$\boldsymbol{F}_{\mathrm{L}} = \boldsymbol{F}_{\mathrm{mr}} + \boldsymbol{W} + \boldsymbol{F}_{\mathrm{e}} \tag{5.4}$$

式中，$\boldsymbol{F}_{\mathrm{F}}$ 为浮式平台的外部力向量；$\boldsymbol{F}_{\mathrm{L}}$ 为细长结构的外部载荷向量；$\boldsymbol{F}_{\mathrm{sw}}$ 为平台二阶波浪力向量；$\boldsymbol{F}_{\mathrm{wd}}$ 为平台风力向量；$\boldsymbol{F}_{\mathrm{cu}}$ 为平台海流力向量；$\boldsymbol{F}_{\mathrm{in}}$ 为平台内孤立波作用力向量；$\boldsymbol{F}_{\mathrm{mr}}$ 为细长结构力向量；$\boldsymbol{W}$ 为有效重力向量；$\boldsymbol{F}_{\mathrm{e}}$ 为细长结构环境载荷力向量。风力、海流力以及二阶波浪力可以分别根据风力系数、流力系数以及二阶波浪力系数计算，可表示为

$$f_{\mathrm{wd}} = C_{\mathrm{wd}} u_{\mathrm{wd}}^2 \tag{5.5}$$

$$f_{\mathrm{cu}} = C_{\mathrm{cu}} u_{\mathrm{cu}}^2 \tag{5.6}$$

$$f_{\mathrm{sw}} = 2\int_0^{\infty} S(w) C_{\mathrm{sw}}(w) \mathrm{d}w \tag{5.7}$$

内孤立波载荷一方面作用于平台，另一方面直接作用于隔水管系统。由于海洋平台相对于内孤立波特征波长而言属于小尺度物体，一般采用 Morison 经验公式计算内孤立波下的平台载荷，采用动压强积分法计算内孤立波对平台的垂向作用力，具体计算公式参考式(1.27)；由于隔水管系统属于细长结构，内孤立波下细长结构环境作用载荷包括拖曳力和惯性力，一般采用修正形式的 Morison 方程计算波流联合作用力，具体计算公式可参考式(1.28)。

此外，深水浮式平台与锚泊系统、深水浮式平台与隔水管之间还存在相互作用的结构载荷，在深水锚泊平台-隔水管耦合系统动力学分析过程中，可实时提取细长结构(锚泊系统和隔水管)顶部张紧力及顶部转角，确定细长结构张紧力沿各个方向的分量，即为细长结构力向量。

5.3.2 内波作用下隔水管系统作业安全评估

(1) 内波作用下隔水管作业窗口分析

以我国南海某深水井为例进行实例分析，该井水深约 1500m。采用 P-M 谱模拟波浪，有效波高 5m，峰值周期 10.4s，表面海流流速 1.07m/s，钻井液密度为 1.14g/cm³，隔水管张紧力 5.18MN。隔水管配置见表 5.9，目标区域不同强度内波流速值剖面见表 5.10。

表 5.9 隔水管配置列表

名　　称	数量	名　　称	数量
分流器	1	5000ft 浮力单根	1
上挠性接头	1	灌注阀	1
伸缩节	1	5000ft 浮力单根	20
短节	1	7500ft 浮力单根	10
裸单根	2	10000ft 浮力单根	25
2500ft 浮力单根	3	水下防喷器组(含下挠性接头)	1

表 5.10 内波数据

水深/m	内波流速/(m/s)		
	内波 1	内波 2	内波 3
0	0.50	1.15	1.43
20	0.50	1.14	1.42

续表

水深/m	内波流速/(m/s)		
	内波 1	内波 2	内波 3
57	0.41	0.95	1.18
95	0.20	0.46	0.57
135	0.00	0.00	0.01
170	-0.13	-0.30	-0.38
220	-0.20	-0.46	-0.58
270	-0.24	-0.56	-0.70
305	-0.27	-0.61	-0.76
320	-0.27	-0.63	-0.78
332	-0.27	-0.61	-0.75

钻井隔水管系统在作业过程中的主要控制指标有：最大等效应力不大于屈服应力的2/3，隔水管底部柔性接头平均转角不大于2°，最大转角不大于4°，此外还需要考虑井口头和导管弯矩承载能力限制。这些主要控制指标也是隔水管作业窗口分析的主要限制因素。

内波流瞬时能量及其剪切流形式会对隔水管应力和变形产生一定影响，这里主要分析不同强度内波以及无内波流工况下钻井隔水管的应力、弯矩和变形，以评估内波对隔水管系统作业性能的影响。不同强度内波(内波 1< 内波 2< 内波 3)作用下隔水管的最大等效应力对比如图 5.17 所示，平台偏移为正表示顺流偏移，偏移为负表示逆流偏移。由图 5.17 可知，叠加不同强度内波后，隔水管最大等效应力整体上增加，但增加量不大。无论是否叠加内波，隔水管的最大等效应力均小于其应力限制(370MPa)，因此等效应力不是限制内波环境下隔水管系统作业安全性的主要因素。

井口弯矩和上、下挠性接头转角通常也是限制隔水管系统作业的主要因素。不同强度内波作用下井口弯矩对比、下挠性接头转角对比和上挠性接头转角对比分别如图 5.18、图 5.19 和图 5.20 所示。由图 5.18 可知，由于内波强流一般出现在水面 400m 以内，水下井口受到的影响较小，计算发现叠加不同强度内波后井口弯矩的变化不大。由图 5.19 可知，在不考虑内波对平台偏移影响的情况下，内波作用对隔水管下挠性接头的影响较小。由图 5.20 可知，内波作用对隔水管上挠性接头转角的影响较大，在逆流偏移情况以及顺流偏移不大的情况下，叠加内波会使上挠性接头转角变大，不利于钻井作业。研究表明，内波作用下的钻井作业窗口主要受挠性接头转角限制。

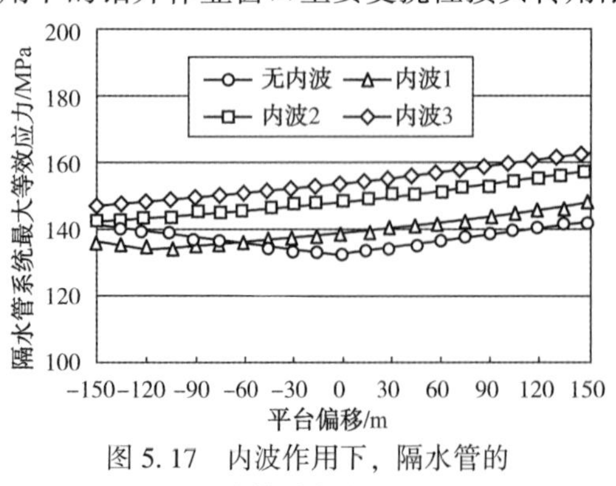

图 5.17　内波作用下，隔水管的最大等效应力对比

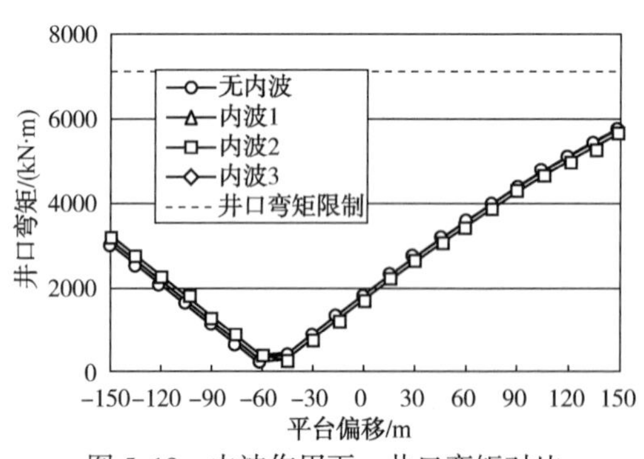

图 5.18　内波作用下，井口弯矩对比

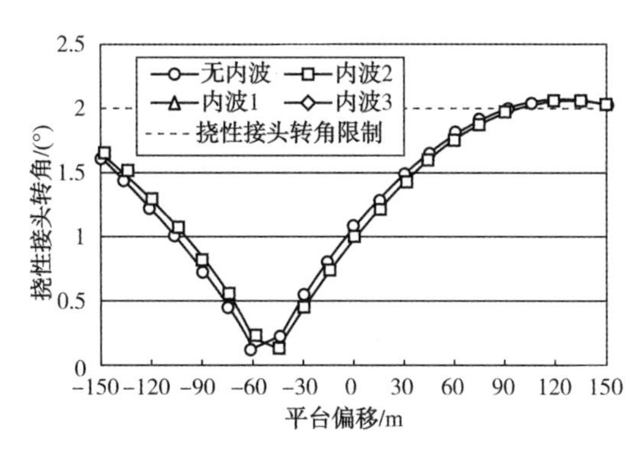

图 5.19 内波作用下，
隔水管下挠性接头转角对比

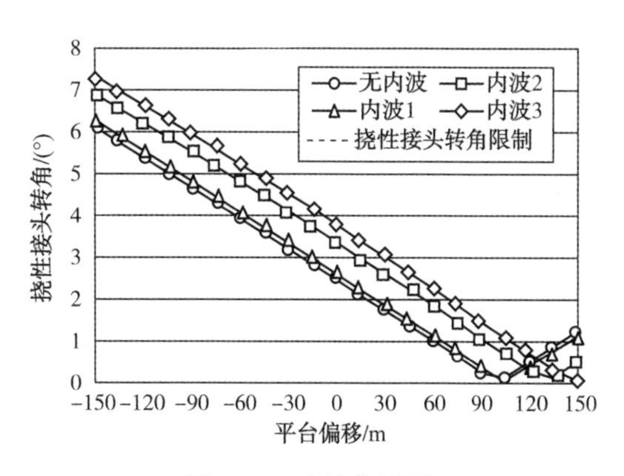

图 5.20 内波作用下，
隔水管上挠性接头转角对比

由于内波作用下的钻井作业窗口主要受挠性接头转角限制，基于此限制因素，对不同强度内波作用下隔水管系统进行分析，得到满足钻井作业要求的平台偏移范围，进而形成钻井作业窗口，为钻井作业提供参考，不同强度内波作用下钻井作业窗口对比如图 5.21 所示。由图 5.21 可知，随着内波流速的增大，钻井作业窗口(图中虚线包围部分)逐步缩小，内波 3 作用下钻井作业窗口只有水深的大约 1.3%。对于 1500m 水深的情况，对应的许可平

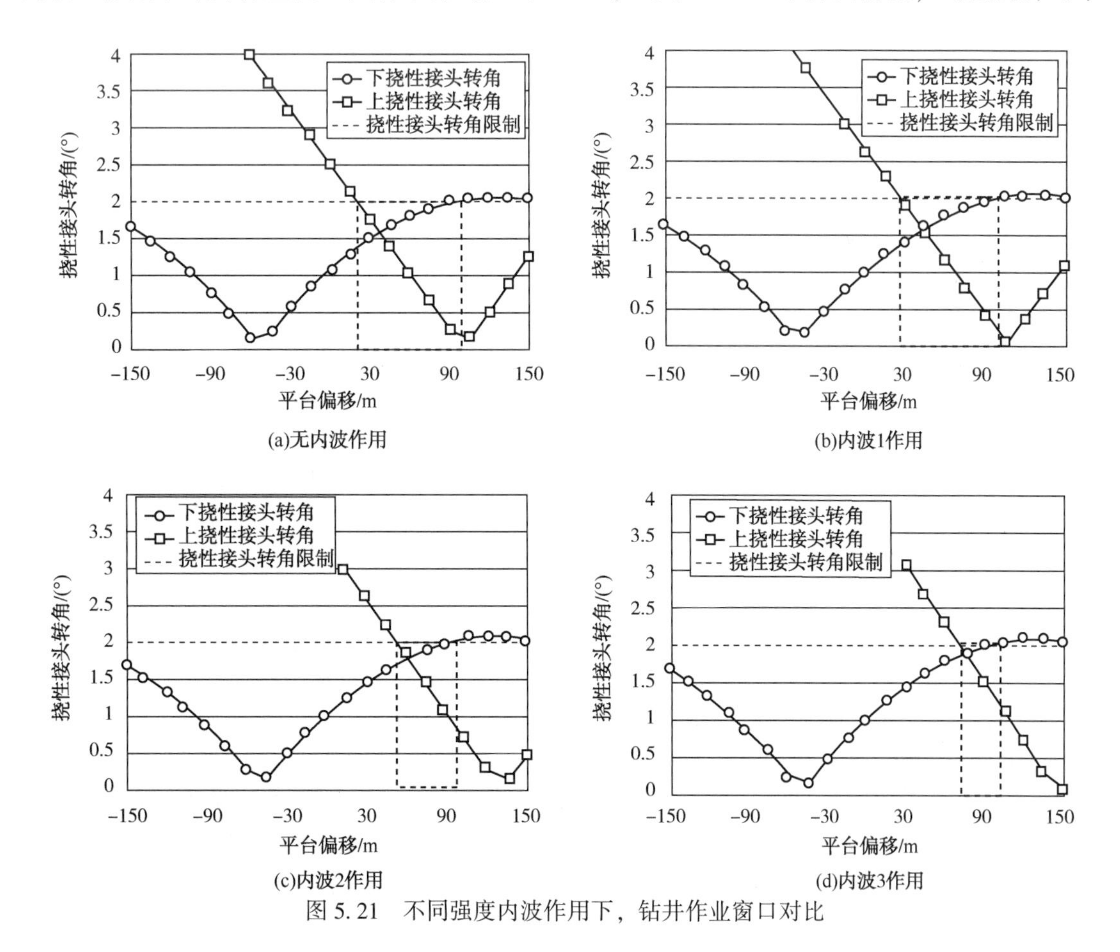

(a)无内波作用 (b)内波1作用

(c)内波2作用 (d)内波3作用

图 5.21 不同强度内波作用下，钻井作业窗口对比

台偏移范围只有 19.5m，在平台遭遇内波时要将偏移控制在如此小范围内是非常困难的，因此在监测到强内波时一定要提前停止作业，并采取必要措施以防止隔水管系统设施损坏。

（2）钻井作业窗口敏感性分析

水深对平台偏移下挠性接头转角变化有较大影响，而挠性接头转角是钻井作业窗口的主要限制因素，则水深对内波作用下隔水管作业窗口产生较大影响。以内波 1 为例，分析不同水深的隔水管作业窗口如图 5.22 和图 5.23 所示。由图 5.22 和图 5.23 可知，500m 水深和 1000m 水深钻井作业窗口均不足 20m，则平台在 1000m 水深以内作业监测到明显内波时，需要提前停止作业以保证平台隔水管系统设施的安全；当水深为 1500m 时，作业窗口明显增大。研究表明，在同样内波作用下，随着水深减小，隔水管系统作业窗口也不断变小。

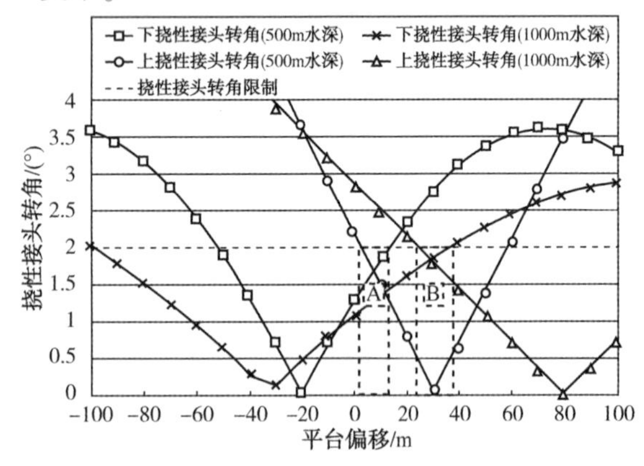

图 5.22　内波作用下 500m 水深钻井作业窗口（A）和 1000m 水深钻井作业窗口（B）

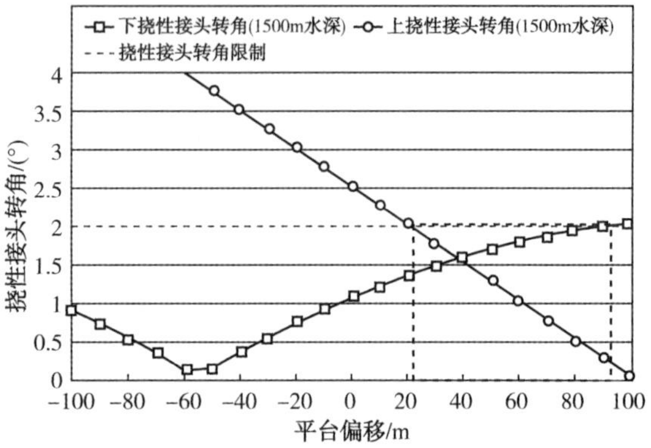

图 5.23　内波作用下 1500m 水深钻井作业窗口

由于内波的强流速通常出现在水面以下 0~400m 的深度，而此深度海水拖曳力系数较大，故内波对隔水管的曳力效应有着十分显著的影响，因而可以考虑适当增加水面附近的裸单根数量，减小隔水管曳力外径以降低内波对隔水管的直接作用力，降低对钻井作业窗口的影响。南海深水钻井作业实践中常用的隔水管配置类型有 2 种：一种为上部设置 2 根裸单根以避开高流速区；另一种则是采用全浮力单根的配置，以减少裸单根在通过转盘面时可能的磕碰。针对上述 2 种配置类型，对比分析内波作用下隔水管作业窗口，以此说明内波环境下在隔水管配置上部设置裸单根的意义。

以内波 1 为例，分析 1500m 水深上部不设置裸单根配置的作业窗口，如图 5.24 所示。与图 5.21（b）对比可知，在相同内波环境下，上部配置 2 根裸单根的作业窗口明显大于上部不配置裸单根的作业窗口，因此在内波环境下作业时建议上部配置一定数量的裸单根，以增大作业窗口。

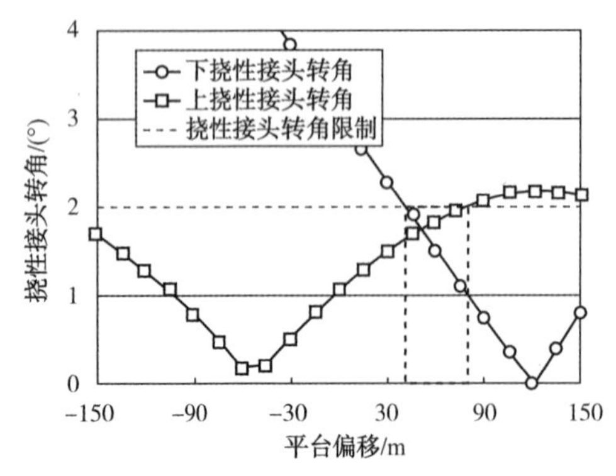

图 5.24　内波作用下，上部不设置裸单根配置的钻井作业窗口（1500m 水深）

5.3.3 内波下的隔水管系统动力学特性

内孤立波发生于海水内部，在海水中产生方向相反的两层剪切流，影响深水钻井隔水管系统动力学特性。内孤立波对深水钻井隔水管系统影响机制主要分为：①直接作用机制：内孤立波产生的剪切流直接作用于隔水管系统上；②间接作用机制：内孤立波产生的水平海流作用于锚泊平台上，锚泊平台又牵引隔水管系统发生偏移运动。为了识别内孤立波下的隔水管系统动力学特性，提取锚泊平台最大偏移位置时的隔水管系统变形及弯矩，如图5.25所示。

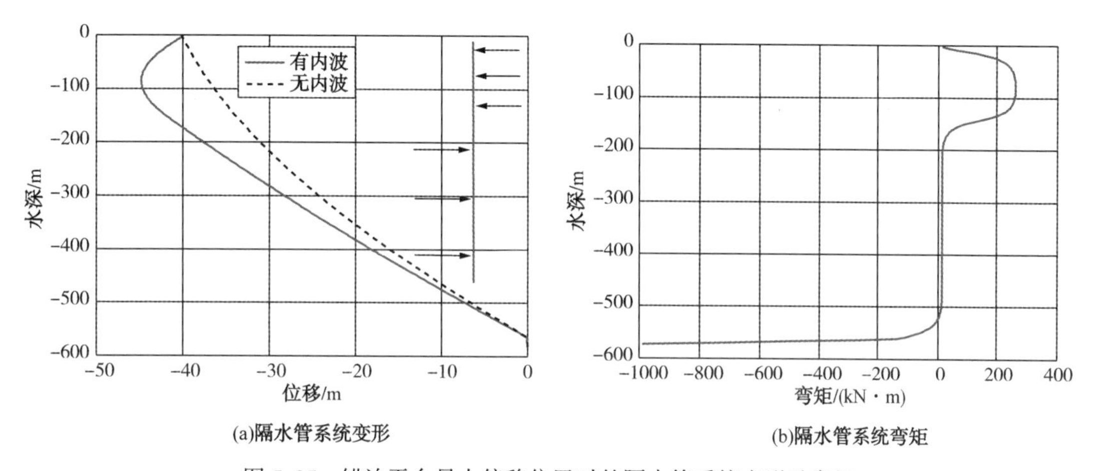

图5.25 锚泊平台最大偏移位置时的隔水管系统变形及弯矩

由图5.25(a)可知，与不考虑内孤立波的隔水管系统变形相比，内孤立波下的深水钻井隔水管系统顶部明显向内孤立波传播方向偏转，主要由于内孤立波引起的水平海流流速对隔水管系统产生较大的拖曳力，促使隔水管系统向内孤立波传播方向偏转。隔水管系统顶部变形直接影响隔水管系统对平台的水平载荷分量，在内孤立波的作用下隔水管系统对平台的水平载荷分量指向平台偏移方向，这也是内孤立波下隔水管系统促进锚泊平台运动的根本原因。

由图5.25可知，随着水深的增大，隔水管系统弯曲变形迅速趋于平缓，主要由于内孤立波的上层流体厚度一般较小，上下两层流体对隔水管系统的作用力相反，当水深大于内孤立波的上下两层流体分界线时，反向的海流作用力促使隔水管系统弯矩迅速减小，上下两层流体分界线下的隔水管系统弯矩较小，隔水管系统变形较为平缓。当水深到达海底时，隔水管系统弯矩又迅速增大，主要由于内孤立波促使平台发生较大的偏移，间接引起隔水管系统底部弯矩较大。即内孤立波对隔水管系统的直接作用主要影响隔水管系统顶部变形，内孤立波引起的平台偏移间接影响隔水管系统底部的受力与变形。

为了更进一步深入揭示内孤立波下的隔水管系统动力学特性，识别内孤立波下的隔水管系统弱点，提取隔水管系统关键参数响应规律，如图5.26所示。其中各关键参数均采用归一化表述方式(分析值/临界值)，导管应力临界值为386MPa，井口弯矩临界值为3.1MN·m,伸缩节冲程临界值为8m，上球铰转角临界值为13.5°，下挠性接头转角临界值为9°。

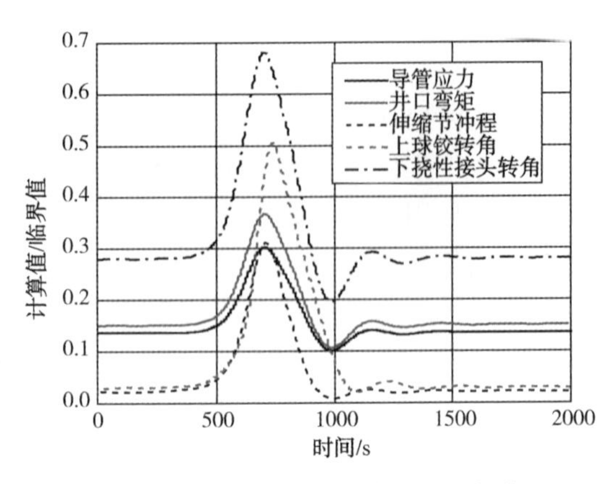

图 5.26　隔水管关键参数变化规律

由图 5.26 可知，深水钻井隔水管系统各关键参数的响应规律与锚泊平台运动规律基本一致，当锚泊平台位移最大时隔水管系统关键参数响应值最大，并伴随着平台的振动呈现一定的振荡，最终趋于稳定。值得指出的是，隔水管系统上球铰转角峰值时间比其他参数的峰值时间有一定的滞后性，主要由于锚泊平台运动至最大偏移位置后开始牵引隔水管系统顶部反向运动，隔水管系统顶部与海流之间的相对流速增大，且隔水管系统沿内波传播方向还有一定的运动惯性，相应的隔水管系统顶部转角增大；随着锚泊平台向初始平衡位置方向运动隔水管顶部偏移减小，可以有效降低隔水管系统顶部球铰转角，在锚泊平台向初始平衡位置运动一段时间后上球铰转角才达到峰值并开始下降。整体上，隔水管系统下挠性接头转角更容易达到临界值，是内孤立波下的深水钻井隔水管系统安全弱点。

第6章　深水隔水管系统(作业)工程设计及应用

随着我国石油开采向深海发展，南海复杂的海况条件将对钻井隔水管的作业造成严重影响，而深水隔水管系统钻前设计与作业分析则是保证钻井作业安全的关键，其主要包括隔水管柱配置、张紧力设置以及各个工况下作业窗口分析。管柱合理配置和张紧力合理是作业安全的前提，作业窗口确定则是深水钻井隔水管钻前设计与作业分析的关键环节，隔水管作业窗口能有效地确定隔水管不同作业工况允许的平台最大偏移和环境载荷极值条件，对建立隔水管作业警戒包络线和深水钻井平台的动力定位作业具有重要参考价值。为了便于工程应用，开发了深水钻井隔水管系统设计与作业管理系统，其便于隔水系统设计，并更直观地为作业者提供隔水管作业窗口信息，帮助作业者在关键时期作出正确决策，在保证作业安全的前提下减少非作业时间，提高生产效率，特别对南海海域台风频发的特殊环境下深水钻井隔水管的现场管理和作业安全具有重要意义。

6.1　深水钻井隔水管系统配置方法

在深水区域，钻井隔水管系统配置与浅水在总体布置、浮力块与裸单根配置、壁厚设计、抗挤毁设计以及接头设计等方面存在较大区别。隔水管系统最上部和最下部都采用裸单根布置，可改善隔水管的反冲性能，使隔水管沿长度方向的应力分布更规则，脱离后悬挂隔水管具有更好的动态性能，但增加了接头处的张力载荷。

深水钻井隔水管系统配置须按照以下基本原则进行：

① 配置的隔水管系统须满足隔水管正常作业所需的基本功能和作业要求，且能防止恶性事故发生；② 易于进行检查、维护、更换和修理；③ 可实现简单而可靠的安装和收回，且在作业过程中不容易损坏；④ 在满足配置基本要求及隔水管性能的前提下，隔水管系统配置应尽可能地简单。

隔水管作业前，测量水深、井口高出泥线标高和转盘补芯 RKB 至泥线长度，并计算伸缩节中冲程长度，隔水管长度 C 计算公式为

$$C = F - (A + B + D + E) \tag{6.1}$$

式中，A 为泥线以上井口高度；B 为 LMRP 和 BOP 的总高度；C 为所需的隔水管长度；D 为中冲程时的伸缩节长度；E 为分流器底部至 RKB 顶部的距离；F 为 RKB 至泥线的长度。对于同一钻井平台，B、D、E 是固定的，而 A、F 需要在井场测量获得。根据计算的隔水管长度可确定采用的隔水管单根数量并可进行初步的隔水管系统配置。

隔水管系统初步配置可根据环向应力准则、顶部轴向应力准则和挤毁应力准则校核单根壁厚是否满足要求以及确定如何调整隔水管壁厚分布。

(1) 环向应力准则

内外压作用下隔水管产生的环向应力 σ_h 为

$$\sigma_h = [(P_i - P)(D_r/2t)] - P_i \tag{6.2}$$

由此得到单根最小壁厚为

$$t = \frac{D_r(P_i - P)}{2(\sigma_h + P_i)} \tag{6.3}$$

式中，t 为隔水管单根壁厚；P_i为钻井液压力；P 为海水静水压力。校核准则为计算得到的环向应力小于材料的许用应力。

不同钻井液密度下的隔水管作业水深与最小壁厚关系如图 6.1 所示。由图 6.1 可知，相同钻井液密度下，随着作业水深的增加，所需的隔水管最小壁厚增大；而相同作业水深下，随着钻井液密度的增大，所需的隔水管最小壁厚增大。

(2) 顶部轴向应力准则

隔水管顶部的轴向应力 σ_a为张紧力与隔水管横截面积之比

$$\sigma_a = T_{top}/A_r \tag{6.4}$$

式中，T_{top}为隔水管的张紧力。

不同张紧力与隔水管最小壁厚关系如图 6.2 所示。由图 6.2 可知，随着张紧力的增大，所需的隔水管最小壁厚线性增大。

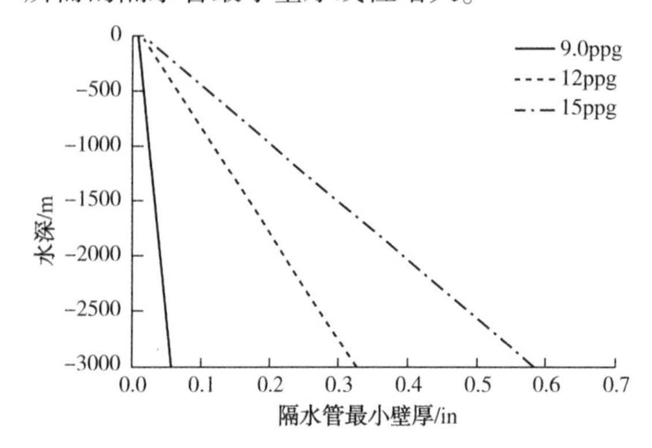

图 6.1　钻井液密度与隔水管最小壁厚关系

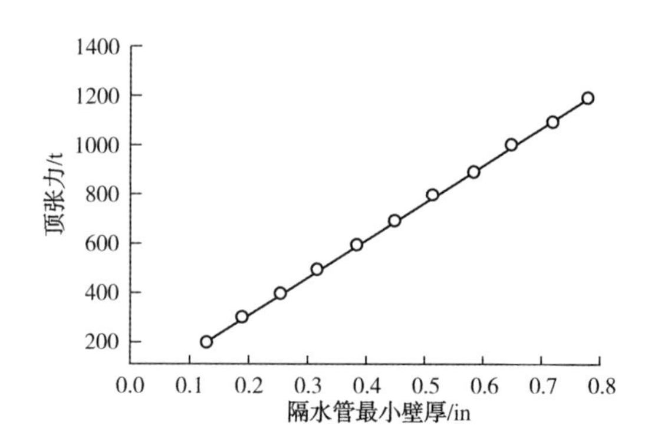

图 6.2　张紧力与隔水管最小壁厚关系

(3) 挤毁应力准则

隔水管执行紧急脱离程序时，内部钻井液排出可能会导致外部的海水压力挤毁隔水管，此时隔水管系统需要配置填充阀以使海水进入隔水管内部从而保证内外压相差较小。

影响隔水管挤毁的因素除了内外压之外，拉、压及弯曲载荷也对其有影响，需要综合考虑。容许的最大外压 P_a可按照下式计算

$$P_a = D_f P_c \tag{6.5}$$

式中，D_f为设计安全系数，对于深水钻井隔水管取 0.75；P_c为最小挤毁压力。

隔水管弹性屈服应力 P_e为

$$P_e = [2E/(1 - v^2)](t/D_r)^3 \tag{6.6}$$

式中，v 为泊松比。

隔水管受拉时的屈服应力 P_y为

$$P_y = 2Y_r t/D_r \tag{6.7}$$

式中，Y_r为约化屈服应力，且

$$Y_r = \sigma_y\{[1-3(S_a/2\sigma_y)^2]^{1/2} - (S_a/2\sigma_y)\} \tag{6.8}$$

式中，σ_y为隔水管屈服应力；S_a为平均轴向应力，有

$$S_a = (T_e - PA_o)/A_r - P_i \tag{6.9}$$

式中，T_e为隔水管有效张力；$A_o = \pi D_r^2/4$。

不完整性函数 g 为

$$g = [1+(P_y/P_e)^2]^{1/2}[(P_y/P_e)^2 + f^{-2}]^{1/2} \tag{6.10}$$

式中，f为不圆度函数，有

$$f = [1+(O_i D_r/t)^2]^{1/2} - O_i D_r/t \tag{6.11}$$

式中，O_i为隔水管初始椭圆度，有

$$O_i = (D_{max} - D_{min})/(D_{max} + D_{min}) \tag{6.12}$$

式中，D_{max}和D_{min}分别为隔水管最大、最小外径。

完好隔水管的最小挤毁压力P_o为

$$P_o = P_e P_y (P_e^2 + P_y^2)^{-1/2} \tag{6.13}$$

含缺陷(磨损)隔水管的最小挤毁压力P_c为

$$P_c = P_o(g - s/s_o) \tag{6.14}$$

式中，s为临界弯曲应变；s_o为实验得到的管弯曲应变，一般取0.15%。

隔水管临界挤毁水深与隔水管最小壁厚关系如图6.3所示。由图6.3可知，临界挤毁水深与隔水管最小壁厚之间呈非线性变化，随着临界挤毁水深的增加，所需的隔水管最小壁厚非线性增大。

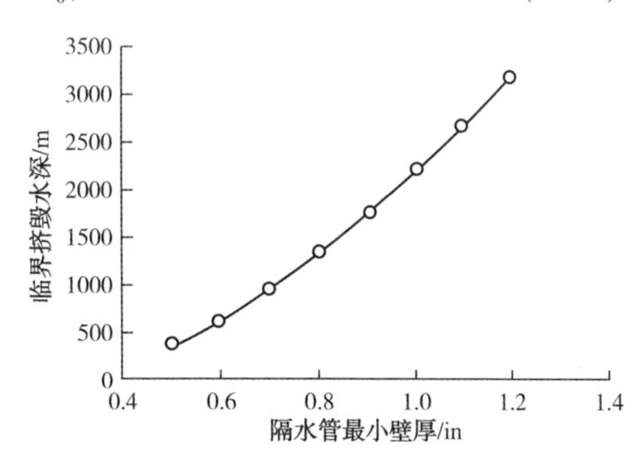

图6.3 隔水管临界挤毁水深与最小壁厚关系

浮力块的配置需考虑的因素主要包括浮力块的水深等级，隔水管系统的整体重量补偿比例、隔水管接头等级以及钻井平台转盘尺寸。浮力块的水深等级是保证浮力块正常作业的前提；隔水管系统的整体重量补偿比例依赖于隔水管的悬挂模式，需要进行软、硬悬挂模式下系统轴向动力学分析并考虑浮力块的长期静水性能来确定其精确值；浮力块外径较小且分布式配置可减小隔水管接头载荷，若浮力块外径较大且间隔配置将增加接头的局部载荷，在进行深水钻井隔水管系统配置时需予以考虑；由于浮力块的外径受限于钻井平台的转盘尺寸，故浮力块配置也需考虑钻井平台转盘参数。

合理的浮力单根和裸单根布置可以改善隔水管的响应，隔水管曲率、涡激振动、悬挂以及下放和回收是隔水管单根布置的关键问题。基于关键问题考虑，深水钻井隔水管单根布置的基本特征为：

① 隔水管系统顶部配置1~2根裸单根。隔水管顶部处于波浪区域，且海面海流速度一般较大，顶部配置裸单根将显著降低隔水管拖曳力从而减小隔水管的横向变形和挠性接头转角，满足隔水管曲率要求。

② 隔水管系统中间部分全部配置浮力单根，底部至少配置2根裸单根，保证系统较低

张力需求且张力不超过张紧器的极限以及安装和悬挂时隔水管合理的张力水平不会出现压缩，满足悬挂、下放回收要求。

③ 保证隔水管系统较大的整体浮力系数(至少超过0.8)，同时满足隔水管的壁厚最上部抗拉和最下部抗挤毁的要求。

6.2 深水钻井隔水管张紧力确定方法

合理设计的张紧器张力可以防止隔水管发生屈曲、限制下部挠性接头转角及确保钻杆在隔水管内部上下运动或旋转时所受的摩擦力较小，理论上要求隔水管的张紧力必须高于隔水管与钻井液总的表观重量(即没水重量)，同时隔水管上需要施加额外的载荷以限制其弯曲应力。

6.2.1 API 理论算法

张紧力的设置是确保隔水管稳定性的前提条件之一。张紧力设置要确保即使部分张紧器失效，也能保证隔水管底部产生有效张力。最小张紧力

$$T_{\min} = T_{\mathrm{SRmin}} N_1 / [R_f (N_1 - n_1)] \tag{6.15}$$

式中，T_{SRmin}为滑环张力；N_1为隔水管的张紧器数目；n_1为突然失效的张紧器数目；R_f为用以确定倾角和机械效率的滑环处垂直张力与张紧器设置张力之间的换算系数，通常为0.90~0.95。

滑环张力T_{SRmin}计算公式为

$$T_{\mathrm{SRmin}} = W_s f_{\mathrm{wt}} - B_n f_{\mathrm{bt}} + A_i [d_{\rho m} H_m - d_{\rho w} H_w] \tag{6.16}$$

式中，W_s为参考点之上隔水管的没水重量；f_{wt}为没水重量公差系数(除精确测量外，通常取1.05)；B_n为参考点之上浮力块的净浮力；f_{bt}为因弹性压缩、长期吸水及制造容差引起的浮力损失容差系数(除精确测量外，通常取0.96)；A_i为隔水管(包括节流、压井和辅助管线)内部横截面积；$d_{\rho m}$为钻井液密度；H_m为至参考点的钻井液高度；$d_{\rho w}$为海水密度；H_w为至参考点的海水高度。

确定隔水管的最小张紧力，还需要计算隔水管没水重量、隔水管净浮力及隔水管内部钻井液横截面积等相关参数，其计算公式如下

隔水管没水重量为

$$W_s = \sum W_r N_r \tag{6.17}$$

式中，W_r为隔水管单根湿重；N_r为隔水管单根数目。

隔水管净浮力为

$$B_n = \sum B_{\mathrm{buoy}} N_{\mathrm{buoy}} \tag{6.18}$$

式中，B_{buoy}为浮力单根净浮力；N_{buoy}为浮力单根数目。

隔水管内部钻井液横截面积为

$$A_i = A_{\mathrm{riser}} + A_{\mathrm{kill}} + A_{\mathrm{choke}} + A_{\mathrm{booster}} + A_{\mathrm{hydraulic}} \tag{6.19}$$

式中，A_{riser}为隔水管主管内部横截面积；A_{kill}为压井管线内部横截面积；A_{choke}为节流管线内部横截面积；A_{booster}为增压管线内部横截面积；$A_{\mathrm{hydraulic}}$为液压管线内部横截面积。

6.2.2 基于底部残余张力的张紧力确定方法

隔水管张紧力计算需保证隔水管下部挠性接头处的残余张力等于或大于 LMRP 的表观

重量，以确保在恶劣海况条件下启动紧急脱离程序能够安全提升整个隔水管系统。

隔水管张紧力 T_{top} 计算公式为

$$T_{top} = \sum_{top}^{bottom} (W_{riser} + W_{mud}) + RTB \tag{6.20}$$

式中，W_{riser} 为隔水管表观重量；W_{mud} 为钻井液表观重量；RTB(Residual Tension at Bottom，简称 RTB)为隔水管底部残余张力(一般等于或稍大于 LMRP 的表观重量)。

$$W_{riser} = W_{MP} + W_{PL} + W_{B} \tag{6.21}$$

式中，W_{MP}、W_{PL} 和 W_{B} 分别为隔水管主管、周围管线和浮力块的湿重。

6.2.3 基于下放钩载的张紧力确定方法

该方法的提出源于现场钻井作业实践经验，普遍适用于深水钻井隔水管张紧力计算。钻井作业前，需要基于每口井详细的隔水管系统配置，计算下放隔水管和防喷器组时大钩所承受的最大载荷。根据南海海域多口深水井钻井作业日报，现场作业时，下放 BOP 组到井口位置后至 BOP 与高压井口连接之前，需要进行张紧器张力设置。一般可按 7∶3 或 8∶2 的比例将此时的大钩载荷(下放重量)重新分配给张紧器和大钩，即隔水管张紧器张力设置值一般取作业过程中大钩最大下放重量的 70% 或 80%。一般情况下在正常钻井过程中不再对其进行调整，除非遭遇恶劣天气或钻井过程中需采用大密度钻井液。

隔水管张紧器设置张力 T_{top} 计算公式为

$$T_{top} = \eta W_{hook} \tag{6.22}$$

式中，η 为张紧器张力所占最大下放重量的比例；W_{hook} 为大钩承受的最大下放重量，即 BOP 与高压井口即将连接前的最大钩载。由于隔水管与 BOP 的下放作业通常在较平缓的海况条件下进行，钻井平台的升沉运动相对较小，忽略平台运动产生的动载效应可满足现场钻井作业的需要。

6.3 隔水管作业窗口分析方法

深水钻井隔水管系统的关键作业工况可划分为下放/回收作业、钻井作业、完井作业与悬挂作业等工况。作为深水钻井隔水管钻前设计与作业分析的关键环节，隔水管作业窗口能有效地确定隔水管不同作业工况允许的平台最大偏移和环境载荷极值条件。钻前形成隔水管作业窗口，建立隔水管作业警戒包络线，对于深水钻井平台的动力定位作业具有重要参考价值。现场作业过程中参照隔水管作业窗口可在保证作业安全的前提下减少非作业时间，提高生产效率，特别对南海海域台风频发的特殊环境下深水钻井隔水管的现场管理和作业安全具有重要意义。

6.3.1 隔水管钻井作业窗口分析方法

隔水管钻井工况主要包括钻井作业、连接非钻井作业和启动脱离程序三种模式。钻井作业表示可进行正常的钻井作业；连接非钻井模式表示由于环境条件限制，钻井作业终止，此时处于停工等待天气状态；启动脱离模式表示环境条件超出井口与导管系统的强度与稳定极限，应当准备并随时启动紧急脱离。根据上述三种作业模式可将隔水管作业窗口分为钻井窗口、连接非钻井窗口和启动脱离程序窗口，不同作业模式下，隔水管作业窗口限制准则见表 6.1。

表 6.1　钻井工况隔水管作业窗口限制准则

名称	连接钻井模式	连接非钻井模式	启动脱离模式
上挠性接头最大转角/(°)	2	13.5	13.5
下挠性接头最大转角/(°)	2	9	9
隔水管最大等效应力/屈服应力	0.67	0.67	0.67
井口弯矩/极限弯矩	0.67	0.8	1.0
导管最大等效应力/屈服应力	0.67	0.8	1.0
伸缩节冲程长度/m	16.76	16.76	16.76

在确定作业窗口过程中，需要建立隔水管-井口-导管整体有限元模型，施加相应的环境载荷，计算不同海流流速下的隔水管极限偏移，根据隔水管钻井作业窗口限制准则确定窗口。为了快速得到各种作业模式下的临界钻井平台偏移和海流值，采用搜索算法确定作业窗口临界值，隔水管钻井作业窗口确定流程如图 6.4 所示。

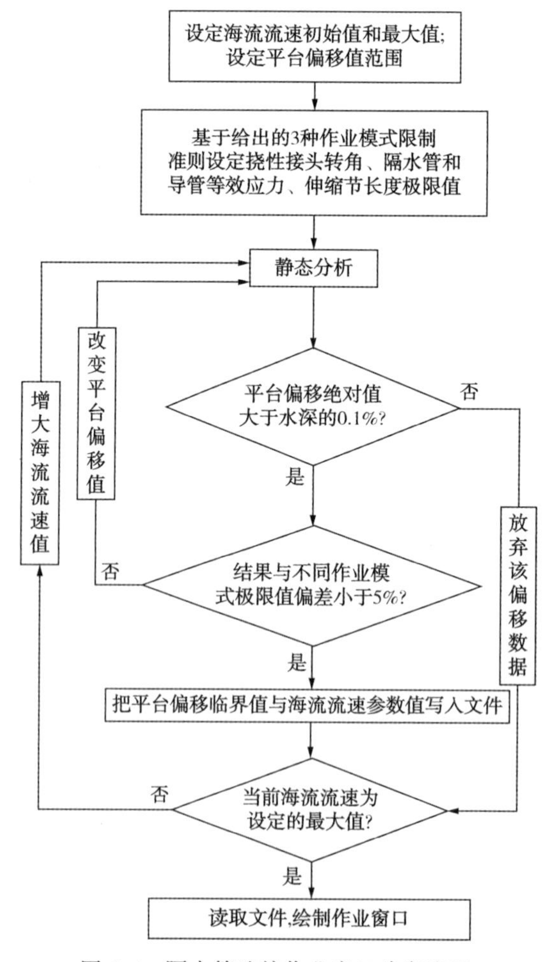

图 6.4　隔水管连接作业窗口确定流程

6.3.2 隔水管下放/回收作业窗口分析方法

在深水钻完井过程中，需要进行隔水管下放/回收作业的情况包括：①正常作业：在每口井的开始阶段都要将隔水管下入海底，而在每口井的钻井作业结束时又需要将其提出到水面上。这就相当于每口井要进行两次起下隔水管作业；②修理作业：如果隔水管部件发生损坏需要修理要将隔水管起出海底并重新下入海底，还有水下 BOP 发生故障，也需要将隔水管与 BOP 起出海底回收到平台并重新下放至海底。

隔水管下放/回收作业过程中卡盘或大钩需要承担所有隔水管单根、LMRP、BOP 以及其他部件的重量，且整个水深范围内的海流与波浪载荷均作用于细长的隔水管系统，海流将对隔水管施加极大的横向载荷，易在隔水管顶部造成大应力，作业过程较危险，通常选择较平稳的海况条件进行。另外，将隔水管下入海底或从海底起出作业需要频繁操作隔水管单根和接头，且作业时间较长，对单根接头性能、连接系统可靠性以及现场的海况变化提出了较高的要求。对隔水管下放/回收窗口分析可合理确定隔水管起下作业允许的环境条件，确保起下过程中隔水管系统的安全性。进行隔水管下放/回收作业时，需满足的作业限制条件主要包括：①隔水管最大等效应力<0.67 倍屈服应力；②下挠性接头转角<挠性接头转角物理极限的 90%，通常下挠性接头转角物理极限为 10°；③隔水管不能出现动态压缩；④最大动态张力小于卡盘极限承载能力；⑤隔水管不能与月池发生碰撞。由此确定隔水管下放/回收作业限制准则见表 6.2。

表 6.2 隔水管下放/回收作业限制准则

名　　称	下放/回收	名　　称	下放/回收
隔水管最大等效应力/屈服应力	0.67	隔水管最大许用张力/MN	8.898
上挠性接头转角/(°)	—	隔水管最小许用张力/MN	0.445
下挠性接头转角/(°)	9	平台月池尺寸	30m×9m

隔水管下放/回收作业窗口的确定是在获得作业海域详细环境条件的基础上，建立自 BOP 至隔水管上部的有限元模型，隔水管上部固支约束，同时考虑横向波流载荷对隔水管的作用，进行不同工况组合下下放/回收隔水管的悬挂有限元分析，根据下放/回收作业限制准则判断是否能够进行下放/回收作业，允许作业的工况组合即为隔水管的下放/回收作业窗口，其确定流程如图 6.5 所示。

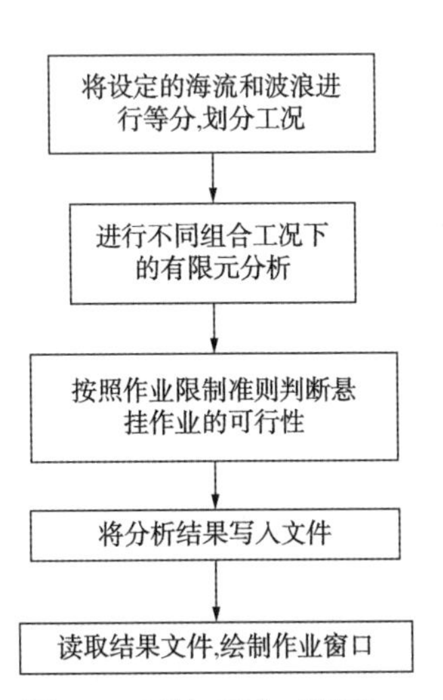

图 6.5 下放/回收工况下隔水管作业窗口确定流程

6.3.3 悬挂作业窗口分析方法

台风来临时，深水钻井隔水管的快速避台撤离至关重要，有时来不及回收隔水管，有时则为减少回收下放隔水管的作业时间和操作风险，通常选择将隔水管悬挂于钻井平台上随平台一起撤离，此时对隔水管单根强度提出很高的要求，特别是最上部单根，很容易发生破坏。隔水管有两种悬挂方式：硬悬挂，其所处状态与下放/回收工况类似，不同之处在于，下放工况隔水管系统下端同时悬挂LMRP和BOP，而硬悬挂工况隔水管系统下端只悬挂LMRP，则缺少了BOP的集中质量会对隔水管轴向动力特性产生显著影响。悬挂和下放/安装情况下的隔水管张力包络线如图6.6所示，由图6.6可知，悬挂工况下，隔水管的最小张力与最大张力要显著小于下放/安装工况，即无BOP的存在增加了隔水管出现动态压缩的风险，但大大降低了起重装置出现过载的风险。软悬挂，除包含张紧器的作用外与硬悬挂类似。

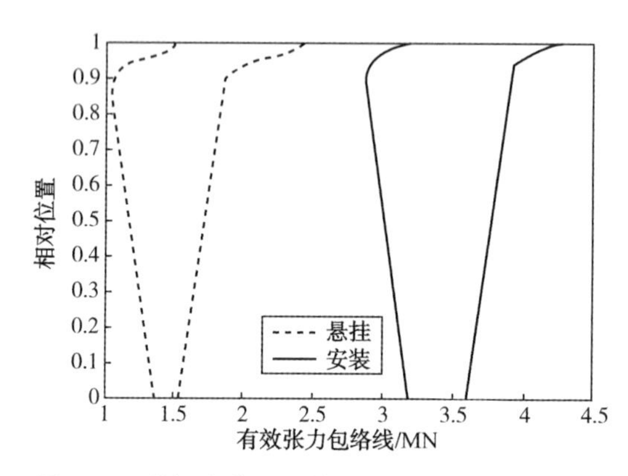

图6.6　下放/安装和悬挂工况下，隔水管包络线

进行悬挂作业窗口分析时，建立自LMRP至伸缩节外筒的隔水管有限元分析模型。硬悬挂模式下，平台升沉运动以动边界形式施加于隔水管上部；软悬挂模式下，以弹簧单元模拟张紧器的载荷变形特性，将平台升沉运动以动边界形式施加于弹簧单元，同时考虑横向海流载荷对隔水管的作用，实现平台升沉与海流激励下的隔水管响应分析，并根据隔水管悬挂作业窗口限制准则，确定隔水管硬、软悬挂作业窗口分布。隔水管进行硬、软悬挂作业限制准则见表6.3。

表6.3　隔水管不同悬挂模式下限制准则

名　　称	硬悬挂模式	软悬挂模式
隔水管最大等效应力/屈服应力	0.67	0.67
上挠性接头转角/(°)	—	13.5
下挠性接头转角/(°)	9	9
隔水管最大许用张力/MN	8.898	8.898
隔水管最小许用张力/MN	0.445	0.445
伸缩节冲程长度/m	—	16.76
平台月池尺寸	30m×9m	30m×9m

6.3.4　完井作业窗口分析方法

深水钻井作业完成后，完井作业前需要用钻杆下放采油树坐于海底井口之上。采油树安装完成后，下隔水管与BOP坐于采油树上，进行完井作业。完井作业工况主要包括下钻刮管作业、完井管串下放作业、连接非作业和启动脱离程序等作业模式。完井过程中，隔水管、井口与导管系统除受平台偏移、波浪海流等环境载荷影响外，还会受到采油树高度与重量的影响，整个系统特别是井口与导管的受力将发生显著变化，故需要分析隔水管完井工况作业窗口以指导现场完井作业。

完井管串送入工具进入上、下挠性接头示意图分别如图6.7与图6.8所示，此时允许的上、下挠性接头最大转角为完井管串下放工况的限制条件。

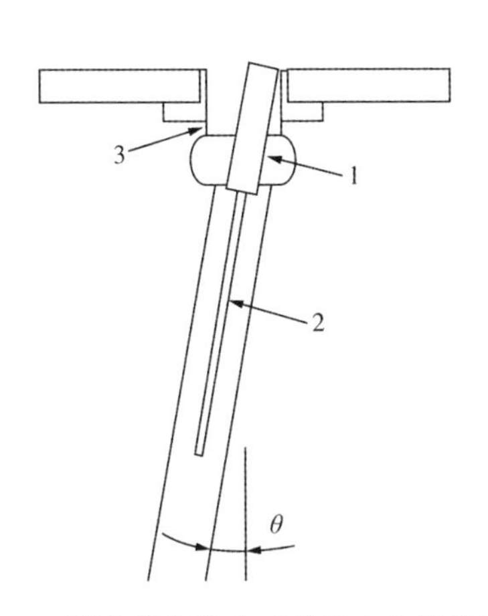

图6.7 完井管串送入工具进入上挠性接头

1—送入工具；2—油管；3—分流器

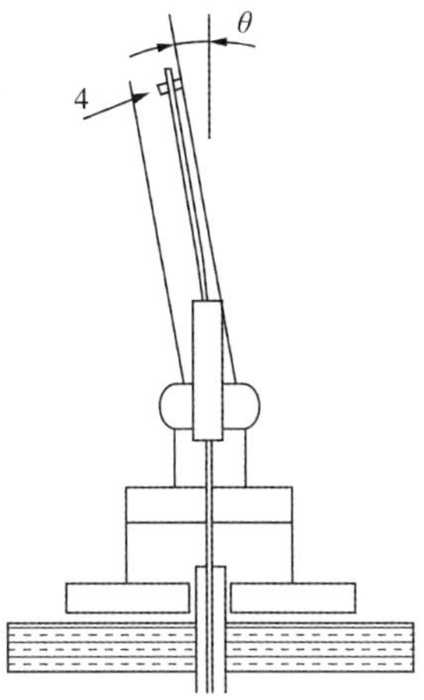

图6.8 完井管串送入工具进入下挠性接头

4—脐带缆夹具

完井管串送入工具通过上、下挠性接头时允许的挠性接头最大转角为

$$\max(\theta)=\arctan\frac{D_{\mathrm{i}}-d_{\mathrm{tool}}}{L_{\mathrm{tool}}}\tag{6.23}$$

式中，$\max(\theta)$为挠性接头转角的最大值；d_{tool}为完井管串送入工具的外径；L_{tool}为完井管串送入工具的长度；对于上挠性接头D_{i}为分流器内径，对于下挠性接头D_{i}为钻井隔水管内径。

送入工具的外径通常为18″，根据式(6.23)求得允许完井管柱顺利通过的上部挠性接头转角为2.5°，允许完井管柱顺利通过的下部挠性接头转角为1°。完井过程中隔水管不同作业模式的限制准则见表6.4。

表6.4 完井工况隔水管作业窗口确定准则

名称	下钻刮管模式	完井管串下放模式(下放工具通过上/下挠性接头)	连接非作业模式	启动脱离模式
上挠性接头最大转角/(°)	2	2.5/2	13.5	13.5
下挠性接头最大转角/(°)	2	2/1	9	9
隔水管最大等效应力/屈服应力	0.67	0.67	0.67	0.67
井口弯矩/极限弯矩	0.67	0.67	0.8	1.0
导管最大等效应力/屈服应力	0.67	0.67	0.8	1.0

6.4 深水隔水管工程应用实例分析

以南海某超深水井为例，采用6.1~6.3节分析方法，基于该井所处海域的环境参数，对隔水管系统配置、张紧力设计以及作业窗口等进行研究。

6.4.1 隔水管系统配置

分流器至海底之间的隔水管系统附属部件长度参数见表 6.5。

表 6.5 隔水管系统附属部件长度参数

名　　称	数　　量	长度/m
分流器	1	2.81
上挠性接头	1	2.29
适配短节	1	10.67
伸缩节	1	34.29
下挠性接头/LMRP	1	6.31
BOP	1	9.16
井口	1	4.5

该半潜平台配有的隔水管单根及短节的长度参数见表 6.6。

表 6.6 隔水管单根及短节长度参数

名　　称	数量	外径/壁厚/in	长度/ft
隔水管单根/2500ft 浮力块	7	21/1	75
隔水管单根/2500ft 浮力块	26	21/0.9375	75
隔水管单根/5000ft 浮力块	33	21/0.875	75
隔水管单根/7500ft 浮力块	34	21/0.875	75
隔水管单根/10000ft 浮力块	31	21/0.75	75
隔水管单根/10000ft 浮力块	2	21/1	75
短节Ⅰ	1	21/1	50
短节Ⅱ	1	21/1	40
短节Ⅲ	1	21/1	25
短节Ⅳ	1	21/1	15
短节Ⅴ	1	21/1	5

隔水管配置计算流程：

① 隔水管系统总长度=水深+钻台与水面距离-分流器至钻台=2616.3+29.3-0.97=2644.63m(8676.61ft)。

② 隔水管附属部件总长度=分流器+上部挠性接头+适配短节+伸缩节+下部挠性接头/LMRP + BOP +井口=76.124m。

③ 需要的隔水管长度=隔水管系统总长度-隔水管附属部件总长度=2644.63-76.124=2568.506m(8426.857ft)。

④ 隔水管单根数量 8426.857/75=112.358≈112，剩余长度=0.358 * 75=26.857 ft，根据 981 平台现有的隔水管短节的配置，从配长的角度则可选择长度为 25ft 的隔水管短节。

根据上述计算结果形成隔水管系统配置。参照南海已钻 2 口深水井隔水管系统研究分析结果，隔水管系统配置见表 6.7。

表 6.7 隔水管系统配置

名 称	数 量	单根长度/ft	区域长度/ft	距离海底高度/m
转喷器+上挠性接头	1	5.1	5.1	2644.632
适配短节	1	10.67	10.67	2639.532
伸缩节	1	34.29	34.856	2628.862
短节	1	7.62	7.62	2594.006
隔水管裸单根	2	22.86	45.72	2586.386
隔水管单根 1/2500ft 浮力块	4	22.86	91.44	2540.666
填充阀	1	6.096	6.096	2449.226
隔水管单根 2/2500ft 浮力块	24	22.86	548.64	2443.13
隔水管单根 3/5000ft 浮力块	26	22.86	594.36	1894.49
隔水管单根 4/7500ft 浮力块	26	22.86	594.36	1300.13
隔水管单根 5/10000ft 浮力块	30	22.86	685.8	705.77
下挠性接头、LMRP、BOP	1	15.47	15.47	19.97
井口	1	4.5	4.5	4.5

6.4.2 张紧力计算

隔水管系统配置中隔水管湿重详见表 6.8。

表 6.8 隔水管单根湿重

名称	数量	外径壁厚/in	裸单根湿重/kg	浮力块净浮力/kg	浮力单根湿重/kg
25ft 短节	1	21/1	5810	0	5810
裸单根 1	2	21/1	13440	0	13440
浮力单根 1	4	21/1	13440	12787	653
浮力单根 2	24	21/0.9375	13142	12812	330
浮力单根 3	26	21/0.875	14728	13068	1660
浮力单根 4	26	21/0.875	14728	11200	3528
浮力单根 5	30	21/0.75	12144	9980	2164

根据上述三种张紧力计算方法得出的隔水管系统配置所需张紧力见表 6.9。

表 6.9 张紧力计算结果

计算方法	API RP 16Q	底部残余张力法	下放钩载法
计算结果/MN	5.03	6.38	4.51

最终推荐的张紧力为采用底部残余张力法确定的张紧力，为 6.38MN(638t)。由于张紧力与钻井液的密度也有关系，钻井液密度不同，张紧力也不同。不同钻井液密度下的张紧力如图 6.9 所示。

由图 6.9 可知，随着钻井液密度的增大，隔水管系统张紧力呈线性增加。在钻井作业过程中，如果需要改变钻井液密度则可在上述图中找到相应的张紧力数据，然后根据该数据进行调整即可。

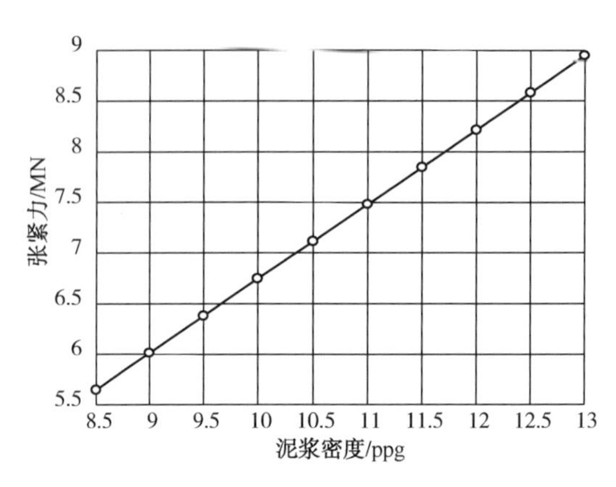

图 6.9　不同钻井液密度下的张紧力

根据 API RP 16Q 规定，最大张紧力不能超过 90% 的张紧器极限，即最大值为 0.9 * 6 * 630 = 3402kips = 15.13MN。而张紧力推荐值为 6.38MN，即 638t，小于张紧器所能提供的极限张紧力，且具有较大的安全裕量。

6.4.3　隔水管作业窗口及涡激疲劳分析

（1）钻井作业窗口

根据隔水管系统配置以及张紧力计算结果建立隔水管有限元静态分析模型，施加相应的环境载荷，分别计算不同海流速度下的隔水管偏移极限，根据隔水管强度、伸缩节冲程和挠性接头转角等要求确定隔水管连接作业窗口如图 6.10 所示。图中横轴与纵轴确定了可进行各种作业模式的极限钻井船偏移和表面海流流速。钻井作业区域内可进行正常钻井作业，当钻井船偏移和表面海流流速参数达到钻井作业区域和连接非钻井作业区域交接时，需要停止钻井并进行解脱准备，此时隔水管处于连接非钻井模式；当钻井船偏移和表面海流流速参数达到启动脱离程序时，需要启动解脱程序；当钻井船偏移和表面海流流速参数达到最外围的白色区域时，解脱作业应当已经完成，隔水管处于悬挂模式(自存状态)。

由图 6.10 可知，随着表面海流流速的增大，隔水管钻井窗口先向顺流方向偏移，当达到一定流速时窗口收缩，总体上呈倒锥形。对于钻井作业窗口而言，其左边界始终受到上部挠性接头转角限制。当表面流速小于 0.8m/s 时，其右边界主要受到上部挠性接头转角限制，在顺流方向海流会增大上部挠性接头转角，引起允许的平台最大偏移减小，而逆流方向刚好相反；当表面流速大于 0.8m/s 时，右边界主要受到导管应力限制，在逆流方向海流会显著增大导管应力，导致钻井作业窗口迅速缩小。连接非钻井模式和启动脱离模式始终受到导管应力限制，随着海流速度的增大，窗口均向逆流方向偏移。

（2）下放/回收作业窗口

根据隔水管系统配置以及张紧力计算结果建立隔水管至 BOP 有限元模型，根据下放/回收作业窗口限制准则，确定下放/回收作业窗口如图 6.11 所示。图中阴影浅的部分为允许下放/回收作业区域，阴影深的区域为不允许在当前配置下进行下放/回收作业的区域。

由图 6.11 可知，隔水管下放/回收作业窗口主要受到隔水管最大等效应力限制，在波高小于 3.62m，海流流速小于 1.12m/s 情况下均有实现 LMRP/BOP 安全下放的作业窗口。

但下放/回收作业窗口对波流载荷均极为敏感，随着波高的增大允许作业的最大海流迅速减小，故下放/回收作业应在平稳海况下进行。

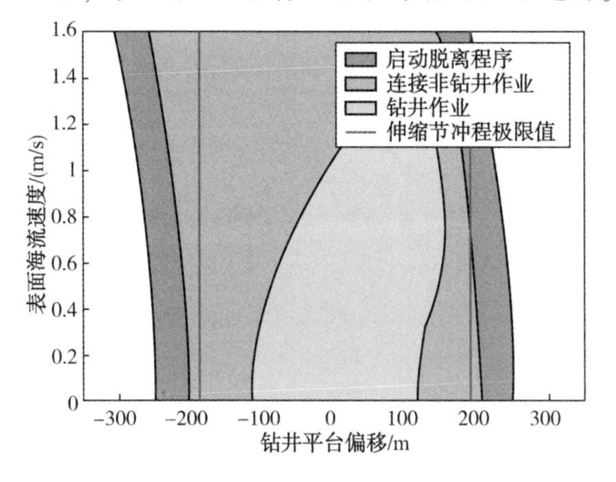

图 6.10　系统井口正常连接作业窗口

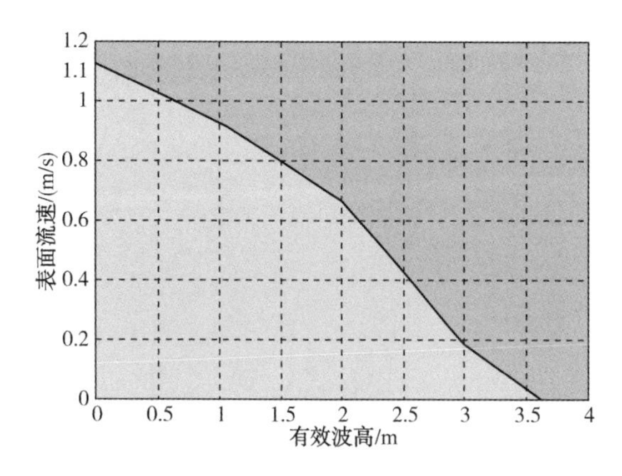

图 6.11　隔水管下放/回收作业窗口

(3) 悬挂作业窗口

根据隔水管系统配置以及张紧力计算结果建立隔水管至 LMRP 有限元模型，以硬悬挂为例，根据硬悬挂作业窗口限制准则，确定隔水管硬悬挂作业窗口如图 6.12 所示。图中阴影浅的部分为允许悬挂作业区域，阴影深的区域为不允许在当前配置下进行硬悬挂作业的区域。

由图 6.12 可知，硬悬挂模式下，隔水管悬挂作业窗口主要受隔水管应力、动态张力放大(悬挂装置过载)与隔水管压缩等因素的限制，在表面流速小于 1.16m/s 左右，波高小于 4.79m 的情况下可以进行整个隔水管柱的硬悬挂作业。但海流和波浪载荷对硬悬挂作业窗口有显著影响，随着海流增大隔水管允许悬挂作业的最大波高不断减小。

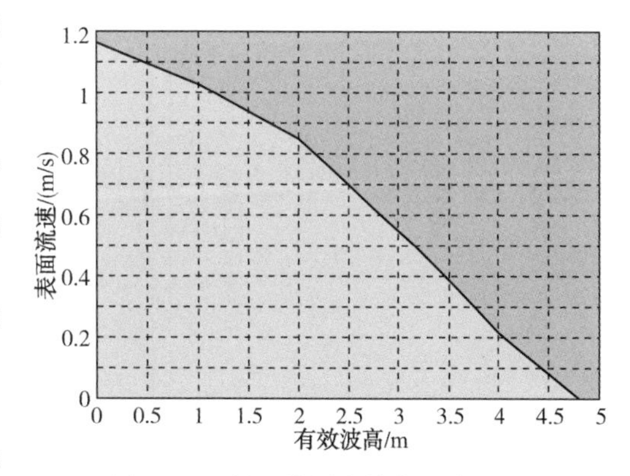

图 6.12　硬悬挂隔水管作业窗口

(4) 完井作业窗口分析

根据完井作业窗口限制准则，建立钻刮管作业窗口和完井管串下放作业窗口如图 6.13 和图 6.14 所示，其每个区域含义与钻井窗口相同。由图 6.13 可知，不同表面流速作用下各作业窗口变化规律同钻井工况一致，随着海流增大，下钻刮管作业先向逆流方向偏移后迅速减小，总体上成倒锥形；连接非作业和启动脱离作业窗口向逆流方向偏移。在相同表面海流流速下，相对于钻井工况，完井工况下钻刮管作业允许的平台最大偏移增大，而启动脱离作业允许的平台最大偏移则减小。这是因为采油树的安装引起下部挠性接头位置上移，相同海流和平台偏移下的下挠性接头转角减小，导致下钻刮管窗口增大；同理，采油树的重量施加于井口与导管，引起井口与导管弯矩增大，导致启动脱离作业窗口变小。

由图 6.14 可知，随着表面海流流速增加，完井管串送入工具通过上、下挠性接头时的作业窗口都先向逆流方向偏移后迅速收缩，其中送入工具通过下挠性接头时，其较大的外径使得下挠性接头允许的转角显著减小，即送入工具通过下挠性接头时作业窗口相对较小，现场完井管串下放过程应给予足够重视。

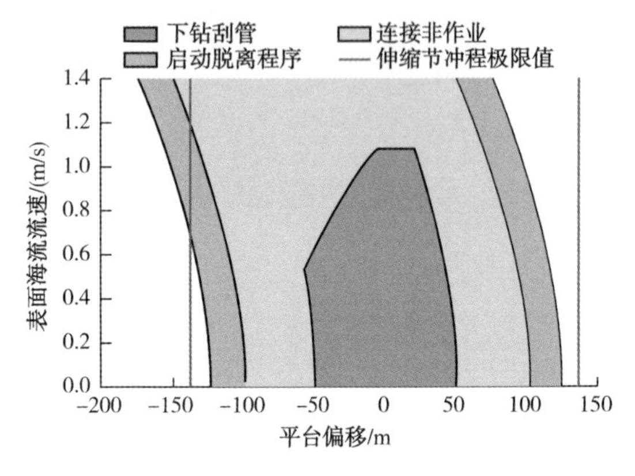

图 6.13　完井工况下钻刮管作业窗口

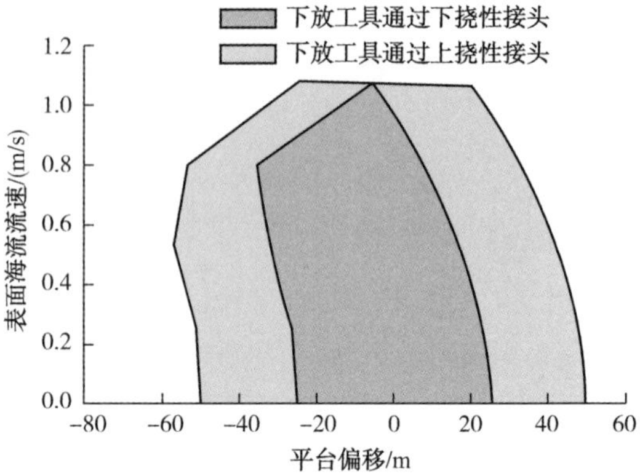

图 6.14　完井工况完井管串下放作业窗口

（5）涡激疲劳分析

根据隔水管系统配置以及张紧力计算结果建立隔水管与井口–导管有限元模型，采用超越概率算法细化计算隔水管–井口–导管系统的涡激疲劳损伤如图 6.15 所示。计算得到隔水管–井口–导管系统的总年度疲劳损伤为 0.175a^{-1}，取安全系数为 10，则整个水下系统的疲劳寿命为1/(10×0.175)= 0.57 年，分析得出的最大疲劳位置为井口泥线附近的导管处。

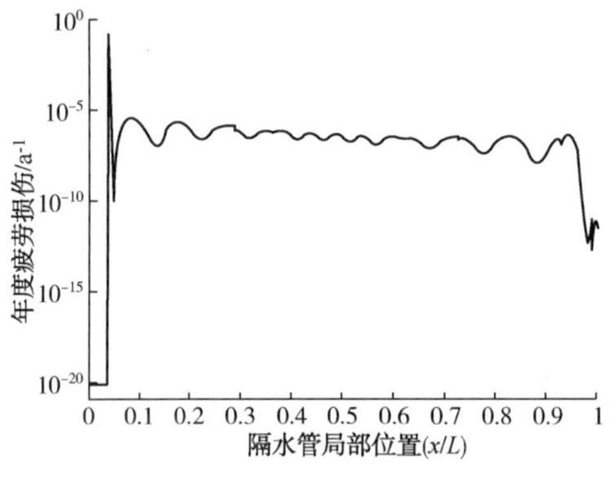

图 6.15　总年度疲劳损伤

6.5　深水钻井隔水管系统设计与作业管理系统

深水钻井隔水管系统设计与作业管理离不开隔水管系统的有限元分析技术、深水钻井隔水管系统设计技术和深水钻井隔水管作业管理技术，前面的章节分别针对三个方面的内容展开了研究，在此基础上开发了深水钻井隔水管有限元分析软件、深水钻井隔水管系统设计软件和深水钻井隔水管作业管理软件。三套软件相辅相成，隔水管系统设计和作业管理是有限元分析的目标，有限元分析则为隔水管系统设计和作业管理提供关键的仿真结果数据。三套软件的相互协作构成深水钻井隔水管系统设计与作业管理系统。

6.5.1 软件组成及功能介绍

深水钻井隔水管系统设计与作业管理系统的整体工作流程如图6.16所示。深水钻井隔水管系统有限元分析程序通过隔水管系统响应的预测，给出实时监测无法获得的关键信息，为深水钻井隔水管系统设计与作业管理奠定基础；深水钻井隔水管系统设计程序提供信息丰富的数据库系统，并在此基础上开发隔水管系统配置和张紧力优化设计模块；深水钻井隔水管作业监测＆指导程序收集隔水管系统作业的参数信息，满足作业管理对实时性的要求。

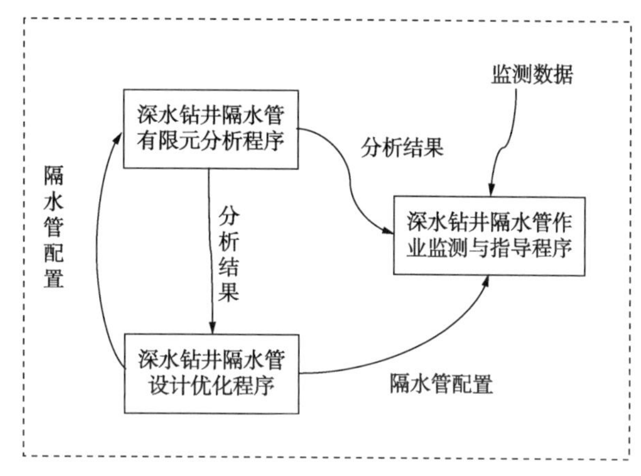

图6.16 深水钻井隔水管系统设计与作业管理系统的工作流程

软件采用模块化的设计方法，各模块均被编译成动态链接库(DLL)或可执行程序(EXE)供别的模块调用。各个模块之间和文件系统之间的数据流如图6.17所示。

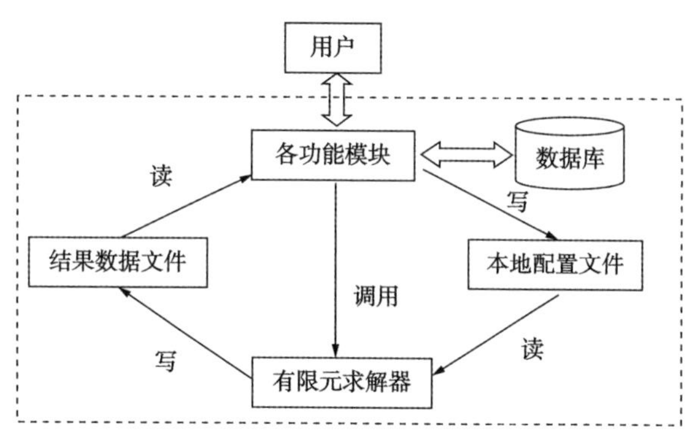

图6.17 程序模块之间的数据流

深水钻井隔水管系统设计与作业管理系统主要包含四部分功能，分别为隔水管数据库管理、作业仿真、钻前设计以及作业指导。

隔水管数据库管理主要包含：①隔水管单根数据库，主要实现隔水管单根数据的添加、编辑、删除及排序，通过用户与隔水管单根数据对话框的交互完成；②隔水管配置数据库，此数据库的构建考虑到隔水管连接、悬挂以及安装三种不同的配置形式。隔水管配置数据库模块可以为用户提供一个默认的隔水管参数及配置方案，可以增加、编辑、删除以及更新隔水管配置。隔水管的配置包含所有隔水管单根(以从顶端到底端的方式)的物理特性参数信息;③钻井船数据,主要实现钻井船基本信息、月池参数及钻井船幅值响应算子的数据编辑,通过用户与钻井船数据对话框交互完成。钻井船基本信息包括钻井船名称、钻井船类型、钻井船所有者、钻井平台高度、钻井船吃水深度、张紧器的数量、每个张紧器可提供的最大张力、最大大钩载荷、钻井船漂移速度(钻井船在系泊系统失效后,随海流漂移的速度)及紧急情况下断开连接所需操作时间;④油井信息数据,主要能实现油井信息和风浪数据的编辑,通过用户与油井资料数据弹出式对话框的交互完成。其中包括:油井所在位置、油井编号、水深、钻井液密度、海水密度、波浪和海流数据。

作业仿真是静载荷、动载荷以及动静载荷耦合的响应预测工具。隔水管的响应评估在二维的有限元模型中进行,有限元模型采用考虑轴向载荷和弯矩的二维梁单元建立,且可以根据分析需求自动生成所需要的网格。静态分析子模块仅考虑海流和钻井船的偏移,动态分析子模块采用频域的方法进行分析。

(1) 隔水管静力分析模块的目的是对钻井船上的隔水管进行初步分析,提供钻井前的离线指导以及隔水管连接和脱离的实时指导。静力分析在钻前设计模块中用来计算最优的钻井隔水管裸单根/浮力单根布置、所需隔水管张紧力和对应的钻井作业窗口;在作业指导模块中利用采集到的海流数据确定钻井船关于油井中心的许可偏移,得到实时的钻井作业窗口。该作业窗口用来分析钻井船的实际位置和挠性接头转角的关系,从而提供作业指导。

(2) 动力分析模块可以分析任意给定波高和周期的海流载荷。动力分析将产生隔水管的 Von Mises 应力、挠性接头角度均值和极值、伸缩接头行程和张紧器行程等重要结果数据。

隔水管钻前设计可以实现钻前隔水管作业参数的设计和优化,其功能特点有:①隔水管张力优化:程序综合挠性接头在大海流载荷下维持小转角的性能以及隔水管张力承受能力来估计隔水管的最佳张紧力。最佳隔水管张力将根据模型生成模块所选择的隔水管配置来计算;②生成钻井作业窗口:对于给定的海流载荷,确定许可的钻井船偏移。该模块可以计算给定海流和波浪载荷下的不同钻井船偏移的隔水管挠性接头的转角,从而得到具体海况下钻井船的许可偏移。悬挂工况下可以通过轴向动力分析来计算悬挂作业窗口;③隔水管配置优化:隔水管配置优化模块将不同的裸单根/浮力单根布置所得到的作业窗口进行比较,生成比较图表,并给出推荐的隔水管裸单根/浮力单根的最优布置。

隔水管作业指导通过仪表化的界面来实现钻井作业参数的实时显示并提供作业指导,所采集的关键的环境数据有:海流流速和流向的流剖面,波浪的波高和周期,钻井船的朝向和关于钻井中心的位置,隔水管挠性接头转角,伸缩接头行程,施加的张紧力。

6.5.2 隔水管系统有限元分析

6.5.2.1 基本参数

针对墨西哥湾海域 1500m 水深海域某工况进行实例分析,分析所采用的钻井液密度为 1140kg/m^3,取隔水管系统的张紧力为 5164kN,曳力系数取为 1.2。选用墨西哥湾水域 1500m 水深一年一遇流剖面,如图 6.18 所示。平台的升沉运动 RAO、纵荡运动 RAO 和纵荡运动相位差 RAO 分别如图 6.19~图 6.21 所示。

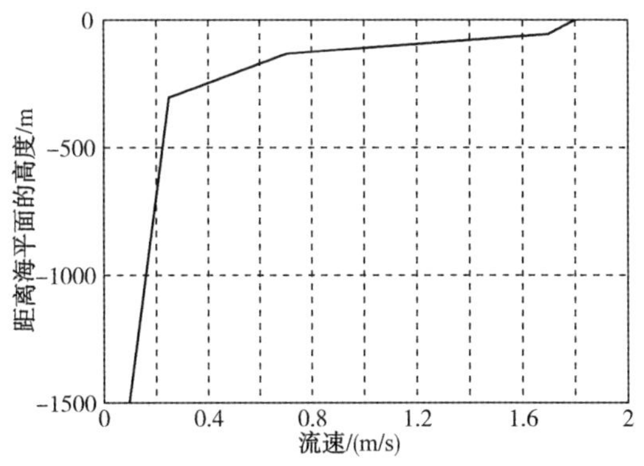

图 6.18 墨西哥湾水域 1500m 水深一年一遇流剖面

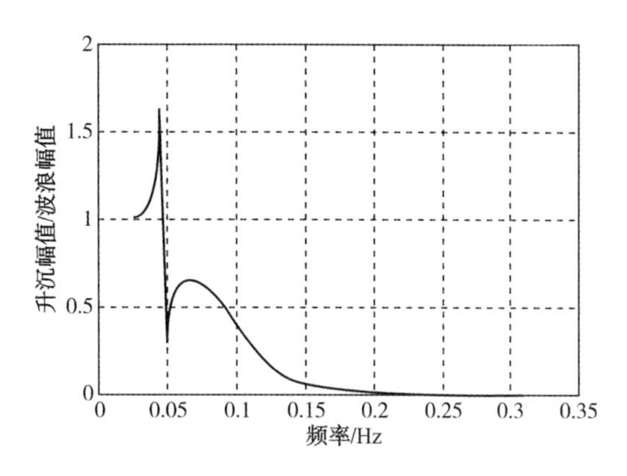

图 6.19 平台升沉运动幅值算子 RAO

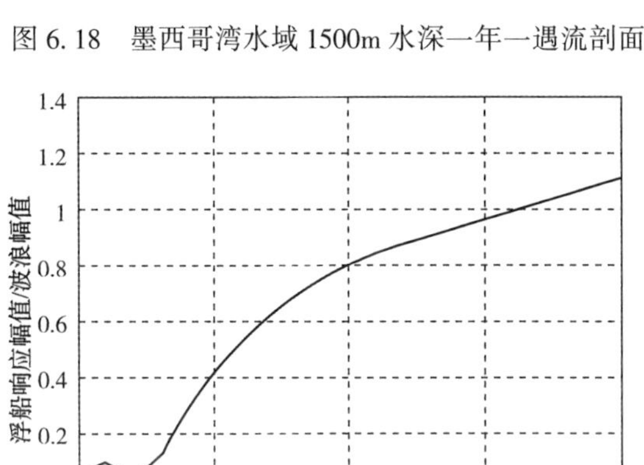

图 6.20 平台纵荡 RAO(幅值比)

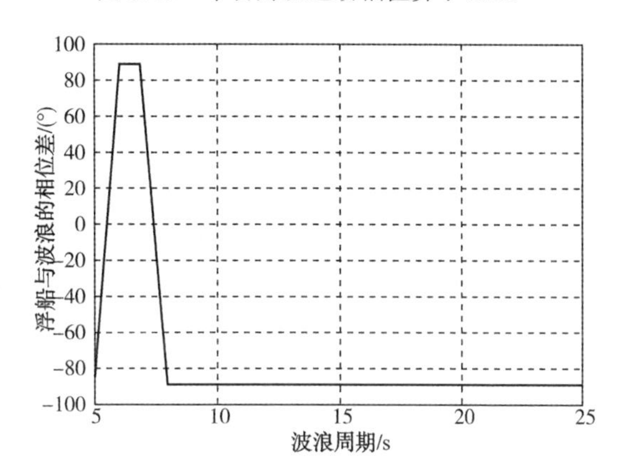

图 6.21 平台纵荡 RAO(相位差)

分析所采用的隔水管配置数据见表 6.10。伸缩节的内筒和外筒具有不同的壁厚和外径，考虑到伸缩节一般不是分析的重点，因此将伸缩节的内筒和外筒视为一体。

表 6.10 分析采用的隔水管系统配置

隔水管系统部件	数量	单根长度/m	强度壁厚/m	曳力外径/m
上部挠性接头	1	3.35	0.0175	—
伸缩节	1	22.86	0.03175	0.6604
40ft 短节	1	12.192	0.0175	0.5461
裸单根	2	22.86	0.0175	0.5461
浮力单根 1①	20	22.86	0.0175	1.3462
浮力单根 2①	20	22.86	0.0175	1.3462
浮力单根 3①	14	22.86	0.0175	1.3462
裸单根	8	22.86	0.0175	0.5461
下部挠性接头	1	3.35	0.0175	0.5461
LMRP	1	7.8	0.0508	1.67
BOP	1	9.7	0.0508	3.04

① 浮力单根 1、浮力单根 2 和浮力单根 3 的单根湿重分别为 412kg、2535kg 和 3510kg。

6.5.2.2 有限元分析

对上述工况进行分析，将整个模型划分为 661 个单元。所得到的静态分析的部分结果如图 6.22 所示。由图 6.22(a)可以看出，隔水管的上部在海面附近出现弯矩的最高峰，底部接近挠性接头处出现弯矩的次高峰。这与实际相符，因为深水时海流流速在海平面附近最大，因此隔水管的弯曲载荷常在离水面以下附近的单根处出现极值，现场隔水管失效也常常出现在水面以下 2~3 根隔水管单根的水深位置。表明这些位置是隔水管系统的危险位置，设计配置时可以考虑适当增加水面附近位置单根的壁厚。由图 6.22(b)可以看出，隔水管的 Von Mises 等效应力在靠近顶部的位置出现最大值，说明海面附近的隔水管单根是隔水管系统的薄弱部位，在风浪和海流比较大时需要加强对其的监测。

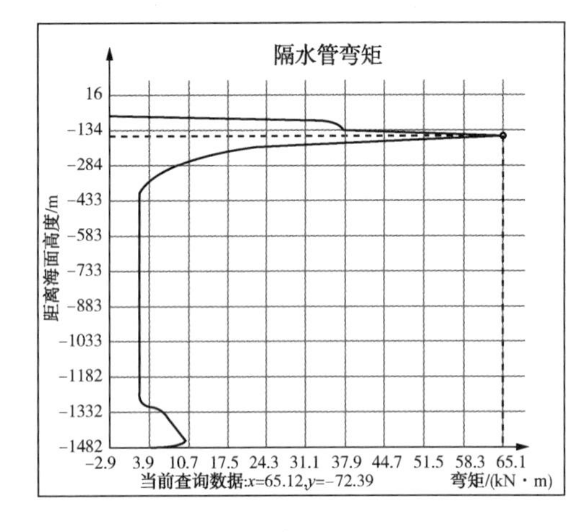

(a)弯矩图

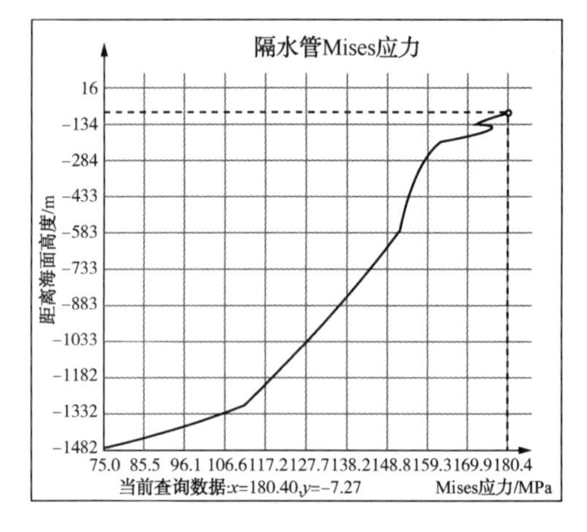

(b)Von Mises等效应力图

图 6.22　程序静态分析结果

取惯性力系数为 2.0，对上述工况进行模态分析，得到的隔水管系统前四阶模态频率分别为 0.015575Hz、0.031913Hz、0.048634Hz 和 0.065563Hz。前四阶模态对应的归一化模态振型如图 6.23 所示。

采用 P-M 谱模拟随机波浪，模拟生成的随机波的波面高度时间历程如图 6.24 所示。取分析的离散时间间隔为 0.5s，模拟时间 800s。为了消除隔水管系统的前几秒开始振动时不稳定因素的影响，从第 50s 开始记录。

动态分析所得到的 200 号节点处动态弯曲应力如图 6.25(a)所示。由图可以看出，受随机波浪的影响，隔水管的动态弯曲应力呈现一定的随机性。同时由于受平台慢漂的影响，弯曲应力整体上也都呈现一定的周期性变化，变化的周期与慢漂运动的周期相近。动态分析所得到的底部挠性接头转角时间历程如图 6.25(b)所示。由图可知，底部挠性接头的转角整体上随平台的慢漂运动呈现周期性变化。

设隔水管从 LMRP 处脱离，以硬悬挂方式进行撤离，考虑 LMRP 对重量的贡献。对隔水管系统进行轴向动力分析，分析结果如图 6.26 所示。由图 6.26(a)可以看出，自上而下隔水管的轴向振动幅度逐渐增大，表明隔水管振动在自上而下的传递过程中得到了逐步放大。由图 6.26(b)可以看出，硬悬挂方式隔水管系统的最大动态张力发生在顶部位置，顶部位置的动态张力波动范围也最大。说明顶部位置是硬悬挂方式下隔水管系统的薄弱位置。

6.5.2.3　软件精度验证

目前国外隔水管系统的最常用的分析软件包括通用有限元分析软件和隔水管专用的商

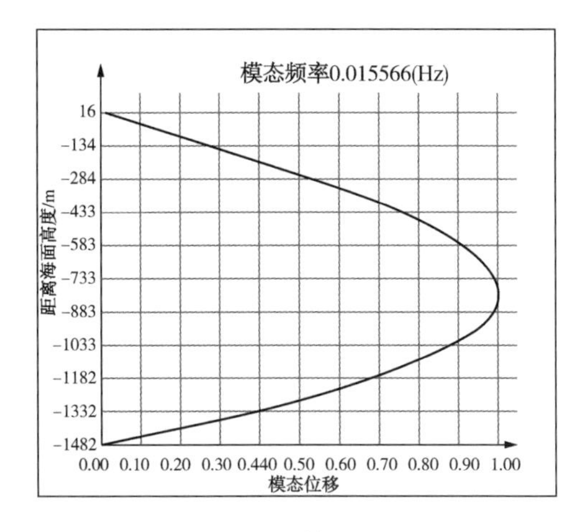

(a)1阶振型

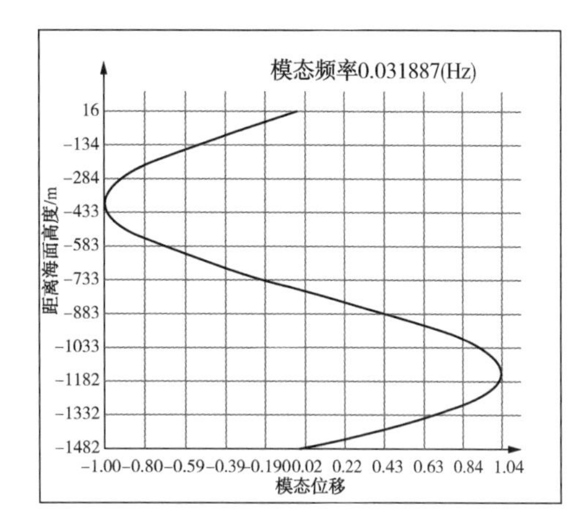

(b)2阶振型

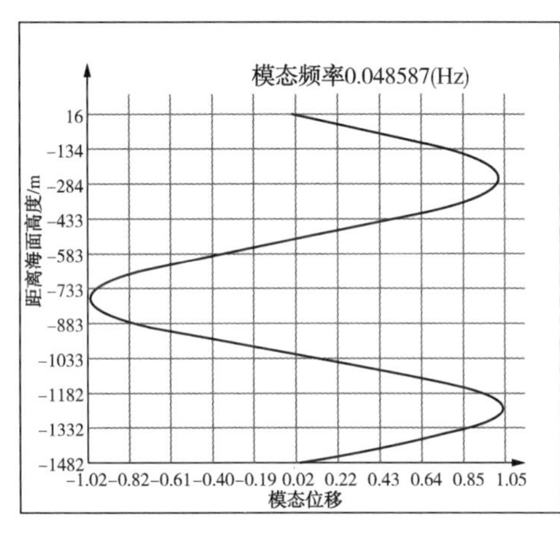

(c)3阶振型

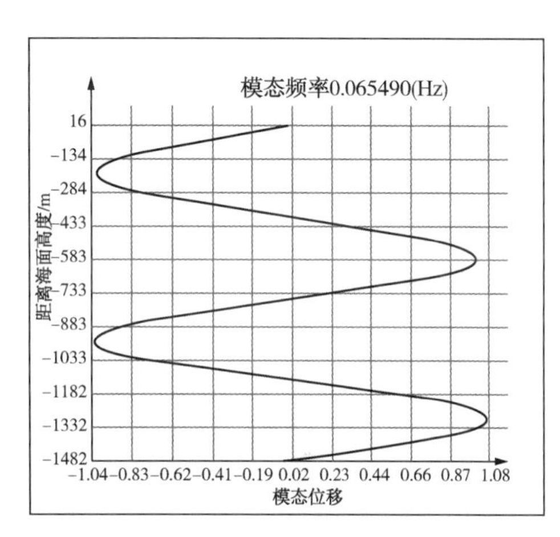

(d)4阶振型

图 6.23 前 4 阶模态归一化模态振型

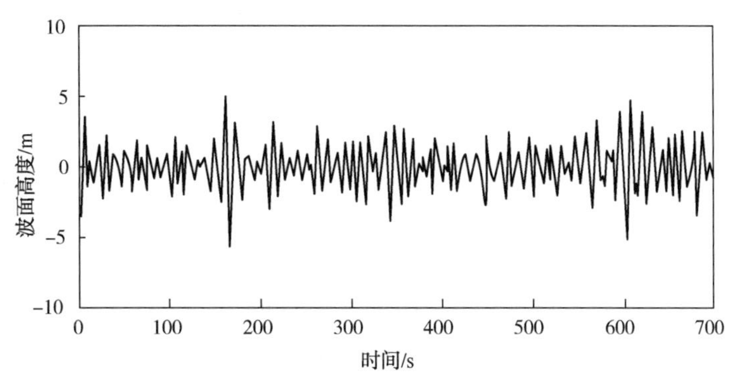

图 6.24 模拟生成的随机波

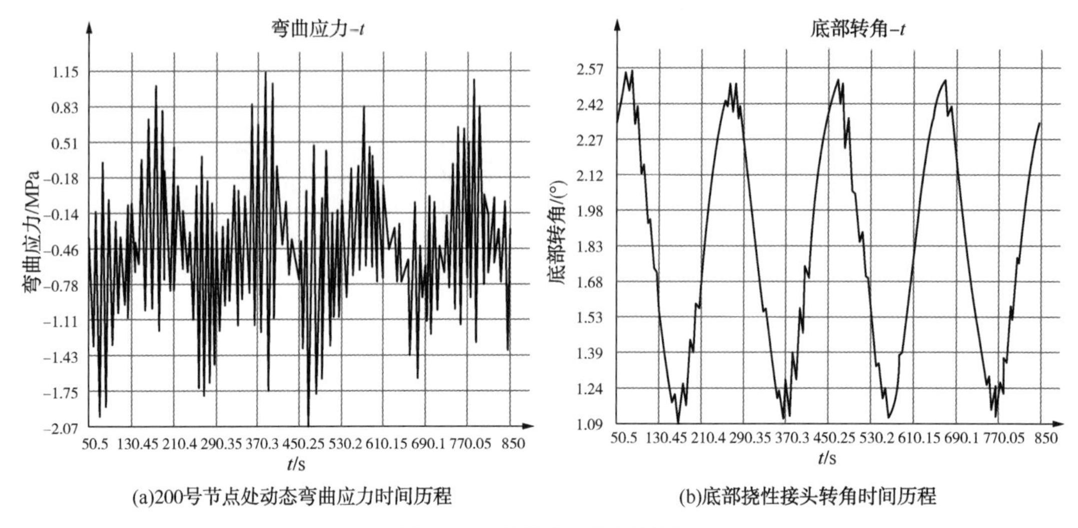

(a)200号节点处动态弯曲应力时间历程　　(b)底部挠性接头转角时间历程

图 6.25　程序动态分析结果

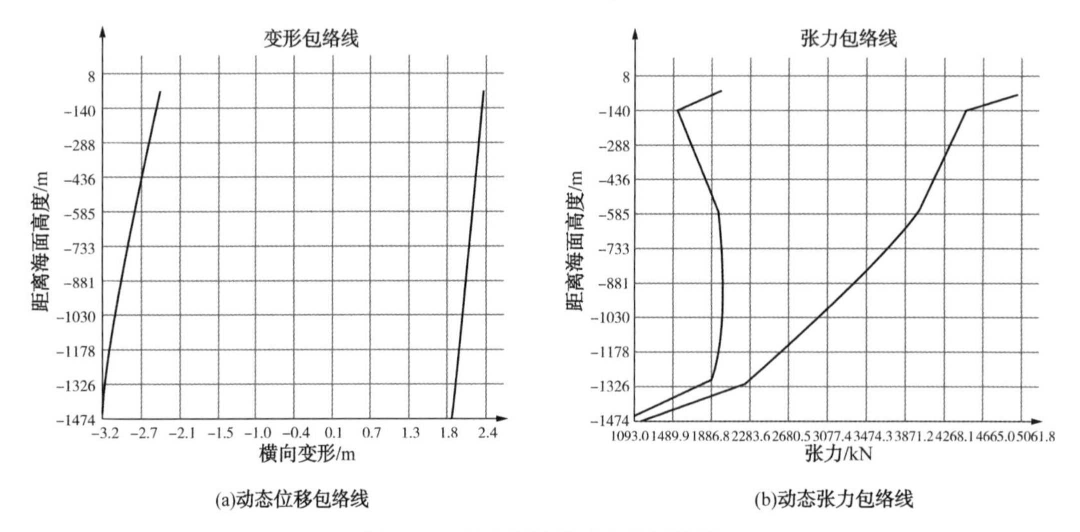

(a)动态位移包络线　　(b)动态张力包络线

图 6.26　程序硬悬挂动态分析结果

业化分析软件。前者如 ABAQUS 和 ANSYS，后者如 Flexcom、Deeplines、DeepRiser 等。国内对隔水管系统的分析和设计采用较多的是 ABAQUS 和 ANSYS。本节以 ABAQUS 作为参考标准，对软件的分析结果进行精度验证。

ABAQUS 是功能最强的有限元分析软件之一，可以模拟高度非线性问题。ABAQUS 软件提供了能够模拟隔水管的 PIPE 单元，该单元允许施加自重、拖曳力、惯性力和静水压力等结构与环境载荷，还提供了能够模拟隔水管底部挠性接头的 Connector 单元，因此常被用于隔水管系统的静态和动态分析。

采用 ABAQUS 进行同样工况下的静态分析，软件静态分析的弯矩和等效应力与同样工况下 ABAQUS 结果的对比分别如图 6.27 与图 6.28 所示。由图 6.27 和图 6.28 可以看出，软件的计算结果与 ABAQUS 的计算结果吻合良好，二者形状规律一致，相对误差很小。

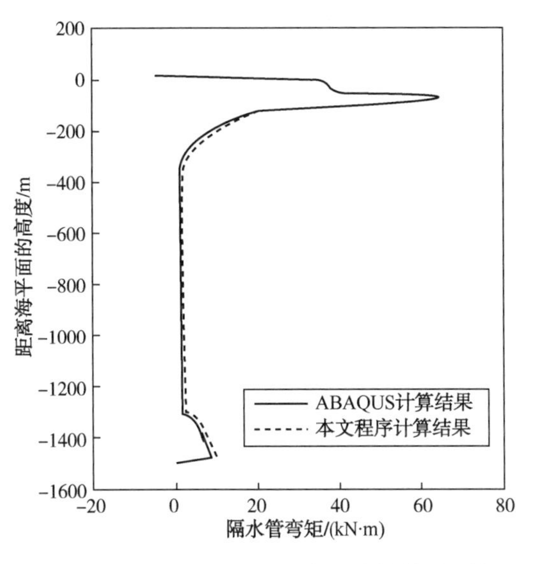

图 6.27 软件和 ABAQUS 弯矩计算结果比较

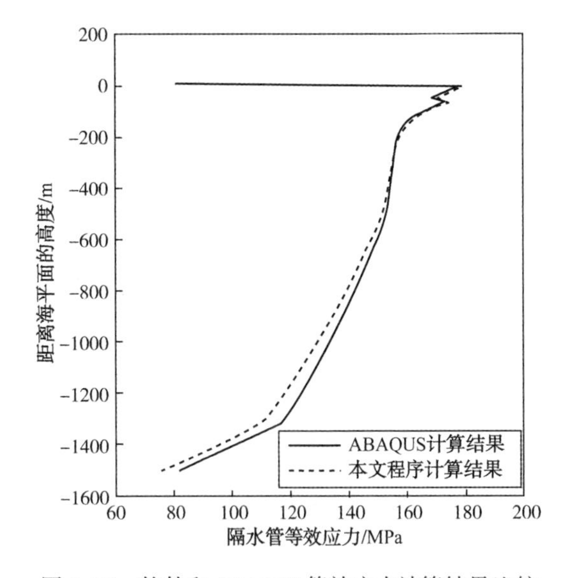

图 6.28 软件和 ABAQUS 等效应力计算结果比较

表 6.11 为前 6 阶模态的计算结果与同样工况下 ABAQUS 程序的计算结果的对比，由表可以看出，程序的模态分析结果与 ABAQUS 吻合良好，前 6 阶模态计算结果的相对误差在 5%以内。

表 6.11 ABAQUS 前 6 阶模态频率结果比较

模态阶次	程序计算结果	ABAQUS 计算结果	相对误差
1	0.015575	0.0158610	0.0184
2	0.031913	0.0325720	0.0207
3	0.048634	0.0499374	0.0268
4	0.065563	0.0677043	0.0327
5	0.082854	0.08589831	0.0367
6	0.100036	0.10434	0.0430

6.5.3 深水钻井隔水管系统设计

针对前面提到的隔水管配置和海流偏移工况进行张紧力设计，设定张紧器的数目为 6 个，突然失效的张紧器数目为 2 个，张力换算系数为 0.9，根据 API RP 16Q 规范中规定的张紧力算法计算的最小张紧力结果为 4.562×10^6 N；设底部的残余张力为 2×10^6 N，基于底部残余张力算法计算的最小张紧力为 4.725×10^6 N；基于仿真分析对依据 API 规范的张紧力计算结果进行优化，优化的结果跟 API 规范的计算结果一致，如图 6.29 所示。

为了说明仿真分析在张紧力优化中的作用，对上述分析的工况进行调整。假定在平台偏移为 20m，海面流速为 2m/s 的工况下，钻井作业仍须继续进行。对调整后的工况进行张紧力优化分析，分析结果如图 6.30 所示。由图可以看出，当工况变得恶劣之后，基于 API 规范计算得到的最小张紧力下的上下挠性接头转角均超过了钻井作业的限制，为了满足作业要求，需适当增加张紧力。经过优化分析后得到的满足要求的最小张紧力为5.087×10^6 N。

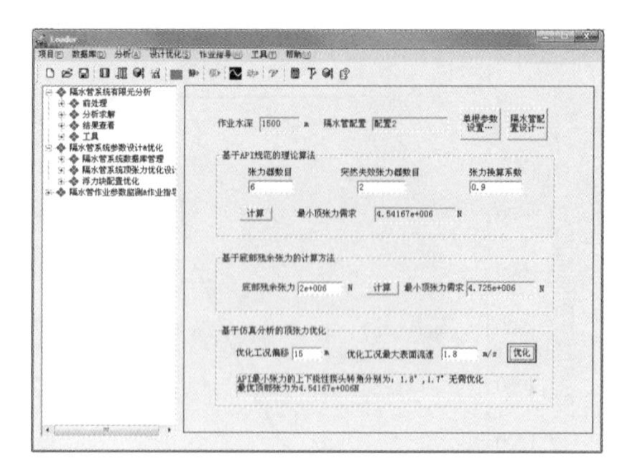

图 6.29　张紧力优化设计结果

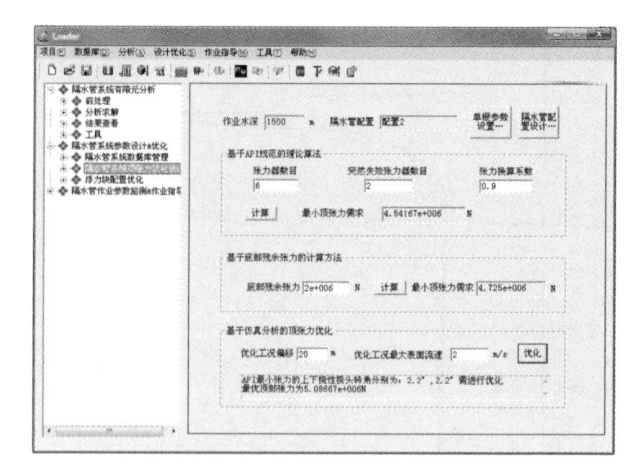

图 6.30　改变工况后的张紧力优化设计结果

隔水管配置优化设计，将位于配置底部的裸单根中的一根移至上部，其他单根保持不变以便于比较，调整后的隔水管配置见表 6.12。设悬挂状态的升沉运动幅值为 4m，对两种配置进行优化分析。

表 6.12　调整后两种隔水管系统配置

配置 2		配置 3	
隔水管系统部件	数量	隔水管系统部件	数量
上挠性接头	1	上挠性接头	1
伸缩节	1	伸缩节	1
40ft 短节	1	40ft 短节	1
裸单根	2	裸单根	3
浮力单根 1	20	浮力单根 1	20
浮力单根 2	20	浮力单根 2	20
浮力单根 3	14	浮力单根 3	14
裸单根	8	裸单根	7
下挠性接头	1	下挠性接头	1
LMRP	1	LMRP	1
BOP	1	BOP	1

优化分析结果如图 6.31 所示。由图 6.31 可知，将底部的裸单根移到上部之后，隔水管系统的挠性接头转角变小，但同时硬悬挂的最小动态张力变小，成了负值，说明隔水管出现了轴向压缩。顶部增加裸单根减小了高海流流速区的拖曳力直径，从而减小了作用在隔水管系统上的海流力，改善其连接的工作性能，但同时也会使其悬挂状态下的动态张力变小，从而使悬挂性能变差。

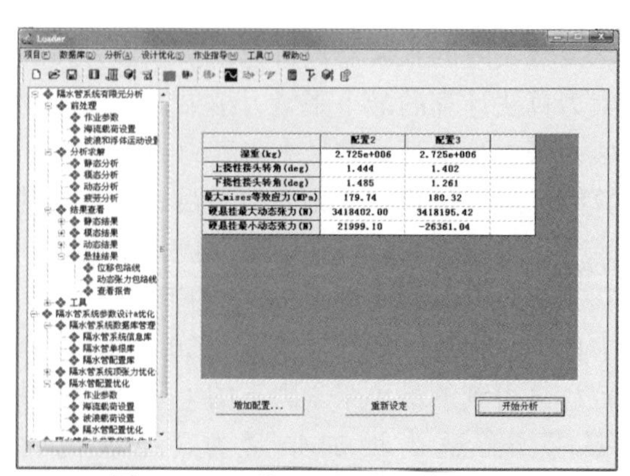

图 6.31　两种配置的分析结果对比

6.5.4 深水钻井隔水管系统作业管理

应用深水钻井隔水管系统作业管理软件可以实现隔水管系统配置、隔水管张紧力优化和作业窗口分析为钻前作业提供参考。

(1) 隔水管系统配置

隔水管配置数据库通过用户与隔水管配置对话框的交互完成隔水管系统配置。隔水管配置数据库对话框如图 6.32 所示。该软件中含有隔水管配置优化子模块，利用确定的连接工况下的静态、动态作业窗口以及悬挂工况下的作业窗口，并通过良性环境载荷条件下最大允许的钻井船偏移量和最大允许的海流及波浪载荷条件的比较，得出最佳的隔水管配置方案，隔水管配置优化设置界面如图 6.33 所示。

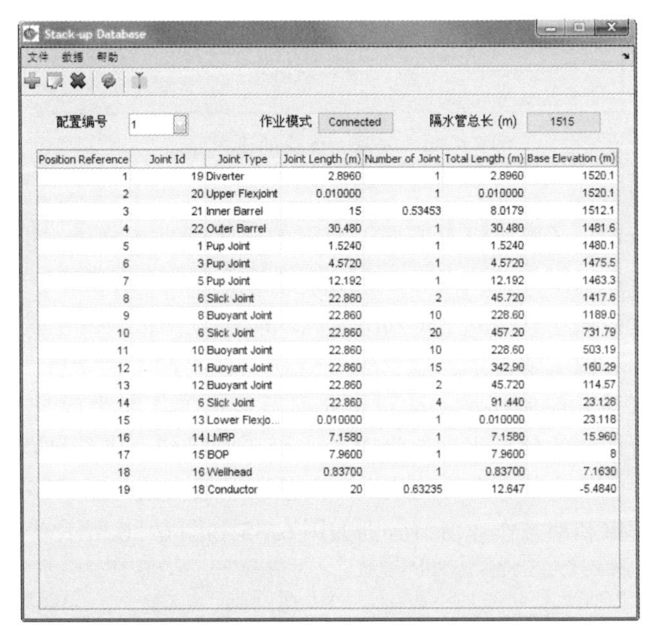

Position Reference	Joint Id	Joint Type	Joint Length (m)	Number of Joint	Total Length (m)	Base Elevation (m)
1	19	Diverter	2.8960	1	2.8960	1520.1
2	20	Upper Flexjoint	0.010000	1	0.010000	1520.1
3	21	Inner Barrel	15	0.53453	8.0179	1512.1
4	22	Outer Barrel	30.480	1	30.480	1481.6
5	1	Pup Joint	1.5240	1	1.5240	1480.1
6	3	Pup Joint	4.5720	1	4.5720	1475.5
7	5	Pup Joint	12.192	1	12.192	1463.3
8	6	Slick Joint	22.860	2	45.720	1417.6
9	8	Buoyant Joint	22.860	10	228.60	1189.0
10	6	Slick Joint	22.860	20	457.20	731.79
11	10	Buoyant Joint	22.860	10	228.60	503.19
12	11	Buoyant Joint	22.860	15	342.90	160.29
13	12	Buoyant Joint	22.860	2	45.720	114.57
14	6	Slick Joint	22.860	4	91.440	23.128
15	13	Lower Flexjo...	0.010000	1	0.010000	23.118
16	14	LMRP	7.1580	1	7.1580	15.960
17	15	BOP	7.9600	1	7.9600	8
18	16	Wellhead	0.83700	1	0.83700	7.1630
19	18	Conductor	20	0.63235	12.647	-5.4840

图 6.32 隔水管配置数据库对话框

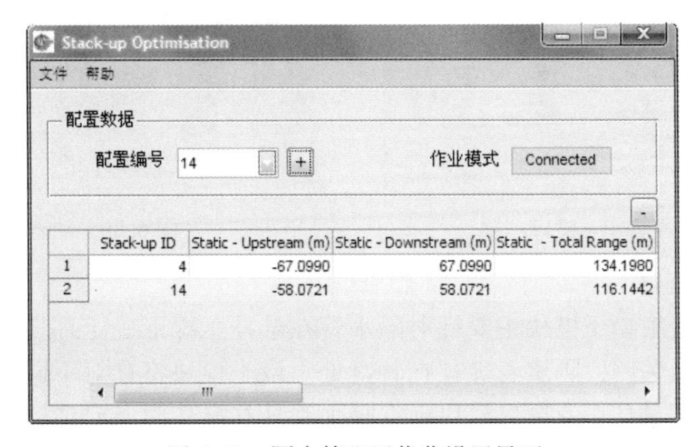

	Stack-up ID	Static - Upstream (m)	Static - Downstream (m)	Static - Total Range (m)
1	4	-67.0990	67.0990	134.1980
2	14	-58.0721	58.0721	116.1442

图 6.33 隔水管配置优化设置界面

(2) 张紧力优化

张紧力优化子模块主要为隔水管在极端载荷条件下作业而不超过钻井操作极限确定一个所需的优化的张紧力。该子模块将针对所考虑的系列海流剖面、钻井船位移以及隔水管张紧力值自动生成沿隔水管长度方向上所受载荷的分布情况。并利用静态分析子模块，分析不同张紧力下挠性接头角度，以求得合适的张紧力。同时针对不同钻井液密度计算出推荐的张紧力，张紧力优化的设置界面如图 6.34 所示。

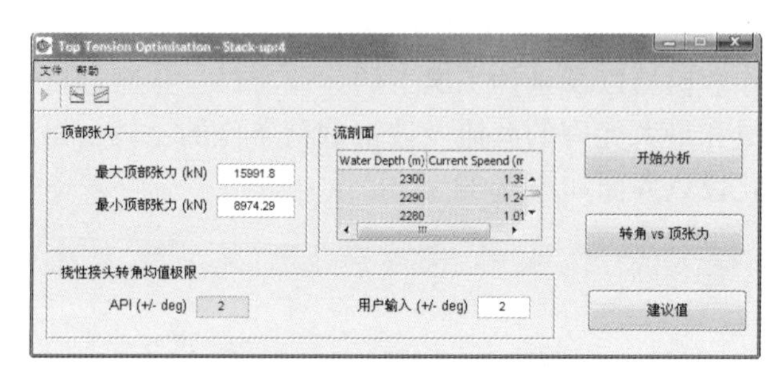

图 6.34　张紧力优化的设置界面

(3) 连接作业窗口

隔水管连接作业窗口子模块将对连接工况下的隔水管进行分析，得到相应的环境参数和钻井船偏移量等参数极限值，从而确定隔水管作业静态和动态窗口。

静态作业窗口分析模块将生成一系列由海流载荷和钻井船偏移等载荷组合的分析工况，针对隔水管正常操作、极端载荷工况以及生存载荷工况不同工况条件，确定其允许的最大表层海流速度和最大钻井船偏移量。动态作业窗口分析模块将生成一系列由钻井船偏移、波浪和海流载荷组合而成的分析工况。针对隔水管正常操作、极端载荷工况以及生存载荷工况等不同工况条件，确定其所允许的最大波高值以及最大钻井船偏移量。

生成静态作业窗口和动态作业窗口分别如图 6.35 和图 6.36 所示。

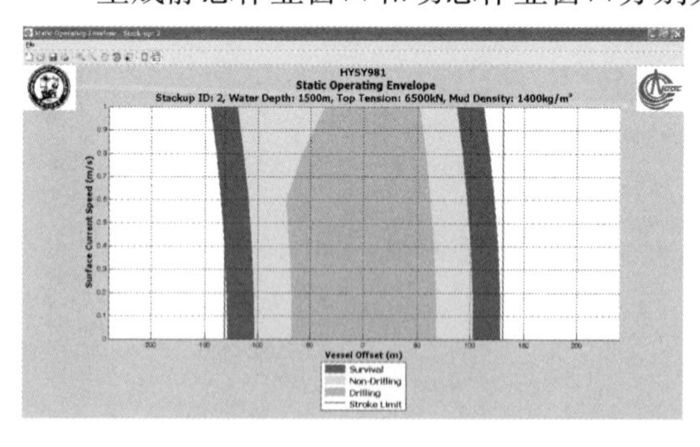

图 6.35　静态作业窗口

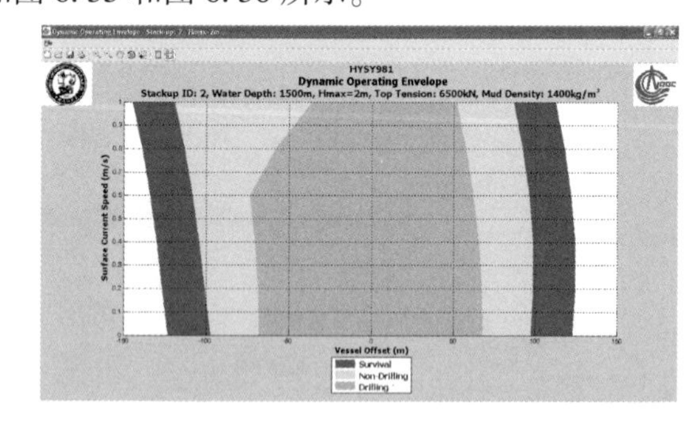

图 6.36　动态作业窗口

(4) 悬挂作业窗口

隔水管悬挂作业窗口子模块主要针对隔水管在悬挂工况下确定环境参数极限值。硬悬挂配置为伸缩节完全关闭，隔水管悬挂在转盘处。该子模块将针对不同的海流载荷生成一系列分析工况，利用悬挂作业窗口模块确定隔水管悬挂操作时所允许的最大海流速度和最大波高。生成的悬挂作业窗口如图 6.37 所示。

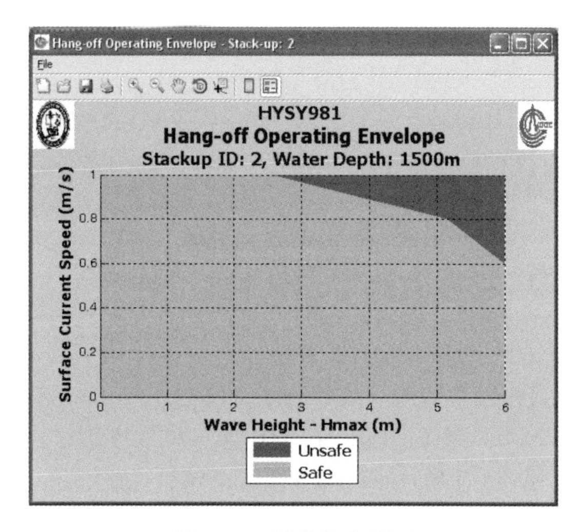

图 6.37 悬挂作业窗口

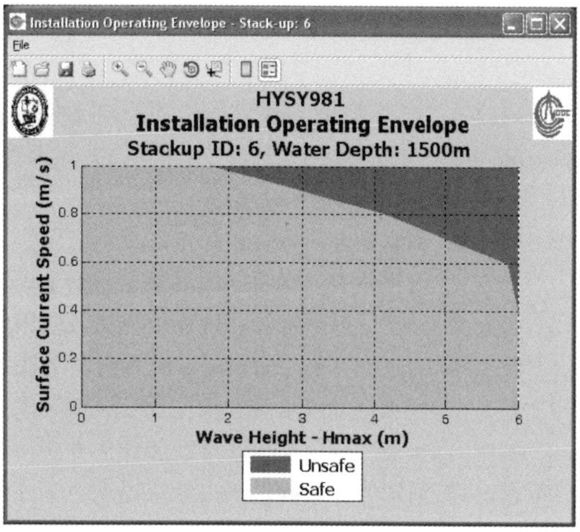

图 6.38 安装作业窗口

(5) 安装作业窗口

隔水管安装作业窗口子模块旨在针对隔水管在安装工况下确定环境参数极限值。该子模块将针对不同的海流载荷生成一系列分析工况，利用安装作业窗口模块确定隔水管安装操作时所允许的最大海流速度和最大波高。生成的安装作业窗口如图 6.38 所示。

(6) 作业指导

作业指导模块包含监测数据获取及显示、隔水管分析模块和作业辅助建议模块三个子模块。作业指导模块窗口如图 6.39 所示。用户可通过作业指导模块窗口的工具栏进行数据记录或停止数据记录，也可用当下监测的海况及钻井船偏移量进行静态分析计算。计算结果包括各接头的弯矩值、挠性接头转角及沿隔水管长度反向的横向位移、Von Mises 应力、弯矩及张力分布等。

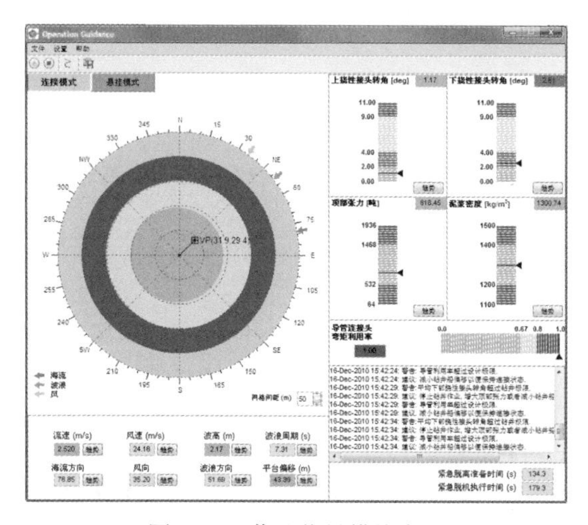

图 6.39 作业指导模块窗口

参 考 文 献

[1] 周建良, 许亮斌. 深水钻井隔水管关键技术研究进展[J]. 中国海上油气, 2018, 30(4): 135-143.

[2] 陈国明, 刘秀全, 畅元江, 等. 深水钻井隔水管与井口技术研究进展[J]. 中国石油大学学报(自然科学版), 2013, 37(5): 129-139.

[3] 畅元江. 深水钻井隔水管设计方法及其应用研究[D]. 东营: 中国石油大学(华东), 2008.

[4] 孙友义. 海洋钻井隔水管系统涡激振动安全评估研究[D]. 东营: 中国石油大学(华东), 2006.

[5] 孙友义. 深水钻井隔水管强度评价方法及应用研究[D]. 东营: 中国石油大学(华东), 2009.

[6] 鞠少栋. 深水钻井隔水管及井口作业分析与决策研究[D]. 青岛: 中国石油大学(华东), 2012.

[7] 刘秀全. 深水钻井隔水管完整性及台风事故应对策略研究[D]. 青岛: 中国石油大学(华东), 2014.

[8] 刘康. 深水油气管柱服役安全性能评估方法与应用研究[D]. 青岛: 中国石油大学(华东), 2015.

[9] 盛磊祥. 海洋管状结构涡激振动流体动力学分析[D]. 青岛: 中国石油大学(华东), 2008.

[10] 王荣耀. 深水钻井隔水管作业信息化管理技术研究[D]. 东营: 中国石油大学(华东), 2008.

[11] 张磊. 深水钻井隔水管反冲控制技术研究[D]. 青岛: 中国石油大学(华东), 2014.

[12] 韩彬彬. 张力腿平台立管系统作业技术研究[D]. 青岛: 中国石油大学(华东), 2016.

[13] 马秀梅. 深水钻井隔水管-张紧器系统防回弹控制技术研究[D]. 青岛: 中国石油大学(华东), 2017.

[14] 畅元江, 陈国明, 孙友义, 等. 深水钻井隔水管的准静态非线性分析[J]. 中国石油大学学报(自然科学版), 2008, 32(3): 114-118.

[15] 畅元江, 陈国明, 许亮斌, 等. 超深水钻井隔水管系统设计影响因素分析[J]. 石油勘探与开发, 2009, 36(4): 523-528.

[16] 畅元江, 鞠少栋, 陈国明, 等. 深水钻井隔水管单根基本参数确定方法[J]. 中国石油大学学报(自然科学版), 2012, 36(1): 117-121.

[17] 畅元江, 陈国明, 刘建. 深水钻井隔水管的波致长期疲劳[J]. 机械强度, 2009, 31(5): 797-802.

[18] 畅元江, 杨焕丽, 刘秀全, 等. 深水钻井隔水管-井口系统涡激疲劳详细分析[J]. 石油学报, 2014, 35(1): 146-151.

[19] 畅元江, 陈国明. 超深水钻井隔水管动力分析理论研究与数值模拟[J]. 船舶力学, 2010, 14(6): 596-605.

[20] 刘秀全, 陈国明, 畅元江, 等. 台风条件下深水钻井隔水管触底事故分析及对策[J]. 石油勘探与开发, 2013, 40(6): 738-742.

[21] 刘秀全, 陈国明, 畅元江, 等. 深水钻井隔水管-导管系统波激疲劳分析[J]. 石油学报, 2013, 34(5): 977-982.

[22] 刘秀全, 陈国明, 畅元江, 等. 深水钻井隔水管时域随机波激疲劳分析[J]. 中国石油大学学报(自然科学版), 2012, 36(2): 146-151.

[23] 刘秀全, 陈国明, 畅元江, 等. 基于频域法的深水钻井隔水管波激疲劳分析[J]. 振动与冲击, 2013, 32(11): 7-11.

[24] 刘秀全, 陈国明, 畅元江, 等. 内孤立波作用下深水锚泊平台-隔水管耦合系统动力学特性[J]. 石油学报, 2017, 38(12): 1448-1456.

[25] 刘秀全, 陈国明, 畅元江, 等. 深水钻井平台-隔水管耦合系统漂移预警界限[J]. 石油勘探与开发, 2016, 43(4): 641-646.

[26] 孙友义, 陈国明, 金辉, 等. 深水钻井隔水管耦合系统分析 [J]. 船舶力学, 2009, 13(3): 369-377.

[27] 孙友义, 陈国明, 畅元江, 等. 超深水隔水管悬挂动力分析与避台风策略探讨[J]. 中国海洋平台, 2009, 24(2): 29-32.

[28] 孙友义，陈国明. 超深水钻井系统隔水管波致疲劳研究[J]. 石油学报，2009，30(3)：460-464.

[29] 孙友义，陈国明，畅元江，等. 基于涡激抑制的隔水管浮力块分布方案优化[J]. 中国石油大学学报(自然科学版)，2009，33(2)：123-127.

[30] 孙友义，陈国明，畅元江. 深水铝合金隔水管涡激振动疲劳特性[J]. 中国石油大学学报(自然科学版)，2008，32(1)：100-104.

[31] 孙友义，鞠少栋，蒋世全，等. 超深水钻井隔水管-井口系统涡激振动疲劳分析[J]. 石油学报，2011，32(6)：1050-1054.

[32] 鞠少栋，畅元江，陈国明，等. 深水钻井隔水管连接作业窗口分析[J]. 石油勘探与开发，2012，39(1)：105-110.

[33] 鞠少栋，陈国明，盛磊祥，等. 基于 CFD 的深水隔水管螺旋列板几何参数优选[J]. 中国石油大学学报(自然科学版)，2010，34(2)：110-113.

[34] 鞠少栋，陈国明，盛磊祥. 波状圆柱绕流流场 CFD 分析[J]. 石油机械，2009，37(3)：35-37.

[35] 鞠少栋，陈国明，孙友义，等. 深水隔水管短减振器涡激抑制性能分析[J]. 中国造船，2010，51(增刊2)：45-50.

[36] 鞠少栋，畅元江，陈国明，等. 超深水钻井作业隔水管顶张力确定方法[J]. 海洋工程，2011，29(1)：100-104.

[37] 鞠少栋，畅元江，陈国明，等. 深水钻井隔水管悬挂窗口确定方法[J]. 石油学报，2012，33(1)：133-136.

[38] 陈黎明，陈国明，孙友义，等. 深水钻井隔水管避台撤离动力与长度优化[J]. 海洋工程，2012，30(2)：26-31.

[39] 王荣耀，陈国明，畅元江，等. 深水钻井隔水管静态有限元求解器设计[J]. 石油机械，2012，40(2)：18-21.

[40] 王荣耀，刘正礼，许亮斌，等. 内波作用下深水钻井隔水管系统作业安全评估[J]. 中国海上油气，2015，27(3)：120-125.

[41] 许亮斌，周建良，王荣耀，等. 南海深水钻井平台悬挂隔水管撤离防台分析[J]. 中国海上油气，2015，27(3)：102-107.

[42] 张磊，畅元江，刘秀全，等. 深水钻井隔水管与防喷器紧急脱离后的反冲响应分析[J]. 石油钻探技术，41(3)：25-30.

[43] 贾星兰，方华灿. 海洋钻井隔水管的动力响应[J]. 石油机械，1995，23(8)：18-22，28.

[44] 李军强，刘宏昭，何钦象. 波浪力作用下海洋钻井隔水管随机振动研究[J]. 机械科技与技术，2004，23(1)：7-10.

[45] 李华桂. 海洋钻井隔水管的动力分析[J]. 石油学报，1996，17(1)：122-126.

[46] 郭海燕，傅强，娄敏. 海洋输液立管涡激振动响应及其疲劳寿命研究[J]. 工程力学，2005，22(4)：220-224.

[47] 林海花，王言英. 浪流共同作用下隔水管涡激动力响应分析[J]. 哈尔滨工程大学学报，2008，29(2)：121-125.

[48] 何长江，段忠东. 二维圆柱涡激振动的数值模拟[J]. 海洋工程，2008，26(1)：57-63.

[49] 黄智勇，潘志远，崔维成. 两向自由度低质量比圆柱体涡激振动的数值计算[J]. 船舶力学，2007，11(1)：1-9.

[50] 张相庭. 结构风压和风振计算[M]. 上海：同济大学出版社，1985.

[51] 石沅，陆威，钟严. 上海地区台风结构特征研究[C]//第二届全国结构风效应学术会议论文集. 上海：同济大学出版社，1988：106.

[52] American Petroleum Institute. API RP 16Q-1993 Recommended practice for design selection operation and maintenance of marine drilling riser system[S]. Washington: American Petroleum Institute, 1993.

[53] American Petroleum Institute. API RP 16F-2004 Specification for marine drilling riser equipment[S]. Washington: American Petroleum Institute, 2004.

[54] Det Norske Veritas. DNV-OS-F201 Dynamic risers[S]. Norway: Det Norske Veritas, 2001.

[55] Det Norske Veritas. DNV RP F204 Riser fatigue[S]. Norway: Det Norske Veritas, 2005.

[56] International Organization for Standardization. ISO 13624-1 Petroleum and natural gas industries—Drilling and production equipment—Part 1: Design and operation of marine drilling riser equipment[S]. Geneva: International Organization for Standardization, 2009.

[57] Al-Jamal H, Dalton C. Vortex induced vibrations using large eddy simulation at a moderate Reynolds number [J]. Journal of Fluids and Structures, 2004, 19(1): 73-79.

[58] Amborse B D, Grealish F, Whooley K. Soft hangoff method for drilling riser in ultra deepwater[C]// Houston:Offshore Technology Conference 13186, 2001.

[59] Atadan A S, Calisal S M, Modi V J, et al.Analysis and numerical analysis of the dynamics of a marine riser connected to a floating platform[J]. Ocean Engineering, 1997, 24(2): 111-131.

[60] Benassai G, Campanile A. A prediction technique for the transverse vortex-induced oscillations of tensioned risers[J]. Ocean Engineering, 2002, 29(14): 1805-1825.

[61] Bishop R E D, Hassan A Y. The lift and drag forces on a circular cylinder in a flowing fluid[J]. Proceedings of the Royal Society Series A: Mathematical, Physical and Engineering Sciences, 1964, 277(1368): 32-50.

[62] Brekke J N, Soles J, Wishahy M A, et al. Drilling riser management for a DP drillship in large, rapidly - developing seastates in deepwaterp[C]//Dallas:Society of Petroleum Engineers 87123,2004.

[63] Burke B G. Ananalysis of marine risers for deep water [C]//Houston: Offshore Technology Conference 4443, 1974.

[64] Carberry J, Sheridan J, Rockwell D. Forces and wake modes of an oscillating cylinder[J]. Journal of Fluids and Structures, 2001, 15(3-4): 523-532.

[65] Chang Y J, Chen G M, Sun Y Y, et al. Nonlinear dynamic analysis of deepwater drilling risers subjected to random loads[J], China Ocean Engineering, 2008, 22(4): 683-691.

[66] Chezhian M, Mørk K, Ronæss M, et al. Application of DNV-RP-F204 for determining riser VIV safety factors[C]//Halkidiki:Proceedings of 24th International Conference on Offshore Mechanics and Arctic Engineering, 2005.

[67] Dalheim J. Numerical prediction of VIV on deepwater risers subjected to shear currents and waves[C]//Houston:Offshore Technology Conference 10933, 1999.

[68] Dixon M, Charlesworth D. Application of CFD for vortex-induced vibration analysis of marine risers in projects [C]//Houston:Offshore Technology Conference 18348, 2006.

[69] Dove P, Weisinger D, Abbassian F. The development and testing of polyester moorings for ultradeep drilling operations[C]//Houston:Offshore Technology Conference 12172, 2000.

[70] Evangelinos C, Lucor D, Karniadakis G E. DNS-derived force distribution on flexible cylinders subject to vortex-induced vibration[J]. Journal of Fluids and Structures, 2000, 14(3): 429-440.

[71] Facchinetti M L, Langre E, Biolley F. Coupling of structure and wake oscillators in vortex-induced vibrations [J]. Journal of Fluids and Structures, 2004, 19: 123-140.

[72] Farrant T, Javed K. Minimising the effect of deepwater current on drilling riser operations[C]//Aberdeen: Proceedings of International Deepwater Drilling Technologies Conference, 2001.

[73] Fumes G K, Hassanein T, Halse K H, et al. A field study of flow induced vibrations on a deepwater drilling riser[C]// Houston:Offshore Technology Conference 8702, 1998.

[74] Garret D L. Coupled analysis of floating production systems[J]. Ocean Engineering, 2005, 32(7): 802-816.

[75] Ge L, Bhalla K, Stahl M. Operation integrity evaluations for deepwater drilling risers system[C]//Shanghai: Proceedings of the 29th International Conference on Offshore Mechanics and Arctic Engineering, 2010.

[76] Grundstrom A. FSDR touted as cure for deepwater operations[J]. Offshore, 2002, 62(4): 70-72.

[77] Guesnon J, Gaillard C, Richard F. Ultra deep water drilling riser design and relative technology[J]. Oil &Gas Science and Technology. 2002, 57(1): 39-57.

[78] Guilmineau E, Queutey P. Numerical simulation of vortex-induced vibration of circular cylinder with low mass-damping in a turbulent flow[J]. Journal of Fluids and Structures, 2004, 19: 449-466.

[79] Gupta H, Nave V, Banon H, et al. Determination of riser tensioner properties from full-scale data[C]//Estoril, Portugal: Proceedings of the 27th International Conference on Offshore Mechanics and Arctic Engineering, 2008.

[80] Hartlen R T, Currie I G. Lift-oscillator model of vortex induced vibration[J]. Journal of the Engineering Mechanics, 1970, 96: 577-591.

[81] Herjford K, Drange S O, Kvansdal T. Assessment of vortex-induced vibration on deepwater risers by considering fluid-structure interaction[J]. Journal of Offshore Mechanics and Arctic Engineering, 1999, 121(4): 207-212.

[82] Khan R A, Ahmad S. Dynamic response and fatigue reliability analysis of marine riser under random loads [C]// San Diego: Proceedings of 27th International Conference on Offshore Mechanics and Arctic Engineering,2008.

[83] Khan R A, Ahmad S. Nonlinear dynamic analysis of deep water marine risers[C]//India:Proceedings of the 2nd International Congress on Computational Mechanics and Simulation, 2006.

[84] Kim M H, Koo B J, Mercier R M, et al. Vessel/mooring/riser coupled dynamic analysis of a turret-moored FPSO compared with OTRC experiment[J]. Ocean Engineering, 2005, 32(14-15): 1780-1802.

[85] Krenk S, Nielsen S R K. Energy balanced double oscillator model for vortex-induced vibrations[J]. ASCE Journal of Engineering Mechanics, 1999, 125: 263-271.

[86] Lang D W, Real J, Lane M. Recent developments in drilling riser disconnect and recoil analysis for deepwater applications[C]// Hawaii:Proceedings of the 28th International Conference on Offshore Mechanics and Arctic Engineering, 2009.

[87] Lennon B A, Maxwell S D, Rawles J M. Analysis for running and installation of marine risers with end-assemblies [C]//Barcelona: Proceedings of International Conference on Computation Methods in Marine Engineering, 2005.

[88] Liu X Q, Chen G M, Chang Y J, et al. Analyses and countermeasures of deepwater drilling riser grounding accidents under typhoon conditions[J]. Petroleum Exploration and Development, 2013, 40(6): 738-742.

[89] Ljuština A M, Parunov J, Senjnovi I. Static and dynamic analysis of marine risers[C]//Zagreb:Proceedings of the 16th Symposium of Theory and Practice of Shipbuilding, 2004.

[90] Low Y M, Langley R S. A hybrid time/frequency domain approach for efficient coupled analysis of vessel/mooring/riser dynamics[J]. Ocean Engineering, 2008, 35(5-6): 433-446.

[91] Lucor D, Foo J, Karniadakis G E. Vortex mode selection of a rigid cylinder subject to VIV at low mass-damping[J]. Journal of Fluids and Structures, 2005, 20(4): 483-503.

[92] Mathelin L, Langre E. Vortex-induced vibrations and waves under shear flow with a wake oscillator model[J].

European Journal of MechanicsB/Fluids, 2005, 24: 478-490.

[93] Mørk K, Sødahl N, Chezhian M. Enhanced risk based fatigue criterion[C]//New Orleans:Proceedings of the 14th Deep Offshore Technology International Conference, 2002.

[94] Persent E, Guesnon J, Heitz S, et al.New riser design and technologies for greater water depth and deeper drilling operations[C]//Amsterdam:Society of Petroleum Engineers 119519, 2009.

[95] Poirette Y, Guesnon J, Dupuis D. First hyperstatic-riser joint field tested for deep offshore drilling[C]// Miami:Society of Petroleum Engineers 99005, 2008.

[96] Robinson E. Drilling fundamentals-DP operations-drilling with riser[C]//Proceedings of International Marine Technology Society. Review of DP applications, consequences andcost of failures. Houston: Dynamic Positioning Committee, 1997.

[97] Rustad A M, Larson C M, Sorensen A. FEM modelling and automatic control for collision prevention of top tension risers[J]. Marine Structures, 2008, 21(1): 80-112.

[98] Sexton R M, Agbezuge L K. Random wave and vessel motion effects on drilling riser dynamics[C]//Dallas: Offshore Technology Conference 2650, 1976.

[99] Shilling R, Campbell M, Howells H. Drilling riser vortex induced vibration analysis calibration using full scale field data[C]//Espirito Santo:Proceedings of the 17th Deep Offshore Technology International Conference, Vitoria, 2005.

[100] Shu H, Loeb D A. Extending the mooring capability of a mobile offshore drilling unit[C]//Houston:Offshore Technology Conference 17995, 2006.

[101] Simmonds D G. Dynamic analysis of the marine riser[C]//Scotland: Society of Petroleum Engineers 9735, 1980.

[102] Skop R A, Balasubramanian S. A new twist on an old model for vortex-excited vibrations[J]. Journal of Fluids and Structures, 1997, 11(4): 395-412.

[103] Sten R, Hansen M R, Larsen C M. Force variations heave compensating system for ultra-deepwater drilling risers[C]//Shanghai:Proceedings of the 29th International Conference on Offshore Mechanics and Arctic Engineering, 2010.

[104] Sworn A, Howells H. Fatigue life evaluation through the calibration of a VIV prediction tool with full scale field measurements at the Schiehallion Field[C]//Marseille: Proceedings of the 15th Deep Offshore Technology International Conference, 2003.

[105] Tahar A, Kim M H. Hull/mooring/riser coupled dynamic analysis and sensitivity study of a tanker-based FPSO[J]. Applied Ocean Research, 2003, 25(6): 367-382.

[106] Tognarelli M A, Taggart S, Campbell M. Actual VIV fatigue response of full scale drilling risers: with and without suppression devices[C]// Estoril:Proceedings of the 27th International Conference on Offshore Mechanics and Arctic Engineering,2008.

[107] Wanderley J B V, Souza G H B, Sphaier S H, et al. Vortex-induced vibration of an elastically mounted circular cylinder using an upwind TVD two-dimensional numerical scheme[J]. Ocean Engineering, 2008, 35: 1533-1544.

[108] Williams D. Optimization of drilling riseroperability envelopes for harsh environments[C]//Houston:Offshore Technology Conference 20775, 2010.

[109] Xu L B, Zhou J L, Jiang S Q. The challenges and solutions for deep water drilling in the South China Sea [C]//Houston:Offshore Technology Conference 23964, 2013.

[110] Yamamoto C T, Meneghini J R, Saltara F, et al. Numerical simulations of vortex-induced vibration on flexi-

ble cylinders[J]. Journal of Fluids and structures, 2004, 19(4): 467-489.

[111] Yang C K, Kim M H. Linear and nonlinear approach of hydropneumatic tensioner modeling for spar global performance[C]// San Diego: Proceedings of the 26th International Conference on Offshore Mechanics and Arctic Engineering, 2007.

[112] Zhou C Y, So R M C, Lam K. Vortex induced vibrations of an elastic circular cylinder[J]. Journal of Fluids and Structures, 1999, 13(2): 449-466.